身边的材料学

肖文凯　张国栋　薛龙建　雷燕　　编著

机 械 工 业 出 版 社

本书由引言、正文、后记三部分组成，正文共九章，深入浅出地介绍了生活中常见物件所用到的材料的成分、组织结构及其性能间的关系。内容涉及人们衣、食、住、行、通信等各个领域，饶有趣味地讲述了金属材料、陶瓷、水泥、玻璃、半导体材料、纤维、高分子材料、复合材料以及材料加工的基本特点和发展历程；阐述了材料发展对人类文明的支柱作用，展现了材料演进的历史规律和未来趋势。

本书可作为高等学校本、专科生的通识课教材，也可作为科普爱好者了解材料学的读本。

图书在版编目（CIP）数据

身边的材料学/肖文凯等编著．—北京：机械工业出版社，2021.10
ISBN 978-7-111-68880-8

Ⅰ.①身…　Ⅱ.①肖…　Ⅲ.①材料科学-青少年读物　Ⅳ.①TB3-49

中国版本图书馆 CIP 数据核字（2021）第 158640 号

机械工业出版社（北京市百万庄大街 22 号　邮政编码 100037）
策划编辑：吕德齐　责任编辑：吕德齐
责任校对：张晓蓉　封面设计：鞠　杨
责任印制：郜　敏
三河市国英印务有限公司印刷
2021 年 10 月第 1 版第 1 次印刷
148mm×210mm · 8.75 印张 · 249 千字
0001—3000 册
标准书号：ISBN 978-7-111-68880-8
定价：45.00 元

电话服务　　　　　　　　　　网络服务
客服电话：010-88361066　　机 工 官 网：www.cmpbook.com
　　　　　010-88379833　　机 工 官 博：weibo.com/cmp1952
　　　　　010-68326294　　金 书 网：www.golden-book.com
封底无防伪标均为盗版　　机工教育服务网：www.cmpedu.com

前　　言

作者在武汉大学开设材料学入门类通识课程20年，一直努力尝试在少讲数理模型、公式推导的情形下，深入浅出、通俗易懂地把材料世界的基本规律、发展路径、未来趋势等内容简明活泼地传递给大家。经不断耕耘，在此方面略有所得，课程也受到了广大学子们的欢迎。为了让更多的读者朋友们能够一窥奇妙的材料世界，我们在多年的讲义基础上，修改、扩充、完善，最终编撰成了这本受众更广的科普读物——《身边的材料学》。

本书通过对身边材料的切入，娓娓道来，由浅入深，以达到更好的讲解效果。全书的内容大致可按“衣、食、住、行、通信”来划分，具体包括以下几个板块：衣系列（纺织材料）、食系列（饮食器具和厨具材料）、住系列（建筑家居材料）、行系列（运输工具材料）和通信系列（信息沟通手段与材料）。本书中介绍的这些材料大多是我们在日常生活中非常熟悉的身边的材料，但这些材料都有着波澜壮阔的发展历程。从原始自然的取材到现代的纳米科技，无不充满着神奇的故事。围绕这些身边的材料去探究它们内部的奥秘与神奇，揭示它们的组织构造规律，归纳其共性的原理，了解其制造工艺的发展与变迁，展望它们更加多彩新奇的未来，将使读者朋友们在阅读过程中充满探索与发现的乐趣！

在本书行文中，也注重梳理材料的发展历程，联系当时的社会历史背景，发掘材料发明过程中的趣闻轶事，饶有趣味地讲述重大发现背后的故事，力图把自然科学与人文科学有机联系起来。大力弘扬中华文化，借鉴西方文明，探究文化在自然科学发展中所起到的重要作用。通过艰难的材料发现、发明事例，彰显科学精神与人文关怀。重点关注生态材料，倡导人与自然的和谐发展。

本书力求将材料知识、科学精神、创新思维与人文精神有机融合，展现一个认识世界、改造世界的新窗口，领悟到各专业学科与哲学、社会科学的紧密联系，塑造积极向上的人生观和价值观。

参加本书编写工作的有：肖文凯（引言、第1~4章、第6、7章、后记）、雷燕（第5章）、薛龙建（第8章）、张国栋（第9章）。翟显、王晗、何鹏、张晖等查阅收集了大量文献、图片资料，并参与了核校工作，在此一并表示感谢。

作者在编写本书时，曾参考和引用了一些单位及作者的资料、研究成果和图片，在此谨致谢意。

由于作者学术水平和客观条件所限，书中难免有疏漏之处，敬请读者朋友批评指正。

肖文凯

于珞珈山

目　　录

引言　材料发展与人类文明

材料的发展实际上是人类文明进步的基石和阶梯，没有材料的发展就没有人类文明的进步。从历史发展的角度来看，材料又是人类社会进步的里程碑，所以现代历史学家在对人类社会进步水准进行划分的时候，一般遵循下列的次序：石器时代—青铜时代—铁器时代—钢铁时代—新材料时代。

先从我们共和国的开创者毛泽东主席的一首小词说起。

贺新郎·读史

人猿相揖别，只几个石头磨过，小儿时节。铜铁炉中翻火焰，为问何时猜得？不过几千寒热。人世难逢开口笑，上疆场彼此弯弓月。流遍了，郊原血。

一篇读罢头飞雪，但记得斑斑点点，几行陈迹。五帝三皇神圣事，骗了无涯过客。有多少风流人物？盗跖（zhí）庄屩（juē）流誉后，更陈王奋起挥黄钺。歌未竟，东方白。

人猿相揖别，只几个石头磨过，描述的是什么呢？就是一个石器时代，那么为什么把人猿相揖别作为石器时代的标志呢？伟大的革命导师马克思说，直立行走首先使双手解放出来，用于制造工具和进行劳动，而能够制造工具和进行劳动，是人和动物的根本区别。也就是说，制造工具是人类和猿的一个分水岭，通过出土的文物可以看到，石器时代，尤其是旧石器时代，当时制作的工具是很简陋的，就是利用自然界现成的材料，比如木头、石头做一些简单的工具。但是到了新石器时代的时候，这个时候人类制作出来的东西已经比较优美了，甚至还有一些首饰、雕塑、大型建筑等，从中可以反映出人类的智商已经从最开始猿人的状态不断提高，但与后期的人类相比还是比较落后，所以毛主席称之为人类的小儿时节。随后便从渐变到质变，经过几百万年，到了后期就迅速地进入青铜器时代，“铜铁炉中翻火焰，为问何时猜得？不过几千寒热。”一旦进入金属材料时代，人类的生产率就得到了大幅提高，不过几千年的时间，人类就从青铜器时代发展到铁器时代进而飞速进入钢铁时代。

如果你留心观察我们周围的环境，就会发现材料遍布在我们身边。就地取材，加上人类的智慧，依然可以有很伟大的工程。比如埃及的金字塔，我国的应县千年木塔等，身边的石材、木头是人类最初始也最普遍应用的材料。

从不起眼的石头说起，明代政治家、文学家于谦创作过一首七言绝句：

石灰吟

千锤万凿出深山，烈火焚烧若等闲。
粉骨碎身浑不怕，要留清白在人间。

“千锤万凿出深山，烈火焚烧若等闲。”说的是石灰石的一个化学反应，大块石灰岩（碳酸钙 $CaCO_3$）在木炭燃烧的高温作用下，分解成生石灰（CaO）粉末和二氧化碳（CO_2），这就是于谦石灰吟的化学反应过程。

辛苦费劲做石灰干什么呢？其实有很多用途，其中的一个用途就是做建筑材料，怎么去利用它呢？往往是地上挖个坑，往里面倒水，再把石灰粉倒进去，混合均匀之后就得到呈膏状的石灰泥，也就是俗称的熟石灰，就可以用来砌墙了，把两块石头中间夹上一层熟石灰，固定一段时间，等它变硬了，墙就可以立而不倒了。石灰在这里其实是充当了一个粘合剂的作用，相当于现在的水泥。这里涉及一个重要的化学反应：生石灰 CaO 遇水生成膏状白泥熟石灰[氢氧化钙 $Ca(OH)_2$]，熟石灰吸收空气中的二氧化碳（CO_2），又变成碳酸钙（$CaCO_3$），形成硬化层，完成粘合过程。

但是，石灰有一个缺点，就是脆化，为此通常还要掺杂米浆、糖浆、麻丝等有机材料共同作用，起一个更加复杂的化学反应和物理反应，以增加韧性和粘合性。一些对强度要求比较高的古代建筑，像塔、城墙等就会使用掺杂的工艺。

而在西方国家，人们没有用石灰，基本上是用水泥，为什么呢？其实他们也是就地取材罢了。我们知道，西方国家的火山喷发比较常见，自然地就会产生火山灰，早期石灰与火山灰的混合物与现代的石灰火山灰水泥很相似，用它胶结碎石制成的混凝土，硬化后不但强度较高，而且还能抵抗淡水或含盐水的侵蚀，所以他们就多用水泥。至于水泥材料的重要作用和机理，我们后面再详细介绍。

再看我国的桥，比方说赵州桥，拱形的支架上面再铺石板，为什么要这样呢，做成水平的不是更容易吗？大家小时候应该看过手劈石板的杂技表演，就是一块石板两边支起来，从中间用力一掌拍下去，石板就断了。其实这背后是有玄机的，石材本身很硬，可以耐受很大的压力，但是却不耐拉力。朝着架空的石板中间施加冲击力，石板下方因受力弯曲产生拉应力，很容易就会发生断裂。万丈高楼平地起，砖头承受巨大的压力也没事，但是砖头从一米多高摔下就会碎，而木头却不会，这都是一个道理：砖石耐压不耐拉。将石桥做成水平的，人走在上面，把自身的重力转化为向下的拉力，就很容易断裂。换成拱形呢？很巧妙地，拱形能够利用石材之间的重力相互挤压，同时又能将所受向下的压力、拉力转化为向左右两边的压力，上面铺成的石板因有拱的支撑不发生弯曲就不受拉力，所以石桥就很稳定且耐用，石材不怕风雨，历经千年仍可使用。

经过了石器时代之后，在餐饮器具方面西方开始羡慕中华，因为风景这边独好，中国人开始使用瓷器，英文 china，首字母大写就是 China——中国的简称。为什么呢？还是原材料受限制了。就像中国没有火山，没大量使用水泥一样，西方当时没发现高岭土，也就没能用上陶瓷。其实，从材料学的角度讲，陶和瓷是两个不同的概念。陶：陶土烧制而成，即一般的黏土。瓷：瓷土烧制而成，其中一种比较重要的成分就是高岭土。这里需要说明的一点是，其实陶器的出现远早于瓷器几千年，几乎新石器时代就有陶器了。主要原因在于陶和瓷的烧成温度不同，陶一般在 800~900 摄氏度，而瓷要求1200~1300摄氏度，大宋定窑烧制温度最高达1340摄氏度。

石器时代过了之后进入铜器时代。从现代人的角度来看，铁器明显更加便宜和易得，为什么没进入铁器时代呢？其实还是受制于当时的生产力水平——金属的熔点。这里我们补充一点关于合金的知识。一种金属中掺杂了其他的金属或者非金属就称之为合金，合金的起始熔化温度至少会低于其组分中熔点较高的金属的熔点，有时甚至会低于组分中任一金属的熔点。青铜为什么很快进入人们的视野当中了呢？就是因为青铜中含有锡和铅成分，铜的熔点虽然有1080摄氏度，而铅的熔点是327摄氏度，锡的熔点只有232摄氏度，因此铜合金的起始熔化温度就被铅和锡拉下来了，青铜器的熔点可以通过配比降到800摄氏度以下。最常见的，点燃一堆篝火，最外部的温度就可能达到800摄氏度，这意味着人们很容易就可以把青铜熔化，熔化之后就可以铸造出需要的器件了。比如我们现在看到的后母戊鼎、曾侯乙的编钟、四羊方尊，还有刀剑和餐饮用具等。除了熔点低好生产，人们还发现了合金的另外一个优点，那就是强度变高了。一般纯铜是比较软的，我们生活中常见的铜导线，容易弯折变形，但是铅和锡加入铜中之后，硬度就会明显提高，硬度提高以后能够做什么呢？大名鼎鼎的越王勾践剑历经两千多年，依然能做到锋利无比。古时候国人鉴定金元宝用牙齿咬一咬就可判断出来了，因为掺了铜的黄金硬度高了，咬不动。需要指出的是，青铜兵器一方面硬度提高，但带来另一个不能忽视的问题——脆性增加，容易折损。

铁器的使用源于人类能掌握更高的温度，铁的熔点在1500摄氏度左右，随着生产力的发展和不断摸索，人们逐渐掌握了需要更高温度的工艺，从而进入铁器时代。后面会有专题介绍铁器的制造工艺和方法。从材料学的角度说，钢和铁是不同的概念。古代的钢主要是指铁碳合金。碳含量不同，钢的强度也不同。

合金钢的研发与潜艇的发展密切相关。因为深海的水压力大，潜艇的外壳就要做厚一点，但钢板厚了，就不易上浮，所以呼唤高强度钢的诞生。1624年，荷兰首先设计并建造了世界上第一艘可供实战使用的潜艇——荷兰号。1940年以前，世界上所有的潜艇都是用低碳钢建造的，当时钢的屈服强度仅为220兆帕，潜艇的下潜深度也比较浅。1940—1958年，美国采用屈服强度为340兆帕的碳锰系低合金高强度钢建造潜艇，使潜艇的下潜深度增加，可达100~200米，提高了潜艇的隐蔽性。1958年美国开始使用屈服强度为550兆帕的镍铬钼系淬火回火的低合金高强度钢HY-80建造潜艇。此后，对高强度钢的研发一直在不断取得突破。*Science*杂志2017年发表了中国京港台三地科学家的合作科研成果，他们发明的一种超级钢实现了钢铁材料在屈服强度超过2000兆帕时延展性的“巨大提升”，达到了前所未有的2200兆帕的屈服强度和16%的均匀延伸率。合金钢是指除铁、碳外，再加入其他的合金元素，以改善材料性能，例如加入了Cr和Ni元素开发出的304不锈钢（06Cr19Ni10）、用于铺设铁轨的低合金钢、用于航空发动机的耐高温高强度钢等。航空发动机叶片对材料的要求更高，基于此开发出来的单晶高温合金，陶瓷基复合材料（CMCS）等。毫不夸张地说，钢铁是支撑现代社会发展的重要基石，极为关键。

人类进入20世纪，新能源与信息技术的发展成为时代热点。从材料的角度看，硅材料开始蓬勃发展，家用电器离不开硅半导体元件，太阳能板用的多晶硅、芯片用的单晶硅材料引领潮头。

风力发电方兴未艾，大型风机叶片长达百米，用金属做太重，用塑料做易折，环氧树脂复合碳纤维的新型高分子材料闪亮登场。

在先进控制技术和激光技术的加持下，3D打印这种增材制造的材料成形新工艺也应运而生。这是一种根据零件三维模型数据将材料以二维平面方式逐层长高连接起来的数字化制造方法，可以大幅度提高生产速度和灵活性。

尽管当今世界处于百年未有之大变局的关键节点，气候变化的阴霾已出现在蔚蓝色地球晴朗的天空，但人类文明进步的洪流是势不可挡的，在碳达峰和碳中和的艰巨斗争中人们一定会找到更多更好的材料去完成这一历史性的任务，为人类文明的延续和发展奠定新的基石！

多种多样的材料丰富了人们的生活，神奇的材料给世界带来无限可能，那么就让我们一起进入丰富多彩的材料世界吧！

第1章
不粘锅的奥秘

1.1 石板粑粑

云南贡山丙中洛镇，怒江在此蜿蜒而过，峡谷深幽，山高林密。此地海拔较高，气候寒冷，通常的食物品种如水稻和小麦难以生长，当地的怒族居民以荞麦为主要食物来源。与其相邻的海拔更高的地方，如西藏地区就只能种植青稞了。把青稞炒熟后磨成粉，吃的时候以酥油或奶茶调成糌（zān）粑。西藏地处高原，大气压下降，水的沸点还不到90摄氏度，用蒸煮的方式烹饪食物，显然受到限制，所以炒熟青稞后再磨成粉，吃的时候随吃随调，携带方便，充满生存智慧，因此糌粑是不用再加热的。

怒族人制作石板粑粑（图1-1）则是将荞麦舂成细粉，用水搅成糊，倒在石板上用火烘烤进行烙制，吃的时候蘸上一点蜂蜜，荞麦的焦香再配上野生蜂蜜的清甜，这等滋味的确不输于面包蘸果酱了。这种起源于新石器时期用火加热石器烘烤食物的方法是目前所能看到的最为古老的烹饪方法之一。野外生存时，完全不用器具烹饪食物的方法就是用篝火烤鱼烤肉了，这是最原始的烹饪方式，问题在于在人类繁衍的历史长河中肉食常常是不充足

图1-1　石板粑粑

的，以植物种子为食，才是我们祖先延续生命并繁衍昌盛的正确选择。对种子食物的加工和烹饪需要器物，这就构成了对烹饪器具材料的迫切需求。

一方水土养一方人，囿于自然地貌和交通水平，早期的人类活动范围受到限制，常常是就地取材，食材如此，器材也是如此。怒江峡谷的山崖上有一种当地特有的青黑色的页岩，含有油脂。

图 1-2 页岩石板的制作

页岩是由黏土脱水胶结而成的岩石，薄片状层理，类似云片糕，利于削整成形。将此页岩加工成圆盘，再经烘烤脱干水分，就是石器时代的平底锅了（图 1-2）。

通常煎炒需要放油才能做到不粘，物质贫乏年代，油是奢侈品，哪里用得起，锅本身的不粘性就显得格外重要，页岩的表面布满微孔加上本身的油脂浸润，烘烤前先在石板上撒上零星炉灰，再倒上荞麦糊，烘烤时一方面页岩的油脂隔离了荞麦颗粒与石板的直接接触，另一方面荞麦糊里的水受热蒸发，水蒸气可以局部托起粑身，结果是，即便如荞麦粑粑这种易于粘锅的食材在烘烤成形后也能轻易揭起，页岩石材履行了制作完整石板粑粑的光荣使命，功莫大焉！怒江地处偏僻，道路险阻，对外交流困难重重，即便社会进入铜器、铁器时代，铜锅、铁锅要传入怒江也殊为不易，因为这会面临原材料来源，冶炼技术，制造成本的多重考验。令人惊奇的是，不粘与材料的相互润湿性密切相关，以现代材料的润湿理论来看，即便是以铜锅铁锅来烙制荞麦粑粑，其不粘效果也远不及页岩石板，人与自然的和谐可见一斑。石板粑粑的烹饪方式从上古流传至今，已成为怒族人民的一种饮食文化，其无盐无油的特点与现代人热捧的健康饮食模式同出一辙，数万年来竟从未落伍，天然不粘锅的作用不得不令人击节叹赏。

1.2 烧饼、米粑与煎饼果子

“民以食为天”，吃饭是人类生存的第一要务。自人类诞生以来，饥饿便如影随形，直至今日，从全人类的角度看，仍未完全摆脱饥饿的威胁。新中国建立70多年来，在中国共产党的英明领导和全国各族人民的共同努力奋斗下，终于脱贫，并走上全面小康之路，创造了人类历史上从未有过的伟大奇迹。

“谁知盘中餐，粒粒皆辛苦。”烹饪食物过程中的不粘，首先是为了节省食材，不要粘在锅上，保证每一粒粮食都能不浪费地吃到嘴里；其次就是保证了食材的完整性，如煎饼不破，煎鱼不烂，做到色香味俱全，这是人们追求美好生活的向往在烹饪方面的直接体现。

上节说到，怒族人民有智慧找到山上特殊的页岩做石板粑粑，解决了食材粘锅的难题，其他地区的人民也没闲着，也在这方面进行了很多的努力，毕竟这是天天都要面对的问题。

根据食物不同的用途及制作方式，人们采取了不同的防粘策略和措施。常言道“大火煮粥，小火煨汤”。粥的目的是把食材彻底煮熟分解利于人体消化吸收，一碗白米粥下肚，胜过输入一瓶葡萄糖，可以马上补充能量，显然糖尿病患者要慎喝粥，因为血糖上升太快。煮粥用大火，这是通过液体沸腾的方式取得不粘的效果，同时也通过米粒之间的碰撞达到快速煮烂的目的，中途也可以边煮边搅拌以防糊底，总之粥越烂越好，不在乎食物的完整性，各种破坏性的防粘措施尽可采用，这个容易。

在做米饭时，为了保证米粒的完整性，就颇费思量。米粒加水直接放锅里煮，就肯定粘锅了，当然萝卜白菜各有所爱，这叫锅巴饭，也是一大特色。不吃锅巴咋办呢？把锅巴再煮一下，给家畜、家禽消化了，也没浪费，粮食紧张时，就可惜了。于是人们想出来沥饭的做法。即先将大米与水煮一下，然后滤掉米汤，将米再上蒸笼蒸熟，往往米汤里留点米继续熬粥，这样稀饭、干饭全都有了，特别是滤掉米汤后，饭的淀粉含量下降，颗粒清爽不粘，口感甚佳，这个办法尤适合糖尿病人。所以现在出现了有沥饭功能的电饭煲。

粥、米饭都挺好，但口感过于单一，也不方便携带，白天去田间地头劳作来不及回家吃饭，咋办呢？于是馒头、煎饼、烧饼、粑粑等成形食品应运而生。

馒头是面粉经发酵后上蒸笼蒸熟的。这个蒸笼的底部材料也要做到不粘，有采用竹篾的，也有采用松针的，还有采用藤编的，经油浸处理后，具有较好的不粘性，否则，馒头底部的面皮会被粘下来，就不好看了，现在我们大多使用硅胶垫或聚四氟乙烯纸做衬垫铺在蒸锅上防粘。

图 1-3　烧饼炉

内陆地区的烧饼和新疆地区的馕是类似的，都是烤制的面饼。其做法是将湿润的面饼贴在烧饼炉的内胆壁上或烤馕坑的内壁上，烤炉下方是火焰，内壁温度很高，湿润而又柔软的面饼遇上高温的内壁立刻就粘上了（图 1-3），妙就妙在烤熟后，面饼贴面变焦，趁势而揭，就下来了。

看似简单的过程，其实涉及好几个方面的知识。首先是烤炉的内壁选材，最先采用的是耐火黏土制作的，类似于陶制水缸的内壁，反复烘烤不会产生裂纹。因是陶土烧结的，表面虽然光滑，其实布满微孔，这些微孔使得面饼与陶土内壁不是完全接触的，并且陶土材料与面饼之间的粘性本身较弱。当湿润而又柔软的面饼遇上高温的内壁，贴壁的那一面因水分快速蒸发形成负压，烧饼就因粘连和大气压强这两个因素贴在炉壁上了。当烧饼烤熟时，焦化的面饼表面与陶土的粘性就更弱了，加上烧饼烤熟后边缘卷起，负压效应减弱，所以就很轻松地揭下来了。这其中烤炉内壁材料与面饼的弱粘性是关键。完全没有粘性，烧饼贴不上去，当然到目前为止人们在自然界还没有找到这种材料；粘性大了，揭的时候就破坏了。

铁器材料产生之后，铁锅大受欢迎，沿用至今，因此烤炉的内胆也有用铁质的；但铁在自然环境中容易氧化，且氧化产物有好几种类型，因此我们使用的铁锅其表面也是有一层氧化层的。因为铁锅在使用过程中受火焰加热并存在水蒸气环境，如炒、煮、蒸等，它的氧化层不是暗红的铁锈（铁锈为三氧化二铁），它更多的是由二氧化铁和四氧化三铁所构成，颜色黝黑。铁的氧化层在微观看来实际上并不致密，而是疏松的，有很多微孔，因此可以存储油脂。一方面四氧化三铁的粘性较弱，加上有油的隔离作用，所以铁质的内胆烘烤烧饼也能起到同样不粘的作用。

煎饼（图 1-4）和米粑通常是在平底锅上制作的。铁质的平底锅需要较厚的四氧化三铁氧化层才能达到不粘的效果，所以老铁锅更好用。新铁锅因为没有形成氧化铁，而铁的粘性是比较大的，所以新锅买回来往往要养锅一段时间后才好用，这个养锅实际上是让氧化层尽快形成。煎饼和米粑都是调好的面浆或米浆，将它们摊在平底锅上，充满微孔的氧化铁表面层，上面又有一层油膜，加热后煎饼浆和米粑浆里的水蒸气升腾给煎饼和米粑以部分的托举，造成食材与锅底的隔离，从而具有了不粘的功能。

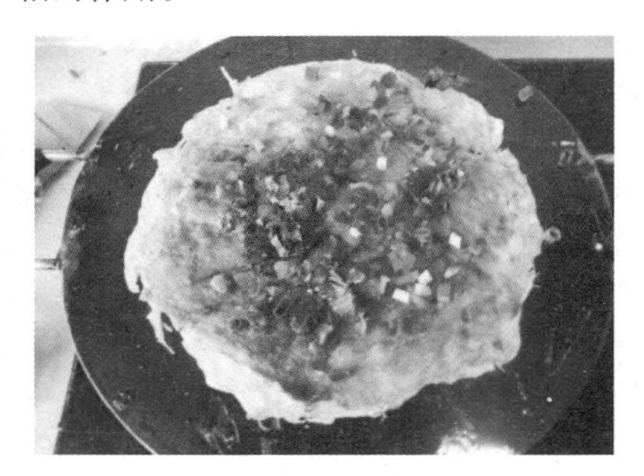

图 1-4 煎饼果子

不粘性发挥得越好，油就可以用得越少，困难时代少用油是因为物质贫乏，富裕时代少用油是因为需要健康。当然，头脑风暴之后，最简单粗暴实现不粘的措施就是创造不接触的烹饪环境，用油来炸，油条、油饼就是典型，当然可以油炸各类食材，国外如肯德基的炸鸡块、国内的松鼠桂鱼是先油炸再浇汁，无不风靡全世界。

1.3　电饭锅（煲）涂层

电饭锅（煲）（图1-5）真是一个伟大的发明，它使做饭变得异常简单，节省了人们太多的时间和精力。电饭锅首先根据煮饭的容积控制电加热盘的功率，使之不过大而出现糊底，其次选择热导率好的内胆材料而能均匀传热。当米饭的水汽蒸干时，锅底部温度会明显升高，这时加热电路自动切断，而保温电路仍继续工作完成后续的煮饭流程。

导热良好又易加工的内胆材料是铝（图1-6），但在清洗内胆时就比较费事，因为铝制内胆粘米饭，不好清理。铝质内胆的表面在自然条件下也会生成一种氧化层，叫作三氧化二铝，这个氧化层和上节讲到的铁锅的四氧化三铁氧化层相比，更薄、更加致密光滑、微孔少、物理不粘性弱，加上铝材本身的粘性，所以它对食材的粘性比较大。电饭锅在日本问世时，同时期已有法国的一位家庭主妇将美国杜邦公司合成的一种新型不粘材料聚四氟乙烯涂覆在煎锅上了，开了不粘锅的先河，因此电饭锅的铝质内胆随后也涂上了聚四氟乙烯的高分子涂层了，从此电饭锅煮饭就几乎完美了。煮饭容易，清洗也容易，改革开放后电饭锅迅速在我国普及，上节所说的沥饭做法就用得少了。

图1-5　电饭煲

图1-6　无涂层铝胆

我们常见的那种透明的一次性塑料水杯是用聚乙烯做的，一次性纸杯的内层也是滚涂了一层聚乙烯材料做到不漏水的。聚乙烯是碳氢高分子合成物，聚四氟乙烯则是一种碳氟高分子合成物，稳定性极好，有点像惰性气体，常温下基本不与任何别的物质相反应，俗称“塑料王”，绝非浪得虚名。塑料的特性它都有，关键还有个最大特点——极好的不粘性。物质间的黏性源于分子间的吸引力，它与分子的组成及微观结构相关。由于碳与氟的结合非常紧密，结构又对称，空间分布均匀，外来分子几乎没机会插一杠子，所以聚四氟乙烯的不粘性可谓“王者”。北京奥运会的游泳馆水立方就是利用了聚四氟乙烯的不粘性做成的膜建筑，灰层脏污不易附着，常年保持干净整洁，充分发挥了晶莹剔透的效果（图 1-7）。

图 1-7 水立方——采用聚乙烯与聚四氟乙烯共聚物做成的膜建筑

细心的读者马上会想到，聚四氟乙烯既然不粘，又是怎么涂到铝内胆上面的呢？这确实是个难题，除了加热后涂覆，还要想很多工艺上的办法才能涂在铝锅上，即便如此这个涂层的寿命也并不太长，所以日常生活中常遇到聚四氟乙烯涂层在使用中容易脱落，这个问题业内一直在加以改进。

聚四氟乙烯在 250 摄氏度以下性能是稳定的，煮饭的温度只超过 100 摄氏度多一点，因此用于电饭煲中应该是安全的。更进一步，它也被用于煎锅和炒锅上，煎炸过程中的火力不算很大，一般达不到 250 摄氏度，爆炒可能温度更高，局部短时有可能超过这个温度，所以用于炒锅的制造商一般在锅体上设置了红点警示器（图 1-8），以提醒烹饪时不要超过界限温度。

因为聚四氟乙烯的高分子属性，耐高温性能是其软肋，所以人们又将陶瓷材料涂在铝质锅体上以解决粘锅的问题（图 1-9）。瓷碗、瓷盘具有易于清洁的特点，但陶瓷材料涂于铝锅也面临一些问题，如铝的熔点不高，陶瓷与铝的粘合不能在高温下进行。

图 1-8　红点炒锅

图 1-9　陶瓷涂层不粘锅

陶瓷的不粘性能不如聚四氟乙烯，要通过配方的尽力优化提升其不粘性能方能满足市场要求，而且陶瓷涂层的不粘锅，其使用温度也不能过高，原因在于铝质或铁质锅体和陶瓷涂层的膨胀系数相差较大，使用温度过高也容易使涂层脱落，这些因素的存在使得陶瓷涂层锅并未后来居上“一统天下”，而是“各有千秋”，和平共处于市场接受消费者的选择。

1.4　聚四氟乙烯与黏着磨损

摩擦是日常生活中司空见惯的现象了，我们走路需要摩擦，骑车需要摩擦，驾车同样需要摩擦，遇到雨天，地面泥泞打滑，或者踩在香蕉皮上，我们可能就要摔跤，因为摩擦力不够了。冬天路面结冰，汽车轮子要裹上防滑链才能缓慢行走。但摩擦的存在一定会消耗能量，所以人们有时也会尽力减小摩擦，比如磁悬浮列车避免轮子与铁轨的摩擦，只剩下与空气的摩擦，速度提高几倍，更有甚者，人们还试验在真空隧道内通行磁悬浮列车，以避免空气摩擦，这样可以提高速度至目前十倍以上，因此摩擦效应是极为惊人的。既然有摩擦，必然有磨损，摩擦往往是不可避免的，有时候甚至要增大摩擦力，但磨损则是要尽可能降到最低的。磨损是摩擦副双方在摩擦的过程中物质逐渐离开各自本体从而导致尺寸的改变，长期的磨损会导致最终的失效。那么磨损又是怎样产生的呢?

通常，磨损有两个典型的机制，一个是磨粒磨损，一个是黏着磨损。当然随工况环境的不同尚有其他机制，但这两种是最为典型的。

“磨刀霍霍向猪羊”，用磨刀石磨刀，就是磨粒磨损。磨刀石是由坚硬的颗粒所构成，将刀在磨刀石上来回滑动，磨刀石上坚硬的颗粒切削刀的表面，使得刀的刃部越来越薄。坚硬的颗粒就是磨粒，微观上看如同一把把小尖刀刮削着刀刃的表面，因为磨粒的硬度比刀更高。类似的例子，挖掘机的铲斗、坦克的履带，都是跟坚硬的沙土或岩石打交道，所以都属于磨粒磨损。

接着，我们用锋利的刀去切菜、切肉，刀会变钝，这就是黏着磨损了。蔬菜和肉的硬度显然比刀要低很多，也没啥坚硬的部分去切削刀刃，可刀刃还是磨损了，变钝了。类似的例子，男士们用刀片剃须，刀片也会变钝，胡须应该不会很硬吧，按理说刀片应该用很久，但实际上用几次就不锋利了。这都说明刀片磨损了，但这和上面的磨粒磨损肯定不同，它是另一种机制。物质间由于分子间的作用力通常会粘在一起，如尘埃的聚集、奶粉的板结、衣服沾染污物、手沾上油、食物粘锅，都是如此。人们发明各类胶粘剂粘合物品则是这种原理的能动的应用，把粘合现象发挥到极致。物质间的粘合，减少了表面能，表面能是能量的一种表现形式，这样使得体系的总能量得以降低，往往是自发的行为。刀在切菜时，部分菜的分子和铁原子有了接触并粘连，刀在切时来回滑动又使得铁原子和菜分子强行脱离，这样有部分铁原子就和菜分子一块脱离了刀体，多次往复，刀就发生了磨损。这种因粘连发生的磨损就称为黏着磨损。切过菜的读者往往有体会，切肉比切蔬菜费力些，肉黏糊多了，这就是肉对铁的粘性比蔬菜大，来回的摩擦阻力也大，黏着磨损就厉害些，切过肉之后，刀容易钝，就得重新磨了。

有摩擦就有磨损，怎样减轻黏着磨损呢?人们从古至今就很聪明，那就是加油来润滑，通过油来隔离摩擦副材料的粘连，以减轻摩擦和磨损。摩擦显然是运动的，当运动速度较快时环境温度会上升，这时粘连会更厉害，磨损会急剧上升，因此在快速摩擦的情形下，没有润滑是极其糟糕的。因此减速器里的齿轮几乎是浸在油里的，汽车发动机的气缸和活塞也需要机油来润滑，油一方面可以减轻黏着，另外还可以散热。

除了加油润滑，人们还在降低材料粘合性方面做了探索。正如采用弱粘连性材料做锅一样，人们通过实验配对摩擦副材料来减轻黏着磨损。如将钢铁与尼龙塑料搭配做轴与轴承，将铸铁与电镀铬搭配做气缸与活塞环，这些搭配都有效降低了材料间的粘连性，从而显著降低了黏着磨损，在行业里堪称经典的成功案例。

聚四氟乙烯材料发明以来，立刻就在防黏着磨损方面大显身手了，上节已经介绍了它的特点，极具不粘性，所以得到了广泛的应用。当然也有一些局限性，聚四氟乙烯是塑料，散热不佳，一旦温升超过其使用范围，就失效了，于是人们就进行改进，将它涂在零件表面，像不粘锅涂层一样，就克服了这个困难，拓展了它的应用领域（图 1-10、图 1-11）。

图 1-10　聚四氟乙烯搅拌叶片

图 1-11　聚四氟乙烯动密封圈

1.5　章丘铁锅

中华文化历史悠久，炊具制造工艺更是源远流长。由于铁制炊具有良好的导热性能，推动了中国人独有的爆炒技法。爆炒过程中，火力威猛，通过高温，在短时间内使食物性状急剧发生改变，食物由生变熟，却又尽可能保持了食物本来的营养和味道，中国菜肴的精妙更是因为炒而闻名于世界。铁锅制造的历史始于秦汉，并在宋代快速流行起来，推动着宋朝以及之后各朝各代的饮食文化的急速发展，中国美食文化也逐渐盛名于世界。爆炒因为温度高，食物更易粘锅，因此在解决了煎饼、馒头、米粑、米饭等主食的粘锅问题之后，我们的先辈们经过艰苦的探索对铁锅的不粘性能进行了一次伟大的升级，将爆炒推上了烹饪技法的王座。

位于山东济南的章丘是闻名遐迩的“铁匠之乡”，章丘铁匠极具地域特色和历史影响力，自古就有“章丘铁匠甲天下”的美誉。清朝末年，京勺名家曹盛永来到济南，在济南正觉寺街落脚起火打锅，其锻打技艺炉火纯青，所制铁锅有“锻打三万六千锤，勺底铮明颜色白”之美誉，章丘铁锅也自此逐渐闻名于世，成为早期的传统不粘锅。

章丘铁锅是用熟铁板材经过热锻打出锅形，再用小锤多次冷锻（图 1-12），将锅形锻打得更为完美，同时赋予了章丘铁锅特殊的不粘性。

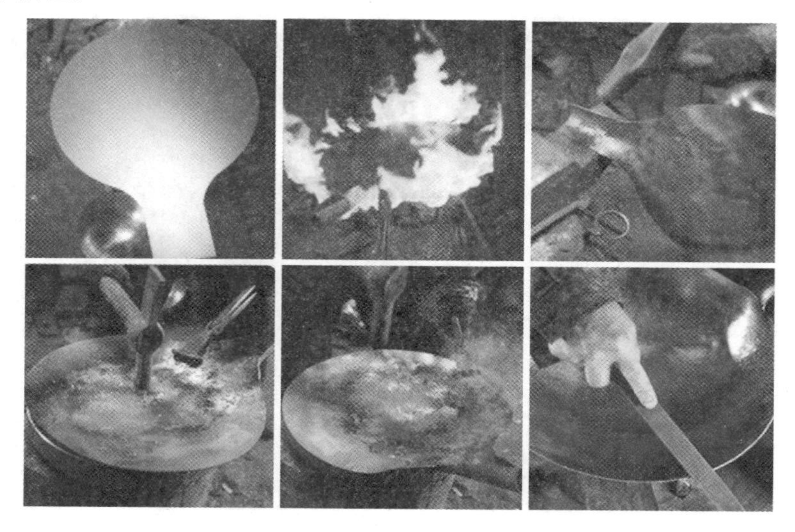

图 1-12 章丘铁锅的打制

热锻过程需要经过多次的加热和锻打，不仅要将原材料锻打出一个完整铁锅的锅形，还要求锅把一体成形。热锻还有一个额外的作用就是去除杂质，使铁锅更加密实，经纯手工锻打的章丘铁锅的铁含量可高达99%（质量分数），这使得铁锅的热导率大幅提升。冷锻过程需要铁匠师傅们更加有耐心，这个过程需要三万六千次锤打，多种工具共同配合完成。由于每一次锤打都不会打在同一个地方，这势必会造成许多重合的交界面，最终会在铁锅表面形成复杂交错的鱼鳞纹，使锅既平滑如明镜，又暗藏无数微观丘壑（图1-13）。

图1-13　章丘铁锅内表面的鱼鳞纹理

因此仔细观察会发现铁锅的内表面上会呈现出凹凸不平的界面，形似鱼鳞，这种特殊的界面会大幅降低食物与铁锅的接触面积。随着接触面积的减小，食物与炊具内表面的摩擦力也会随之减小，利于炒菜时食物的滑动。此外，由于到处分布着凹凸不平的界面，油和水分便会聚集于较低的凹面，在高温的蒸发之下，水和油变为蒸气，蒸气会托起食物，阻止食物与锅的接触，很好地降低了食物与炊具之间的粘连，从而提高了炊具的不粘性。

为了提高章丘铁锅的不粘性能与使用寿命，新的章丘铁锅在使用之前，最好利用肥肉和花生油进行开锅处理（图1-14），目的是在铁锅的表面形成油膜。作为炒锅，章丘铁锅是煎、炸、烹、炒的绝佳炊具，勤于使用更容易发挥出其不粘的性能，这是因为用的时间越长，四氧化三铁氧化层越厚，孔隙就越多，油膜就越稳定，氧化层的生成是传统铁锅不粘性的基础。而煮、熬、炖会破坏开锅油膜，影响铁锅的不粘性。另外，刷锅时，热锅宜用温水清洗，以防急冷使四氧化三铁氧化层碎裂，凉锅宜用冷水清洗以保持油膜不被洗掉，以及避免用钢丝球等较硬物质清洗锅具，这也是为了防止表面氧化层和油膜被破坏，从而保持铁锅的不粘性。

图 1-14　铁锅的开锅

1.6　现代铁锅——微雕网格化

饮食健康一直为大众所关注。对于聚四氟乙烯及其稳定性，涂层脱落，以及铝锅的铝离子析出影响大脑功能等问题，科学家们也在一直探索解决办法，寻找功能性更全、质量更好、更为健康的新炊具。终于，现代新型的蜂窝不粘锅闪亮登场。

在前两节，我们讲到利用聚四氟乙烯材料的化学性质稳定、不粘的特殊性能，配合导热性能良好的铝质或铁质内胆可以制成性能良好的涂层不粘锅，这是一种化学不粘的方法；然而不耐温、涂层易脱落的缺点导致这种类型的不粘锅寿命较短且容易因操作不当而引发健康问题。章丘铁锅采取的是一种物理不粘的方法，利用高密度鱼鳞网格的凹凸不平的表面，以蒸汽悬浮来减少食物与炊具的接触面积，从而达到不粘的效果，但章丘铁锅的制造过程会耗费大量的时间和精力，成本较高。

自有人类以来，技术是不断进步的。有了现代加工技术和材料的加持，蜂窝不粘锅则结合了物理不粘和化学不粘两种不粘特性，其综合不粘性更为优秀。这种蜂窝不粘锅又名微突晶纹不粘锅（图 1-15），是近些年来不粘锅市场的新宠。锅体一般采用 316L 不锈钢，这种钢材常用于海水设备、医疗器械等领域，材质中还添加了钼，使得整个锅体耐蚀性、耐高温性大幅度提高；也因为有了更高的镍含量，是实打实的奥氏体化不锈钢，使得材料性质更稳定，将其应用在锅具中，大幅度增强了锅具的耐用性和健康性。四氧化三铁氧化层以及油脂的保养不再成为必须条件了，清洁起来更为方便。

图 1-15　蜂窝不粘锅

该类型蜂窝锅采用微雕技术，在锅壁内微雕出凹凸型蜂巢状的精细纹理。其中凸的部分构成一张无涂层蜂窝网格结构（图 1-16），防粘层（聚四氟乙烯或陶瓷材料）仅覆盖在纹理凹陷处，不与锅铲直接接触，降低了防粘层在锅壁内的覆盖面积，解决了炒锅涂层容易脱落等问题。利用这种凹凸型结构，不仅可避免锅铲对涂层的破坏，同时也利于蒸汽悬浮来隔离食物与涂层，从而让食材受热更均匀，使烹饪更轻松。

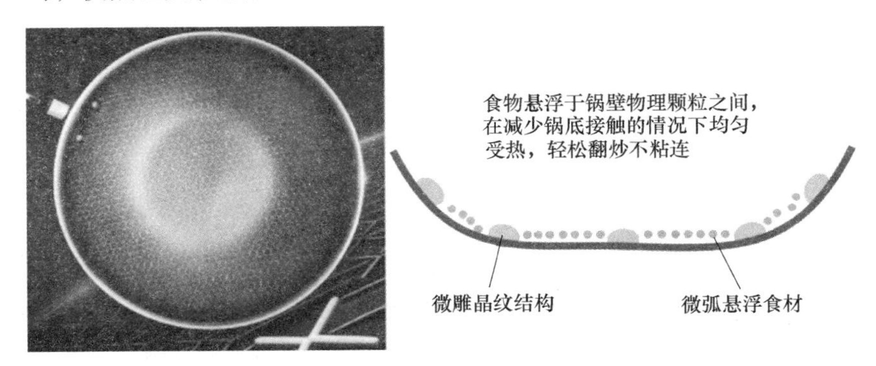

图 1-16　微雕网格结构

这种工艺采用机械加工的方法可以进行量产，通过严格的加工程序，不但可以很好地降低制造过程中的成本，还能得到更好的炊具性能与外观。即便是没有烹饪经验的人，也可以享受煎鱼的乐趣了。

1.7 荷叶的微观结构

荷叶与莲花构成了炎炎夏日美好的风景线，带给人们一丝清凉。暴雨来袭，雨点会在叶面上形成一个个美丽圆润的小水珠滚来滚去，这种情形正如同唐代诗人白居易在《琵琶行》当中所说的“大珠小珠落玉盘”。雨后的荷叶更加清爽，不仅一丝雨水未沾，连带着荷叶上原有的灰尘也都被雨水带走了（图 1-17）。

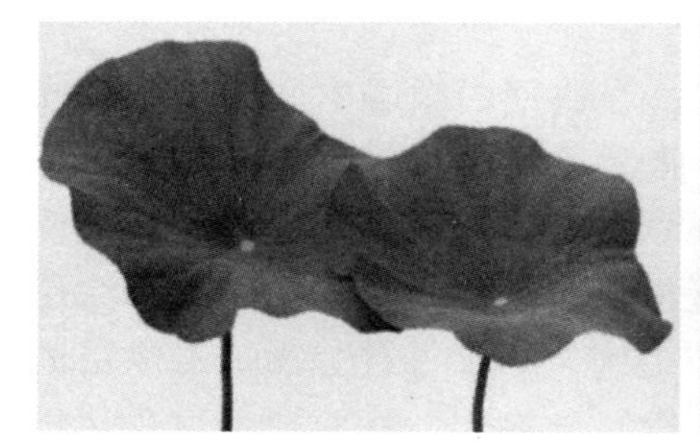

图 1-17 不沾水的荷叶

自宋代思想家周敦颐将莲喻为花之君子之后，莲便为世人所盛爱。莲出于污泥，却不为污泥所染的特性也为世人所崇尚。格物致知是周敦颐等理学家们的追求，但囿于研究技术和手段，人们却一直未能揭示荷花出淤泥而不染的奥秘。

近些年来，世人在克己修身，追崇出淤泥而不染的崇高品质时，也不忘探索莲的这种高贵品性的缘由。随着科技的不断发展，科学家们终于不负众望，不仅解开了荷叶这种特性的奥秘，还将这种特性应用于人们生活的各个领域，推动人类生活质量不断提高。

在探索物质间不粘性规律的过程中，人们建立了润湿性的概念，作为评价不粘性的量度。物质的表面分子与内部分子的能量是不一样的，表层分子的能量要高一些，这是因为存在表面能的缘故。表面能可以通过表面张力的形式体现出来，比如我们关闭水龙头时，会有一滴小水珠不掉下来，这就是表面张力在起作用。既然存在表面能，体系的能量总是趋于降低，因为这样就更稳定，故水往低处流是常态。当液体遇到固体，它们形成界面，这样双方的总表面能就会降低。我们在喝啤酒饮料时能观察到杯壁上的气泡比杯内多，这就说明形成界面有利于降低体系能量，碳酸尽量往杯壁上凑。界面一旦形成，吸附就产生了，液体会在固体表面铺展开来，这种性质我们称作润湿性。随物质种类的不同，铺展程度也不同，即润湿程度不同。有的是完全铺展，称全部润湿；有的是部分铺展，称部分润湿；有的甚至完全不铺展，水在荷叶上基本就是完全不铺展，称完全不润湿。那么怎么去衡量润湿性呢？人们又用了接触角的定义，如图（1-18）所示，该角度越小，铺展越多，润湿性越好，反之亦然。如果液体是水，那就是润湿性好的就亲水，反之为疏水性；如果是油那就是亲油性或疏油性。现在有专门的仪器——接触角测量仪来检测这个性能，以便于研发所需产品。现在我们可以用专业术语说，荷叶是疏水的也是疏油的，上节提到的聚四氟乙烯也是如此，总之具有出色的不粘性。

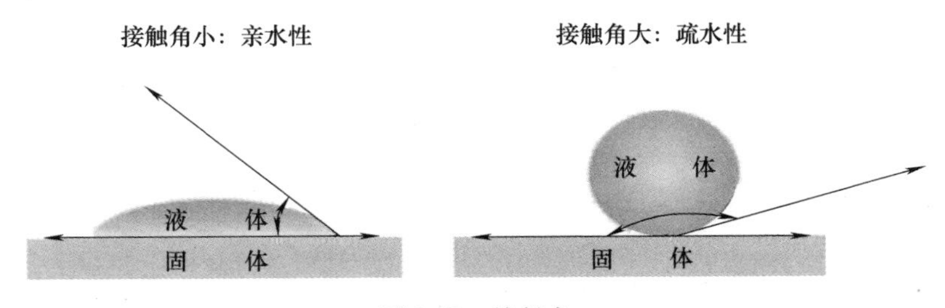

图 1-18 接触角

1997 年，来自德国波恩大学的植物学教授威廉·巴斯洛特通过一项实验解开了荷叶出淤泥而不染的秘密。通过放大倍数很高的电子显微镜可以看到，荷叶表面分布着许多直径为 5~9 微米的小突起，每个突起间的距离约为 12 微米，而在每一个突起上，又长了许许多多直径为 200 纳米的蜡质突起。这就使得荷叶的界面像是一个挤满了柱状建筑的城市，而且是“大柱子上还有很多小柱子”的城市（图 1-19）。这种结构会使得灰尘和水滴与荷叶表面由面接触变为点接触，它们发生接触的面积很少，接触力就很小，从而难以完整地附在荷叶上。同时，由于每个突起之间的距离都很小，空气的顶托作用也会很明显，这也加大了灰尘和水滴在荷叶表面停留的难度。另外，液体具有一定的张力，它使水滴聚集成小分子团，当水滴落到荷叶上时，这些密集林立的大大小小的蜡质“柱子”就托起了小分子团，使水滴无法侵入到“柱子”的间隙里，蜡质具有疏水功能，从而使荷叶保持干爽。当有灰尘等污染物落到荷叶上面时，同样也会被这些蜡质突起挡住，所以雨水一来，灰尘就会立刻被雨水冲刷得干干净净，一点都不剩。荷叶就是靠着自身这种独特的叶面结构保持干净、清爽的。这种自净现象称为“荷叶效应”，也叫作“疏水效应”。如果荷叶表面上的蜡质突起受损，荷叶的自清洁能力也会随之丧失。但如果荷叶表面受损不严重，通过继续分泌出蜡质，荷叶的自清洁能力便可慢慢恢复。这种自清洁的特殊能力并非荷叶独有，在生活中，我们会发现大白菜和包菜往往都很干净，不需要怎么清洗便可开始烹饪。然而，对于小白菜，往往需要花更多的时间和精力来清洗。这是因为大白菜和包菜有着与荷叶类似的自清洁表面，而小白菜的表面则没有这种自清洁效应。

图 1-19　荷叶的微结构

大自然是最好的设计师，通过从大自然中得到启发往往能够使人类的科研探索事半功倍。荷叶效应的发现便是人类科研探索历程中一个很好的指示灯，通过效仿荷叶的这种疏水效应，人们制造出了各种各样的疏水材料，并应用于人类日常生活的各个领域。比如疏水油漆，当建筑物的表面涂上这种油漆，这种由纳米材料制成的自清洁材料便可以在雨天通过自清洁效应将灰尘自动清洗干净。应用了疏水玻璃的摩天大楼具备了自清洁能力，就不需要清洁工人冒着生命危险来进行高楼清洗。还有中国科学院化学研究所做出来的防水纳米布（图 1-20），将颗粒大小为 20 纳米的聚丙烯粘在面料上形成荷叶结构的面料，便可以制出不沾水的冲锋衣、纺布袋。

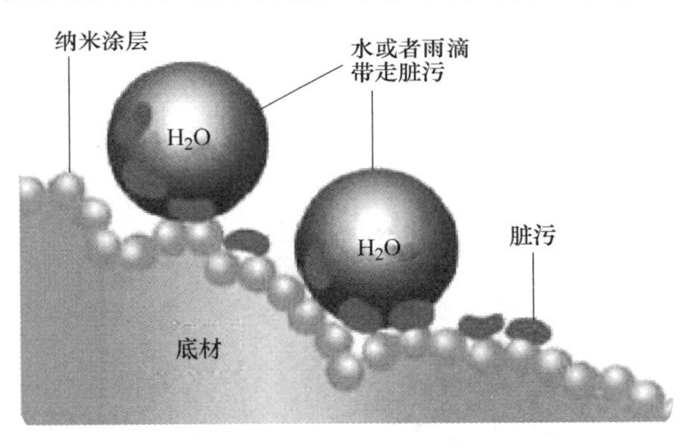

图 1-20　防水纳米布

回顾各种形式的不粘锅，再联系荷叶的不沾原理，似曾相识，大类相通，这也许就是宇宙之道吧。未来，随着科学技术的进步，人们可以制作出更多的、效果更好的不粘材料，到那时也许家里的地板、衣服、鞋子，甚至许多食物都不用花费大量的精力来进行清洗，这会使我们的生活变得更加美好！

1.8　丝瓜与百洁布

常言道“按下葫芦浮起瓢”，葫芦瓜可做瓢，丝瓜也不甘落后，担当了厨房的另一个重要角色，洗碗布。《本草纲目》上记载：“丝瓜又称天罗瓜，自唐朝从印度传入中国——筋络缠扭如织成，经霜乃枯，惟可藉靴履，涤釜器，故村人呼为洗锅罗瓜。”从被古籍冠予的“洗锅罗瓜”的名号，我们就可以看出，自古以来，丝瓜就被勤劳智慧的中国百姓发掘出了洗锅的妙用。其实不仅是在古代，直到现代的百洁布产生之前，大家也都是用老到掉壳的丝瓜络来刷碗洗锅的，只用热水冲洗，就能够把碗洗得干干净净，一点都不沾油。现在的厨房丝瓜常吃，丝瓜络却不常有了，也许有人就要问了，什么是丝瓜络？为什么会有这么神奇的效果？

丝瓜络其实是长老的丝瓜果实去除外皮和种子后获得的网状结构的天然纤维管束组织（图 1-21），由于外形酷似海绵，故又名丝瓜海绵、植物海绵。因此在以前物质匮乏的时代里，丝瓜络自然就成了厨房的“清洁利器”，易得又好用，是爷爷奶奶辈人们的心肝宝贝。

图 1-21　丝瓜络

那么丝瓜络神奇的功效又是归功于它的哪些组成与结构呢？我们先从现代人身边最常用的洗涤剂家族说起，为什么洗衣粉可以洗掉衣服上顽固的污渍呢？我们的衣物表面看似平整顺滑，但如果把它置于显微镜下仔细观察，你就会发现，它的表面其实是凹凸不平的，纱线纵横交互，缝隙遍布节点，而衣服上的污渍分子附着在面料的缝隙之间，彼此粘连，用水是很难冲洗掉的。而洗涤剂主要是由表面活性剂组成的，表面活性剂分子的两端分别是亲水基团与亲油基团，亲油基团负责吸引污渍，将污渍与衣物分离，并包裹油渍污垢，再由亲水基团带动溶解到水中，从而实现去污的效果，所以洗涤剂的作用就是“勾引”污渍随后带动污渍“随波逐流”。

洗涤剂是人造的，丝瓜络是天然的，但在清洁原理上其实是比洗涤剂更进一步的。丝瓜络是由多层丝状纤维纵横交织而成的立体多孔网状结构组成的，丝瓜络的横截面，就像是一个切开的小马蜂窝，有着密集的小室状的空腔，空腔周围是错综复杂的纤维网状结构。这种特殊的结构使得它能够通过毛细现象吸附油脂到它的空腔中，从而实现了油脂与餐具的分离。那么什么是毛细现象呢？在物理实验当中，将毛细管插入浸润液体中时，管内液面会上升，最终高于管外液面，达到一种抽吸的效果。丝瓜络中的空腔实质上就是一种毛细管，因此丝瓜络能将餐具上的油脂吸附进丝瓜络中，达到清除油污的效果。类似的，干毛巾一半浸在水中，另一半也会慢慢变得湿润，还有砖块吸水、粉笔吸墨等，也都是毛细现象。

丝瓜络主要由纤维素、半纤维素以及木质素三种物质组成。其中纤维素与半纤维素具有亲水性和亲油性，它能够吸附油脂并且能够在水中润湿，而木质素又是疏水的，不溶于水和有机溶剂，赋予了丝瓜络很好的脱附油脂循环再生的能力。被吸附到空腔中的油脂能够被网状的结构拆分成小的油脂颗粒，当丝瓜络在水中浸泡受到挤压时，因木质素疏水，油脂随水被冲出空腔，因此我们用过丝瓜络之后，只需用水漂洗一下，丝瓜络就可以恢复原样，重新被利用。

看到这里，我们不得不叹服大自然的鬼斧神工，丝瓜络巧妙的物质组成与复杂结构造就了它神奇的性能。近些年来，受到丝瓜络原理的启发，人们发明出了百洁布（图 1-22）。

百洁布，又名菜瓜布、瓜筋布，大多具有以下特征：细纤维纺丝多层缝制，材料表面覆盖全醇化高聚合度的聚乙烯醇涂层。通过对比丝瓜络的结构组成我们知道，百洁布的结构就是对丝瓜络的仿生再造。超细的纤维结构对应丝瓜络的多孔网状结构，可以通过毛细效应实现油脂与污渍的吸附，多层缝制，每层空隙足够方便水流出；而有机材料涂层则是对丝瓜络脱附油脂循环再生能力的巧妙变通。全醇化高聚合度的聚乙烯醇，对于棉麻织物或棉麻与化纤混纺的织物有着较强的粘力，因此其可以紧紧依附在百洁布的表面，关键的是，聚乙烯醇对于油类有强大排斥力，它也应用在输油管道上，这就保证了百洁布的疏油性，做到不沾油，容易漂洗。

百洁布是工业化的产品，成本低廉，购买方便，已逐步替代丝

图 1-22 百洁布

瓜络成了厨房洁具的“主将”之一。

1.9 自洁玻璃

窗明几净，鸟语花香，一壶清茗，一本好书，多么令人赏心悦目的场景。但要把玻璃擦干净可是一件令人烦心的事儿，尤其是高楼大厦的外层玻璃的清理，不但麻烦而且还带有危险性。虽然可以聘请专业的“蜘蛛人”队伍定期清洗，但一来费用高昂，二来洗涤剂也会造成环境污染，关键是定期清洗的周期也较长，我们要长时间忍受脏污带给我们的视觉污染，影响我们的情绪。高楼大厦的出现对于解决人们居住使用空间的问题提供了很好的解决方案，但也随之带来了一系列麻烦，看来科技本身也具备双刃剑的属性，它的不断发展给人类带来了更多的便利，却又不断引发新的问题，解决的办法依然只能是靠更新的发展。

玻璃易脏的原因在于其表面易产生静电，大家一定会想起初中学物理时玻璃棒与丝绸摩擦，胶木棒与毛皮摩擦的场景吧，这种静电会吸收空气中的浮尘，人们甚至做出专门的静电吸尘器用来除尘。遇雨时，玻璃表面很容易形成水珠，并且水珠不易滑落，在水珠干燥过程中，又容易吸附空气中更多的灰尘，干燥后形成泥巴痕，天长日久，形成较厚污垢，不易冲掉。

看来还是要从材料上想办法，如果能在玻璃表面上涂抹或镀上一层特殊的材料，使得灰尘或污浊液体都难以附着在玻璃的表面或者比较容易地被雨水冲洗掉，那就理想了。

功夫不负有心人，这种材料还真就找着了，它就是二氧化钛。二氧化钛俗称钛白粉，本来是作为一种白色颜料使用，用来刷墙增白，再普通不过。后来人们把它纳米化用来做防晒霜，因为它吸收紫外线的能力不错，跟着再继续研究下去，又有了新发现，就导致了我们现在自洁玻璃的产生。

原来二氧化钛虽是无机物，却有着半导体的属性，由充满电子的价带、传导电子的导带和不能存在电子的禁带构成。当紫外线照射到二氧化钛上时，即产生带负电的电子和带正电的空穴。该电子具有很强的还原能力，与空气中的氧反应生成具有很强氧化能力的氧负离子 O^{2-}，大家用过的空气净化器出来的空气里就带有这种离子；而空穴则带正电具有氧化能力，与二氧化钛表面的微量水分反应，生成氢氧根负离子（OH^-）。由于 O^{2-}、OH^- 具有强氧化能力，因此可以通过氧化将有机类污物分解成二氧化碳、水和部分无机物。此外，二氧化钛经紫外线照射后，变得具有很强的亲水性，水甚至能透过附在二氧化钛表面的脏物浸润到里面去，当遇到风吹雨冲，污物便容易从二氧化钛基体脱落了。因此在普通玻璃基板上涂覆一层二氧化钛，经太阳光照射后，污物便被分解成二氧化碳、水和部分无机物，二氧化碳作为气体直接脱离玻璃表面，而无机物则溶于水中，在重力作用下脱落，从而达到自洁的效果。我们可以想象，大量应用自洁玻璃后，雨后的城市，空气清新，窗明几净，令人神清气爽。

有多种方法可在玻璃基片上制作二氧化钛薄膜，如液相沉积法：将玻璃基片浸入氟钛酸铵水溶液与硼酸水溶液的反应液中，基片上便会生成透明的均匀致密的二氧化钛薄膜。用这个方法制备薄膜的优点是不需要热处理，操作简单，可以根据需要在形状复杂的基片上制造出薄膜。

还可采用水热法：将金属粉末或者无机物在一定反应介质中进行反应，利用沸水热处理无定型的薄膜，从而得到优质二氧化钛薄膜。这种方法原料易得，降低了制作成本，在液相中一次完成制膜，避免了热处理过程中可能导致的各种缺陷。

自洁玻璃的应用（图 1-23），减少了清洁玻璃表面的麻烦，节省了日益匮乏的水资源，大自然天赐的阳光和雨水充当了清洁工，真可谓呼风唤雨，鬼斧神工，材料世界的神奇，可见一斑。不粘锅是要保持食物的完整性，只能采用不粘的防御策略；而对于污物就采用了消灭的策略，利用了二氧化钛加紫外线分解脏污的机理，可谓主动出击。

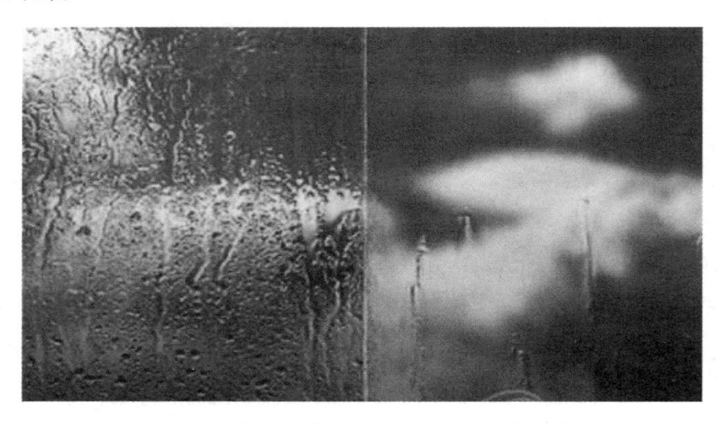

图 1-23　普通玻璃（左）与自洁玻璃（右）

第2章 刀光剑影

2.1 刀削面

提起刀削面，读者朋友们应该都耳熟能详了吧。中华十大面种之一，发源于山西大同，面型独特，形似柳叶，中厚边薄，棱锋分明，入口外滑内筋，配上不同风味的臊子，满口嚼香，确是人间美味（图2-1）。

图2-1　刀削面

刀削面使用弧形刀具削制，此刀与普通切菜刀不同，因要弯成弧形，所以刀体要薄，否则不易加工，故谓之铁片更为贴切。本就薄，经过磨砺，刃部就更薄了，所以就削而言，这种选择和设计极为合理。因其形似铁片，与普通菜刀大相径庭，创新幅度太大，常人惊叹之余便演绎出一些传说。一说为唐朝将军驸马柴绍所创，因作战时间紧张，传统方法做面要擀面切面，费时费力，将军直接用刀削面入锅，口感甚佳，随即传入民间。另一说则是元朝统治者收缴刀械，十户共用一把菜刀，一老爹排队借刀未果，路上拾得一铁片，稍加磨砺，削面入锅，顿成美味。

传统弧形削面刀需要一定的操作技术和经验，刀的弧度和切入深度相配合可以削出不同形状的面条（图 2-2）。而有了现代成形刀具理论的指导和机械制造模具的帮助，新型削面刀应运而生（图 2-3），这种成形削面刀使新手也可以在家随时随地吃上一碗正宗的削面了，科技使生活更加美好。

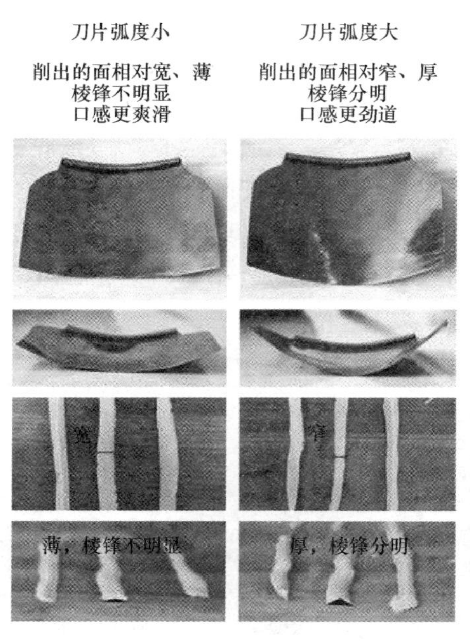

图 2-2 刀片弧度与面条的形状

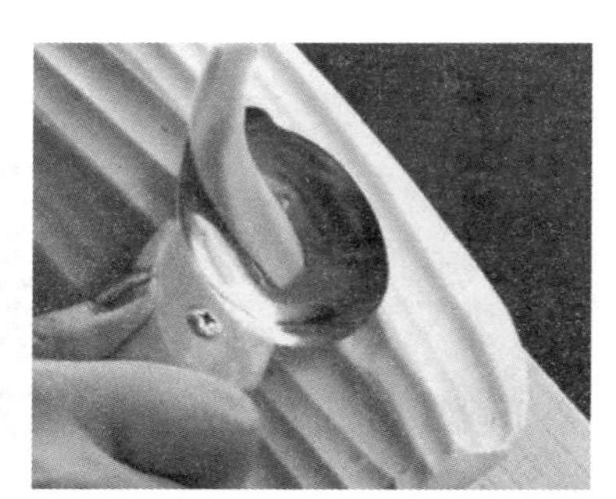

图 2-3 新型削面刀

2.2 菜刀的文化

长久以来，一块砧板、一把菜刀就是国人厨房的标配了。即便是专业领域，中国厨师也是靠着一把菜刀走遍天下。前劈、中切、后砍，一把菜刀的三个区域完成了三种不同的功能。劈、切、砍对应着三种不同的力学状态，当然也对刀具材料的性能有着不同的要求。千百年来，中国的工匠们为了满足这一难以调和的综合性能殚精竭虑，追求卓越，不断创新，从而使中国的刀剑技术享誉世界。

改革开放以后，东西方交流日益深化，发达国家的家用电器当时深受国人喜爱，国外的厨具文化也日渐发挥影响，曾几何时，厨房里不再是单刀的地盘，而是组刀的天下了（图 2-4），砧板的旁边多了几位伙伴，木质的刀架里站着切刀、砍刀、削刀等几位武士，就看主人今天上什么菜，随时准备应征。组刀及其刀架是西方厨房的标配，而今，国人的生活水平已进入小康，多买几把刀，用起来更加得心应手。

图 2-4　西方组刀与中国菜刀

中国菜以爆炒闻名于世，独步天下，第 1 章也说到山东章丘铁锅以其不沾性能助力爆炒而风靡华夏。因为炒的速度特别快，菜的体积就不能大，块、片、丝、丁、末居多，炒前对食物的分割处理就是必需的，而切所占的比例最大。

切对刀性能的最大要求就是锋利，刀的硬度要高，对所切对象的压力要小，压强要大。刃越薄，压强越大；硬度越高，越不易钝。按照这个要求，在日常生活中的刀具种类中，剃须刀做到了极致（图 2-5），极薄、特锋利，为了刮脸安全，吉列先生设计了特殊的夹紧刀架。剃须刀片的厚度只有 0.3 毫米，材料使用的是高碳工具钢，洛氏硬度可达 60HRC 以上，即平时我们使用的手工锯条的硬度，可以锯钢筋、钢管。显然，我们不能用如此薄的刀片来切菜，它在切的时候会发生弹性弯曲，专业术语叫失稳，即失去稳定性。为了容易掌控力度，我们就得把切刀做得稍微厚一点，使之保持刚性，而刃部磨薄。俗话说，好钢用在刀刃上，刀刃用的是高碳钢，刀背则用的是中碳钢，它们通常是焊接在一起的。当然也有使用夹钢工艺的，即在两片钢中间夹上另一块不同成分的钢，这在下节会细说。

图 2-5　剃须刀片、陶瓷刀

既然切刀的关键在于薄和硬，我们可以设想选择玻璃或陶瓷做切刀吗？它们完全可以做到符合薄、硬的特点，甚至还有耐腐蚀、不生锈的优点。问题在于玻璃和陶瓷比较脆，如果小心使用轻拿轻放，不去磕碰或摔在地上，应该可以，只是用起来战战兢兢的，太不现实了，所以市面上早期无此材料的切刀售卖。但科技的发展总是将梦想变为现实，如今就有一种陶瓷材料——二氧化锆，经过氧化铝的掺杂后获得了新型的结构，在常温下受到碰撞会吸收能量，发生结构改变而并不会碎裂，这样就实现了上述的梦想，因此我们可以使用陶瓷切刀了，刀体洁白，刃口锋利，永不锈蚀，就是有点小贵。目前由于不锈钢的普及和成本的降低，多数家庭的切刀是由中碳不锈钢所打造，但其硬度尚欠理想，锋利度有待提高。有心的读者会问，为什么不用高碳不锈钢，那不是两全其美吗？是的，自古代我们就用的是刃部渗碳的高碳钢，很锋利。高碳不锈钢的确是制作切刀的良好材料，然而由于不锈钢的铬含量较高，至少在 13% 以上，碳的含量也高，此时碳和铬会发生相互的反应生成碳化铬这样一种碳化物，使钢中的碳含量减少，就没法通过淬火热处理得到足够的马氏体，也就没有足够的高硬度组织了。如何有效控制碳元素和铬元素的反应，能保留足够的碳元素形成马氏体，这给热处理淬火技术提出了很高的要求。因为获得高硬度并不容易，所以高碳不锈钢的切刀也不便宜，不过相信假以时日高碳不锈钢的切刀也会走进千家万户，使我们享受烹饪的轻松和快乐。

当我们遇到带骨或较硬的食材时，就要劈、砍、剁，这些功能的实现需要有个更专业的刀具——斧。它是利用冲击能量和冲击力使食材断裂，它要求斧头有一定的重量，这样才能具有较大的能量，然而平常人家为了吃个鸡或鱼要备这么个长柄工具也不太方便，于是就制造了砍刀这样的刀具来实现上述功能。因为需要有冲击能量，砍刀要做得厚重一些，硬度也不能太高以免崩刃，所以它只需中碳钢制作就可以了。切刀因为硬度太高，如果用来砍，会崩刃。硬度高与韧性好终究是一对矛盾，尽力使它们共存是材料人一直的追求。

从上面的分析我们知道切刀和砍刀，它们的用材、厚度和热处理都不相同，分别制造确实更容易保证质量和性能，这就是西方厨房用组刀的原因。

在现代以前，刀具的制造颇费功夫，少购一把刀也是节约，如果能够实现一把刀具有多样功能当然可以节省资源，但也给打造者提出了更高的要求。因为要劈、砍、剁，刀体就不能做得很薄，而要有一定的厚度，通常采用楔形，刀背厚，刀刃薄，逐渐过渡。由于难以通过薄的策略来增加压强，就只能通过硬度来提高锋利度了，而硬度高了会增加脆性，因此工匠们要通过成分、组织、工艺等综合的技术来进行优化调整，在尚无现代材料科学理论指导的时期，制作一把好刀该是需要多高的悟性啊！由于切是主要功能，用得多，磨得也多，所以中国菜刀的刃部做成了弧形，中间部位高，两边低，这就使得中间部位即使反复磨削也不会凹进去，保证了切的功能始终能够贯穿刀的始终。刀的前后部位用来劈、砍，它的刃部不用磨得很薄，而中间的刃部可以磨得很薄，在热处理时，可以采用局部淬火的工艺，中间部位可以先入水冷却，前后部位可以控制冷却速度，使其硬度低于中间部位，这样中间部位硬度高，前后部位硬度适中，就满足了一把刀不同部位有不同性能的要求，实现了前劈、中切、后砍的功能。从这里我们可以看出，手工打制刀具是可以这样做的，机械化的批量生产就不好操作了，这也正是后期西方组合刀具占据上风的原因，而且虽然多了几把刀，原料增加了，但机械化生产的加工成本降了下来，组刀并不比一把手工刀贵。

上节讲到的刀削面，其功能是刨削，所以极薄是其根本，薄即锋利，拿在手上更轻便，就采用了刀片的结构，这实际上就是组刀思想的雏形了，在山西大同和太原一带，百姓家里的厨房除了一把常用的菜刀，还有一块小铁片随时待命，那就是专用的削面刀。

那么可以做出在任何部位又能切又能砍的万能刀，即将一把刀做到极致，刀口锋利，切时轻松，砍削时既不卷刃，又不崩刃，达到真正削铁如泥的效果吗？答案是：可以的，不过很费功夫。

2.3 十年磨一剑

据考古发现，公元前4000—公元前3000年，人类就已进入青铜时代。青铜器的产生标志着人类开始创造出了灿烂的物质文明和精神文明。石器和陶器的原材料是自然界本就存在的石头和黏土，通过打磨和塑形，搭起简单的炉灶就地生产即可实现。但青铜器的生产要困难得多。自然界没有青铜这个原料。青铜是铜锡合金，它是人工创造出来的一种新材料。人们通过生产工艺的配合，利用这个新材料做出了各种各样的器物服务于整个社会的经济与文化生活，创造出灿烂的文明。有些产品时至今天仍令人惊叹不已！可以说，古人自创造出青铜文明以来，其智商、思维及思想已与现代人无异，我们现代社会所创造的文明源于一代又一代知识的不断积累，知识积累得越多，文明的进步速度就越快。英国思想家培根说：知识就是力量。

合金是由两种或两种以上金属组成的新金属，它具有新的特性和功能，与原金属相比，普遍的规律是熔点下降，强度提高。铜的熔点大约为1000摄氏度，锡的熔点大约为230摄氏度，两者的合金——青铜的熔点为700摄氏度左右，即便是烧堆柴也可熔化了。同样是火，其温度可不相同，太阳是个火球，其表面温度就达6000摄氏度；酒精灯的火不过100多摄氏度，所以中医用来拔火罐，操作适当不易烫伤；小孩玩的冷烟花温度就更低了；篝火、灶火、天然气和煤气的火也不会高于800摄氏度；烧木炭的火可以达到1000摄氏度以上，在此基础上不断完善各项设施，可以达到1500摄氏度以上。这个温度就可以冶铁和烧瓷了，这就是瓷和铁出现较晚的原因。人们对火的掌握和利用需要积累经验攻坚克难。当高温的火难以获得时，通过合金化可以降低熔炼温度，青铜即是此种策略。温度降下来，就容易铸造加工了。除了容易熔化冶炼以外，青铜浇注后的产品强度、硬度都比铜高，又不像石器、陶器那样脆，不怕摔。青铜器的颜色实际上是金色的，光彩夺目，经久耐用。青铜器的"青"是被发掘出土后的颜色，是经过长时间的腐蚀所致。这么好的材料做的东西一经问世，肯定大受欢迎，遂应用于社会的各个领域。祭祀礼仪、文化传承、美学艺术如各种铭文钟鼎、编钟，食器、酒具如釜、樽，农业生产工具如犁铧、镰刀等，极大地提高了社会生产力水平，促进了物质与精神文明建设，所以青铜的产生标志着人类开始迈向文明。青铜的生产涉及采矿、冶炼、运输、成分设计、模具制作、浇注等一系列产业链，其分工协作综合管理水平要求很高，无数能工巧匠聚集在这个最重要的行业夜以继日地劳作，创造出不朽的奇迹。

曾侯乙编钟全套共65件，分三层八组悬挂在呈曲尺形的铜木结构钟架上（图2-6），是中国迄今发现数量最多、保存最好、音律最全、气势最宏伟的一套编钟，代表了中国先秦礼乐文明与青铜器铸

图2-6 曾侯乙编钟

造技术的最高成就。现在到湖北省博物馆免费参观，还能欣赏到编钟演奏表演，蔚为壮观！

图 2-7 大卫雕像（左手持握投石器）

“鸡犬相闻，老死不相往来”是青铜器时代大思想家老子提出的人类理想，而“人世难逢开口笑，上疆场彼此弯弓月”却是无奈的残酷现实。军事与国防向来是国家的头等大事，也是材料与科技应用竞争最激烈的领域，这种竞争客观上也加速了材料的发展。青铜产生后，人们告别了投掷石块的战斗场景，这个场景在文艺复兴时期伟大的艺术家米开朗基罗的大卫雕像上有着鲜明的体现（图 2-7）。现在，武器升级了。

纯铜是比较软的，大家在生活中见到的铜导线是不是很软？而青铜则有着良好的强韧性配合，刀、剑、戟、戈、矛、钺、镞是当时主要的青铜兵器（图 2-8）。通过控制锡在青铜中的不同含量，人们可以实现在不同用具，包括兵器种类的最优化的性能选择。这是因为加入锡可以提高铜合金的硬度，但加多了就会太脆，人们就根据器具的用途酌量添加以求得最合适。在《周礼・考工记》中就记载了六种青铜器的配方。如钟鼎，它不需要很高的强度，铜、锡比例为六比一，即铜占 85.71%，锡占 14.29%；“斧斤之齐”，斧头要砍，就需要较高的强度，铜、锡比例为五比一，即铜占 83.33%，锡占 16.67%；“戈戟之齐”的铜、锡比例为四比一，即铜占 80%，锡占 20%，这个就是强韧性较高的一个配合；“大刃之齐”所需铜、锡比例为三比一，即铜占 75%，锡占 25%，这个大刃要求更高的硬度；“削杀矢之齐”，箭头的韧性要求不高，锋利度要求高，于是还可以提高硬度，铜、锡比例为五比二，即铜占 71.43%，锡占 28.57%；“鉴燧之齐”，铜镜要求更耐磨，硬度要求非常高，韧性要求并不高，铜、锡比例为一比一，即各占 50%。湖北省博物馆的镇馆之宝，越王勾践剑就是青铜剑，因保存条件完好，出土后仍寒光逼人，锋刃锐利。青铜剑的硬度当然没有我们现在的刀具的硬度高，所以刃口一定要磨得非常薄才有杀伤力，所以磨砺的功夫显得很重要，“十年磨一剑，霜刃未曾试。今日把示君，谁有不平事?”“宝剑锋从磨砺出，梅花香自苦寒来”这样的诗句可谓脍炙人口，家喻户晓。不过，实话实说，从材料学的角度来看，真正好的刀剑，硬度高、韧性好，且不容易钝、不卷刃、不崩刃，经久耐用，哪用得着天天磨？而后来的铁剑才真正做到了这一点。

图 2-8　越王勾践剑、戟、戈、矛、钺、镞

历经夏、商、周，青铜器已发展得相当完美，但作为兵器，其性能还是不令人满意，一是硬度仍不够高，二是易折断。进入春秋战国时代后，群雄逐鹿，诸侯争霸，对兵器性能的提升需求极为迫切，直接催生了铁器的诞生（图 2-9)。相传当时的铸剑大师欧冶子遍访名山大川，终于在秦溪山下的龙泉找到了铸炼宝剑的原材料铁英沙，从而锻造出千古名刃龙渊、泰阿、工布三把名剑，开创了铁剑铸锻技术的先河，被尊为冶铁锻造祖师。这些铁剑的锻造所蕴含的钢铁制造知识直至今天仍令人叹为观止，即便在今天，仍然能指导我们创新钢铁材料的工艺。在当时没有金相显微技术的条件下，其发明的一系列铸锻焊工艺无不与现代金属材料理论相一致，实在令人赞叹，细节的分析将在后面的小节一一道来。

图 2-9　古人炼铁作业场景

龙渊就是龙泉，在唐朝为避讳唐高祖李渊名讳改名龙泉，可见欧冶子将打造的第一把铁剑起名为龙渊，是为了纪念这个特殊的地方。为什么欧冶子要在此地落脚打造宝剑呢，因为此地有特别重要的原材料铁英沙。铁英沙就是粉末状的铁矿石。粉末状的铁矿石和块状的铁矿石有何不同呢？区别就在于它们在冶炼时的熔化温度不同，粉末态的铁矿石比大块状的铁矿石熔化温度低。块状铁矿石的熔化温度约为 1500 摄氏度，这么高的温度在当时受制于技术条件很难达到，如窑炉的尺寸、保温隔热的形状设计、耐火砖与黏土的制作、焦炭的成色与鼓风设备等尚未达到需要的水平，炉温达不到 1500 摄氏度，块状铁矿石熔化不了，当然也就炼不成铁。而粉末状的铁矿石在 1300 摄氏度便可以熔化，这个温度当时欧冶子可以做到，所以粉末状的铁矿石才能炼成铁。为什么粉末状的金属熔点会低一些呢？大家想一下在第 1 章讲述不粘锅时提到过的表面能的概念，既然存在表面张力，表面能的存在就无疑义了，如同重力和势能。粉末有着大量的表面，所以粉末状态的材料蕴藏着大量能量（大家可能听说过充满粉尘的车间或厂房爆炸的事件吧，无论是面粉还是铝粉，也包括其他材料，在空气中达到一定浓度，碰到一点火星就可以发生爆炸，所以要注意安全生产，不能掉以轻心），铁矿石粉末在冶炼时自身蕴涵的能量就贡献出来了，因此1300摄氏度就可以熔化了。因为在其他地方没找到粉末状的铁矿石，在龙泉找着了，欧冶子就此安营扎寨开始打造铁剑。龙泉的铁英沙又是如何获得的呢？在秦溪山下的溪流里就有这个东西，欧冶子用吸铁石从溪水中吸上来的。吸铁石就是古人做指南针的磁石，它是铁的氧化物，在自然界里存在。单质铁容易氧化，在自然界是不存在的，要通过炼铁反应还原才能得到。铁英沙也是带磁性的铁的氧化物，所以可以用吸铁石慢慢在水里收集。这个原材料的收集就像淘金一样艰难，量太少了，所以铁剑的产量也很低。在青铜剑的年代，铁剑可做到瞬间砍断青铜剑，自身却毫发无伤，于是便成了神剑，足可史上留名传千古，民间赋予其神话色彩就不奇怪了。

因为粉末的这种特殊属性，后来发展出粉末冶金这种有特色的方法，成了制造难熔金属材料的看家手段，比如钨，制作白炽灯丝的材料，熔点可达3000摄氏度以上，即便在现代，也没办法在这个温度熔炼它，我们也是通过粉末冶金的方式制得灯丝的。所以说那时古人的智慧已与现代人无异，极其聪慧。

冶铁是将铁矿石置于焦炭炉中煅烧，焦炭在燃烧过程中会产生一氧化碳。为何冬天烧炭取暖定要烟筒且要良好通风呢？就是这个一氧化碳会同人体的血红蛋白优先结合，让氧气失去结合机会造成一氧化碳中毒。在冶铁时，这个一氧化碳会同铁矿石中的氧结合生成二氧化碳跑出来，铁失去氧原子，就变成了单质铁，即纯铁。铁的密度较大，在炉子下方，其他焦炭及矿渣就浮在铁液上面，所以冶铁采用竖炉，炼好后，在炉子下方捅个孔，铁液就流出来，凝固后就是生铁块了。因为在炼铁时有大量的气体产生，如一氧化碳、二氧化碳，还有一些杂质，凝固的铁块当中充满气孔和杂质，形如海绵，必须通过锻打消除。将铁块烧红不断捶打，高温下气孔被强行打闭合，杂质被打至边缘排除，始为熟铁，方能制作刀剑及其他用具。

进入汉代，炼铁炉的设计、耐火材料、鼓风设备等一系列技术逐渐成熟，炉温可以达到1500摄氏度，大规模的冶铁生产便普及开来，社会生产力又迎来了一次巨大的飞跃。汉剑遂成为王者的象征，始有“明犯强汉者，虽远必诛”的豪迈壮举！

2.4 龙泉剑

龙泉位于闽浙赣三省边界，现为浙江丽水市下辖的一个县级市，原名龙渊，唐朝为避高祖李渊名讳改为龙泉，沿用至今。2.3节说到欧冶子冶铁锻造团队在此打造出了铁剑，第一把命名为龙渊，就是纪念神奇铁剑的诞生地（图2-10）。铁剑的命名基本上以剑身上的钢花形貌写意而得，剑身上的钢花又是由一种特殊的锻造方法形成的。2000多年前的龙泉山高林密、谷幽溪深，环境较为安定，也利于保密，最关键的是出产铁剑的原材料铁英沙，有后续进行热处理淬火的得天独厚的泉水，还有就是可以就地取材伐木进行预烧得到的上好的松炭，这是炼铁炉和加热炉所用的燃料，同时也是关键的铁矿石还原剂、气体保护剂及渗碳介质。木炭是一种将木材先进行预烧，将易燃成分先行烧掉，而后强行熄灭得到的一种燃料，再燃烧时就没有烟了，且温度较高，广泛用于冬天室内取暖。唐代大诗人白居易的《卖炭翁》首句写到“卖炭翁，伐薪烧炭南山中”，描述的就是这个过程。伟人毛泽东有篇著名的文章《为人民服务》，就是为纪念在陕北根据地因烧炭发生意外而牺牲的一位叫张思德的战士而写

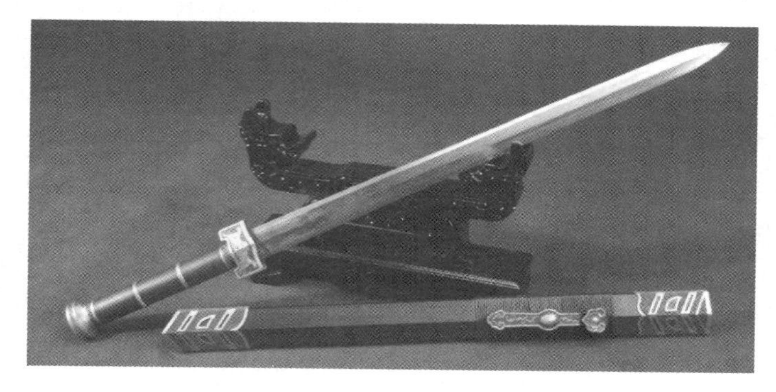

图2-10 龙泉剑

的。大家平时爱吃的烤羊肉串、炭烤肉，也都是用的这个材料。长期以来木炭是一种人们生活中不可缺少的基础能源材料，也正是因为它，才有了铁器时代的辉煌。

木炭在燃烧时除了放出大量的热——这是人们用它的原因，同时还会产生一种副产品——CO（一氧化碳），俗称煤气，2.3节也说了，这种气体能使人中毒，所以烧炭时必须通风，它能与很多金属氧化物在高温下反应将金属还原成单质。氧化铜、氧化锡的矿石就是这么冶炼得到铜和锡的，然后青铜就产生了。铁矿石也是如此，只不过反应温度更高，这可以通过炉膛保温和鼓风助燃达到。所以木炭既是加热材料，又是反应材料，可谓一箭双雕，非常奇巧。铁液凝固后得到铁块。铁块需要进一步锻打方能成材，这个过程古人称之为千锤百炼。而青铜却脆得很，是打不得的。只有铁经得起打，不打不成材，打过之后变成了钢。

2.3节说过，铁液当中有气体和杂质，通过捶打可以排除杂质和压实气孔，使铁块致密。千锤百炼，顾名思义，在炉膛里加热一次，称为炼，拿出来打10锤，然后温度降下来，又去加热，反复加热100次，打了1000锤，是不是千锤百炼啦！加热时，炉膛里充满一氧化碳气体，它阻止了铁块在高温下的氧化，所以又充当了保护气体的角色。那么在这个过程中除了排除杂质和压实气孔，还发生了什么呢？有两个重要的功能同时实现了。

锻造细化了铁块的晶粒。金属是晶体材料，宏观的块状金属实际上是由无数个晶粒组成的，就像大家平时吃过的萨其马，糖将一颗颗脆脆的面疙瘩粘在一起，这些个面疙瘩就是一颗颗晶粒，它的大小是可以变化的。当我们捶打铁块时，我们对铁块做了功，就把机械能传递给铁块，铁块以弹性能储存了起来。当放入炉膛加热时，这部分储存的弹性能就要释放出来。大家知道能量是守恒的，只能转换不可灭失的，此时它就选择转化成表面能，这就意味着铁块的表面能要增大，怎么增大呢，就是通过再结晶方式，让晶粒变得更小来消化这些多余的表面能，从而完成机械能的转化。于是铁块的晶粒就变小了，由大颗粒的萨其马变成了小颗粒的瓜子酥了（图2-11）。

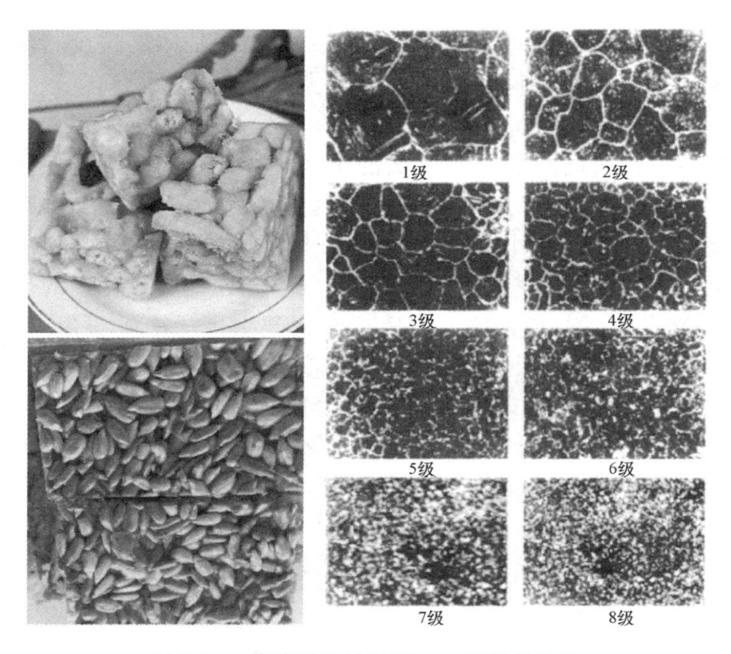

图 2-11　萨其马和瓜子酥——晶粒的细化

那么细化了晶粒的铁块在性能上有什么好处呢？我们举个形象的例子来说明。假如一个袋子装大馒头只能装两个，当受到挤压时，每个馒头都会发生很大的变形，但如果将这些大馒头换成小馒头，或许可以装十个小馒头，同样的变形会分散在十个小馒头上。每个小馒头的变形会很小，甚至可以做些转动或移动，而大馒头移动起来就很困难，因此装上小馒头后，总体的变形也会更协调，更均匀。同样，对于晶粒细小的组织，当发生塑形变形时，变形会分散在更多的晶粒上，从而使每个晶粒的变形更加均匀，变形量更小，使整体在受到断裂破坏之前可以发生更多的塑性变形，这在宏观上表现为材料塑性和韧性的增加。晶粒细化后还带来第二个效应，就是晶界增多了。晶界是晶粒与晶粒之间的边界，因每个晶粒内原子排列的位向是基于相同的规则的，但不同的晶粒位向并不相同，这种不同就通过晶界来过渡位向，以此来连接相邻晶粒，因此晶界上的原子排列不规则，畸变程度高，畸变能也高，导致其强度也较高，晶界的变形也更为困难，当遇到宏观变形时晶界的阻碍更大，这样一来晶界多的块状铁就会有更大的变形抗力，于是细化晶粒就产生两个效应，强度变高了，塑韧性也变好了，这不是双赢吗？的确如此，所以在材料专业里细化晶粒的英文专业词汇就是fine，该词的意思就是“好”。千锤百炼使铁块的晶粒细化，提高了铁块基体的强韧性。

第二个功能是在千锤百炼的反复加热过程中，铁块在一氧化碳的高温环境中被渗碳了，即一氧化碳中的碳原子渗透到了铁块中，含有一定量的碳元素的铁，我们称之为钢。含碳的铁经过热处理淬火后就变得坚硬起来，其原理在下节详述。

实际上，龙泉剑的制造工艺极其复杂耗时，但每一步都对龙泉剑的最终性能有着重要的影响。其中，折叠锻打和复合夹钢更是龙泉剑制作工艺的精华之处，灵魂所在。在经过上面的普通锻打之后，还要进行折叠锻打。提到折叠锻打，大家可能会比较陌生，但提到千层饼（图2-12），大家应该都很熟悉。这是一种能够分出很多层次的烤饼，通过反复的折叠擀面，可以使一张薄饼达到多层次。可以想象一口饼咬下去有几十层是什么感受？没吃过的人会以为很厚，甚至放不进嘴里面。但千层饼的独特之处就在这里，几十层却依旧很薄，这种薄且多界面的特殊结构使得千层饼一口咬下去韧性足，有嚼劲，加上这种制作手法所带来的面饼表面的特殊花纹，这大概就是千层饼名满天下的理由吧！

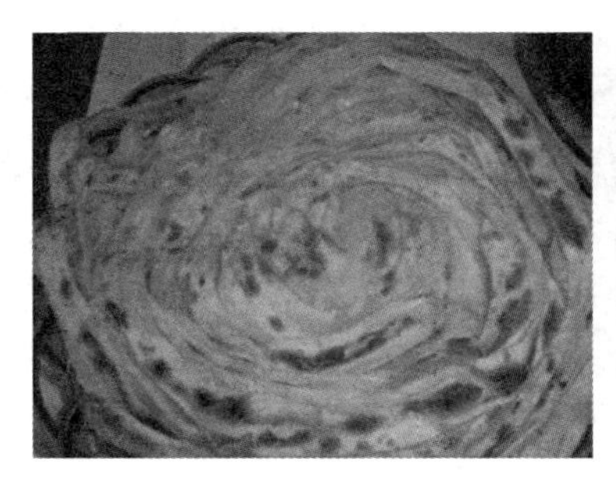
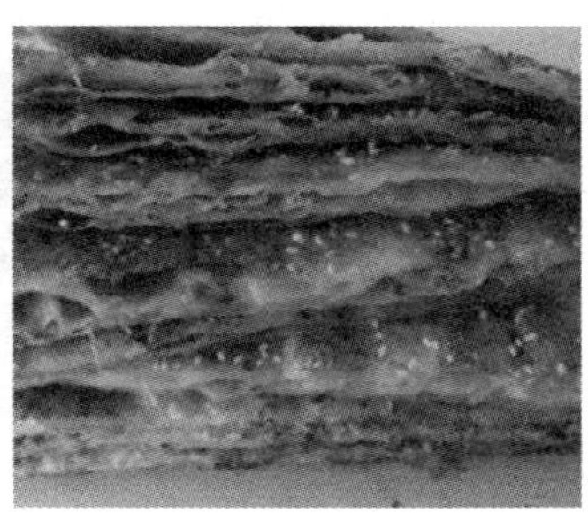

图2-12 千层饼

在龙泉剑的制造工艺之中，折叠锻打就是用特殊的铁刀在需要折叠的部位进行横切后捶打折叠（图 2-13），并放入炉火中使之软化再次进行捶打，这可以使折叠好的部分完全粘连。在龙泉剑的制造工艺中，需要进行 15 次折叠锻打，使钢铁达到层层叠加如千层饼云片糕，每一层厚度仅为 0. 5～1 微米。通过这种工艺，可以使铁剑的每颗晶粒成为很薄的片，并沿剑的长度方向延展，成为长椭圆形的薄片状晶粒，成千上万颗这样的晶粒沿剑的厚度方向叠层。这种叠层在剑被打磨抛光后，会在剑身形成特殊的花纹，如同千层饼表面的花纹一样，实际上是晶粒界面间的纹理，依据这些不同的花纹，欧冶子给这几把宝剑起了名字。

图 2-13　折叠锻打

折叠锻打之后的工序便是复合夹钢。复合夹钢是龙泉剑制作工艺的另一精华所在，它是配合淬火工艺起到精妙作用的，下节详述。这一过程需要用两块折叠锻打后的钢材来夹住一块柔性钢材并一同置于 1300 摄氏度的炉火之中，配合锻打使三块钢材能够粘合起来，达到柔铁为脊钢做刃的目的。折叠锻打的钢材碳含量较高，而这块柔性钢材即柔铁，是基本不含碳的。加上之后的表面渗碳工艺更是使得龙泉剑的剑刃和剑脊碳含量显著不同，这配合当时出现的淬回火工艺，可以使得剑刃和剑脊的力学性能有着明显的差异。我们知道，在一定程度上，随着碳含量的增加，钢的强度和硬度会增加，而塑性和韧性却会下降。这就使得龙泉剑剑刃锋利，剑脊软，锋利的剑刃使得铁剑能够削铁如泥而不发生卷刃，而软韧的剑脊能够吸收铁剑承受巨大的冲击而不发生脆断（图 2-14）。这种刚柔并济的结构配合上细晶材料的良好综合力学性能便使得龙泉剑性能极为优异，成为春秋战国时期的上等宝器。

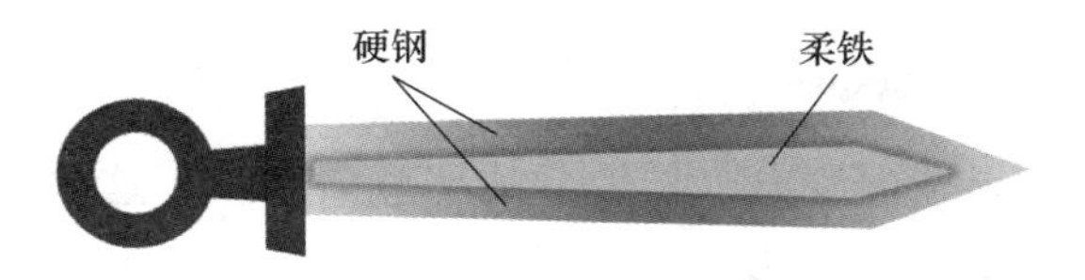

图 2-14　龙泉剑的构造

2.5　神奇的淬火——相变原理与同素异构

铁剑由时代而生，铁器登上历史舞台神奇的淬火工艺功不可没，魔术般的淬火使得铁器的性能瞬间得到大幅度的提升。从现代材料学的角度看，这种工艺属于一种固态相变，2000 多年来，这项工艺不仅经久不衰，反而越加发扬光大，成为现代材料制造中的不可缺少的关键基础工艺，占据着极其重要的地位。

相变可谓日常生活中常见的现象。水遇冷结冰，水沸腾成汽，这些就是相变。顾名思义，它是指物质从一种相变成另一种相。那么，什么是相呢？汉语大词典里对“相态”这个名词的解释是同一物质的某种物理化学状态。我们在这里可以把相理解成相态的简称，即它是一种物质存在的状态，这种暂时存在的状态具有确定的某些物理化学属性。没有一成不变的事物，当条件发生改变，相也会变，相发生改变，其拥有的属性也相应发生改变。水柔冰坚，水从液相变成固相，作为同一种物质其性能就截然不同。再比如，金刚石由碳原子组成，是世上最硬的材料，石墨也是碳原子组成却柔软得可以做成铅笔写字，因为它们的原子堆砌组成结构不同，当然我们如今已经有能力通过改变条件将石墨变成金刚石。添加到青铜器里的锡实际上有白锡和灰锡两种状态。白锡光亮，如电路板上的焊点，早期法国人用白锡做成军服上的纽扣，又结实又好看又不怕锈蚀。而灰锡呢，它是锡的另一种状态，存在于温度较低的条件下，如零下几十摄氏度以下，呈烟灰状。1812 年，拿破仑率大军远征俄国，占领莫斯科城后，冬天来临，一场大雪从天而降，气温降到零下几十摄氏度，法国士兵一觉醒来发现衣服上的扣子都没了，还以为俄国人使了什么妖法，其实是温度降到锡的临界点后，白锡发生相变变成了灰锡，成为灰状都掉到地上了。很多士兵因为没了扣子，衣冠不整，受到风寒而丧命，导致非战斗减员严重，这也是法国战败的一个因素。锡的这种相变都发生在固态，与水变成冰的固液相变不同，我们称之为固态相变，它在本质上是一种同素异构转变。非金属里的白磷、红磷也是同素异构的例子。同种元素原子微观组成排列结构不同导致的性能不同，即为同素异构。而铁也恰恰是拥有同素异构特性的物质，并且淬火工艺能够使其发生同素异构转变，从而使得龙泉剑成为能够削铁如泥、刚柔相济的神剑，与其创制者欧冶子一样名垂青史！春秋战国的铁剑是各位诸侯王公梦寐以求的宝器，汉代铁剑普及军中，霍去病更只是率领 800 铁剑骑士，便敢深入大漠，大败手持青铜剑的匈奴骑兵，取得了流传千古的佳绩。

在不同的温度条件下，铁元素存在三种同素异构体：铁素体、奥氏体和高温铁素体。它们有着不同的原子排列晶体结构，每种晶体结构中间存在的间隙大小也不相同（图 2-15）。当温度较高时，如 900 摄氏度时，铁原子以奥氏体晶体结构存在，这是一种面心立方结构，存在比较多的大间隙地带，这个时候，原子半径比较小的碳原子就可以渗入到这些间隙里，最多可以溶入 2%的碳原子在里边，实验证明即使有 1%的溶入量就可以使得淬火后的硬度非常高。打个比

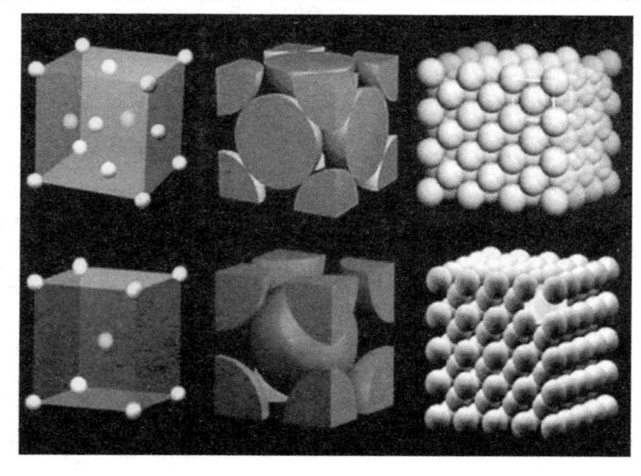

图 2-15　面心立方晶格（上）和体心立方晶格（下）

方，一堆乒乓球放在一个盒子里，是不是可以撒一把绿豆在里面？而从室温至700摄氏度这个温度范围，铁通常以铁素体晶体结构存在，室温以下呢，也是铁素体存在，这是一种体心立方结构，它里边存在的间隙空间比较小，容纳的碳原子量也比较少，最多只达到0.02%。

按上节讲的，假设一块铁经焦炭炉里反复地加热锻造的渗碳效应，它的碳含量达到1%，这就是所说的铁碳合金，又称作钢。将它加热到900摄氏度，这时所有的碳原子就都在奥氏体晶格里的间隙中待着了，因为奥氏体的间隙比较大，碳作为小原子感觉还是比较宽松的，现在我们将铁块从炉膛中拿出，在空气中自然冷却至室温，当温度降至700摄氏度时，奥氏体开始转变成铁素体，面心立方结构向体心立方结构转变，即相变开始发生了，晶格里的间隙变小，碳原子待不住了，它们就离开晶格里面到外面来找到三个铁原子做伙伴，形成了一种铁碳化合物Fe_3C，我们叫它渗碳体，随着降温的速度不同，形状有片状的也有球状、点状的。这种情形下，冷到室温，铁素体晶格里基本就不含碳原子，碳原子在晶格外面以渗碳体存在。铁块的强度和硬度没什么变化，也不高。锻造中这个过程周而复始，反复多次，可谓千锤百炼，当然晶粒在逐步细化。那么在又一次加热到900摄氏度时会发生什么呢？渗碳体Fe_3C这种物质不耐高温会发生分解，成为碳原子和铁原子，碳原子就又回到奥氏体晶格中待着去了。

现在，我们觉得锻造的次数够了，就从900摄氏度的炉膛中将铁块快速抽出，立刻浸入室温的盐水中，铁块迅速冷却到了室温。采用盐水冷却是因为它比水的冷却速度要快，泉水含有适宜的盐分，效果相似。这时候发生的是什么变化呢？相变肯定发生了，奥氏体变成了铁素体，面心立方变成了体心立方，碳原子本来是要跑出来，找到三个铁原子为伴的，因为空间不够了，挤得很呀。问题在于，由于冷速太快，它没能跑赢，铁素体的空间不是很小嘛，它被关在里面了！由于很多碳原子关在里面，铁素体晶格就被撑得够呛，体格都被胀变形了，鼓鼓的身材，我们称之为晶格畸变。这种溶解了过多碳原子的铁素体称作碳在α-铁相中的过饱和固溶体，德国冶金学家马滕思最早做了开拓性研究，又称为马氏体。铁晶格随温度的转变如图 2-16 所示。

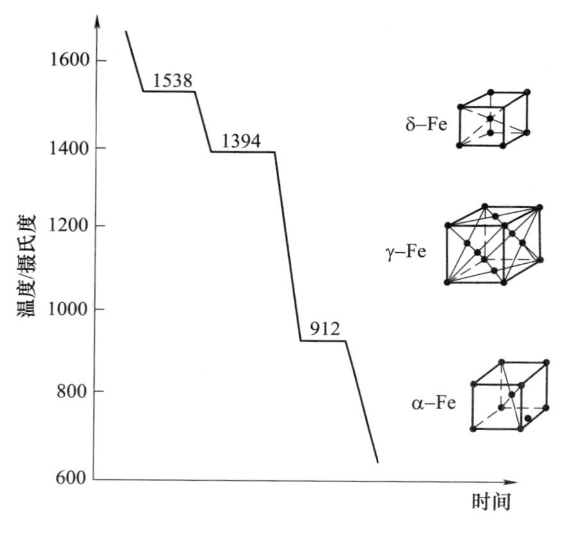

图 2-16　铁晶格随温度的转变

因为马氏体容纳了过饱和的碳原子，铁素体溶解碳原子的饱和度仅为 0.02%，现在都 1%了，所以晶格变形很厉害，也产生了很大的应力，这种应力推动原子发生滑移，但因为晶格到处都是应力，这种滑移受到多个方向的阻碍，滑移幅度受到约束，结果是形成多个位向上的原子错排，这种错排称为位错，位错在应力的推动下可以更容易运动，但各个方向的位错会像堵车一样交织在一起，再加上碳原子所起的钉扎作用，原子即便受到很大应力也很难滑移，于是当受到外加应力时，表现为坚硬，不易变形，所以马氏体具有高强度高硬度的特点。这就是淬火后宝剑立马变得坚硬起来的奥秘。那么为什么龙泉剑要复合夹钢呢？因为夹的是一块柔铁，柔铁为脊钢做刃，柔铁就是不含碳的铁，按上面的理论，没有过饱和的碳原子就不会形成铁素体的晶格畸变，哪怕也经过淬火，这个淬火只是个快速冷却过程，相当于白淬了，没有硬度效应，这意味着剑的中间部位淬火后也还是软的，而剑刃却是硬的，这正是欧冶子要达到的目的，剑刃坚硬发挥砍削的作用，剑脊柔软发挥吸收能量缓冲的作用以免折断，从而达到了刚柔相济的境界。问题在于这一切的精妙设计是在2000多年前古人没有显微镜观察钢的组织结构，没有现代热处理理论的指导下，全凭经验和悟性做到的，实在令人佩服得五体投地！

尽管现在科学家们对淬火工艺的原理尚未完全弄清，但并不妨碍淬火工艺在机械工业领域上的广泛应用，配合不同的回火工艺，它可以大幅度提高钢的刚性、硬度、耐磨性、疲劳强度以及韧性等，从而满足各种机械零件和工具的不同使用要求。随着近些年来科技的进步，淬火工艺及设备也随之发扬光大，从小到几毫克大至几百吨的零件都可以做到，相信在不久的将来科学家们会完全弄明白淬火工艺的原理，淬火工艺也会帮助人类解决更多的难题，推动材料科技领域的蓬勃发展。

2.6　藏家刀与日本武士刀的争锋——分区淬火与刚柔并济

云南有一个美丽而又神秘的地方——香格里拉，其位于云南省西北部、青藏高原横断山区腹地，是滇、川、藏三省区交界地，现为云南省迪庆藏族自治州辖县级市，旅游休闲胜地。藏族成年男性佩刀是千百年来的风俗习惯，所以那里的刀剑行业一直保持并发展下来。香格里拉有一个古老的打刀家族，名叫卡卓，其刀铺延续几百年，打制的刀剑号称削铁如泥，名气很大（图2-17）。有一年一位日本游客带着一把武士刀上门挑战，要求比刀。日本武士刀历史悠久，自古就位于世界名刀之列。相传，一把武士刀能将M2重型机枪射出的弹头瞬间击成碎片，一直以来就有着削铁如泥的美誉。进入现代，刀文化极度自信的日本武士刀在形制和制造技术上一直都在不断地创新，制作工夫应该也没落下。日本武士刀找上门来，咄咄逼人。事关民族尊严，卡卓刀欣然迎战。双方商定比赛过程需要双方的刀依次砍钢钉、盘条、钢管，让人始料未及的是自信满满的日本武士刀在每一局都被卡卓刀轻易击败，卡卓刀砍钢钉、盘条、钢管都很轻松，日本武士刀却没能砍断钢钉，这场比试的结局毫无疑问是中国的传统刀大获全胜。这个结果让所有人都很感到疑惑，刀剑的制造工艺往往与科技的发展息息相关，随着科技的进步，人们对事物的发展和原理也会更清楚，日本武士刀的制作技术也是牢牢抓住这样的发展契机而得到蓬勃发展。这场比赛使中国的专家们对这把神奇的传统刀产生了浓浓的兴趣。他们也非常好奇，这把按照几百年前的传统工艺制作出的传统刀到底有什么魔力，能够完胜一直都在蓬勃发展的世界名刀？

图 2-17　香格里拉藏家刀

通过前几节的介绍，大家肯定在第一时间就能猜到，这藏家刀的制作工艺一定有着它独到的一面。的确，藏家刀的制作工艺并未在我们所了解的锻造工艺上花很多功夫。它的独到之处就是进行了多次淬火和分区淬火。那么，多次淬火有着怎样的奇效呢？分区淬火又会给藏家刀带来怎样的性能改变呢？

先说说多次淬火吧，在上节有关淬火的描述中，我们提到淬火会产生较大的晶格畸变，并伴随变形，这种应变产生的应变能（也称畸变能）就储存在了铁晶体中，类似于锻打给予铁块的机械能，显然它也并不稳定，它也会发生转化，接着进行第二次淬火时，它在加热过程中会随着温度的升高转化为界面能，使材料的晶界增加，晶粒也就细化了。在之前的介绍中我们已经知道，细晶强化是材料学上一个很好的强化手段，能够在提高材料强度和硬度的同时，提高材料的塑韧性。藏家刀的每次淬火都可以通过后面的加热得到细化晶粒的作用，连续的多次淬火自然就可以使得晶粒变得非常细小，卡卓刀据说要进行 11 次的淬火，由此钢材的综合力学性能就会大幅度得到提升，这与千锤百炼有异曲同工之妙。

分区淬火是藏家刀的又一奥妙所在。藏家刀的淬火并不是将整把刀一次都浸入山泉水中，而是将刀刃放进加了盐的山泉水中淬火，刀背露出在水面上，等刀刃冷却后再将刀背放进油中冷却。我们知道，加热后的钢其冷却速度是由冷却介质所控制的。不同的冷却介质对钢的冷却效果不同，淬火效果自然就有所不同。为藏家刀所制备的淬火盐水的冷却速度远远大于油的冷却速度，可以使得刀刃部分得到很好的淬火效果，得到坚硬的马氏体组织。而油的冷却速度较慢，达不到淬火所需要的冷却速度，刀背部分自然就得不到坚硬的马氏体组织，这使得刀背相对比较柔韧（图 2-18）。这正和龙泉剑柔铁为脊钢做刃的刚柔相济有异曲同工之妙。使得藏家刀刀口锋利，能够砍断坚硬的材料。而刀背较软，韧性足，可以吸收冲击能量使得在砍的过程中不发生脆断。

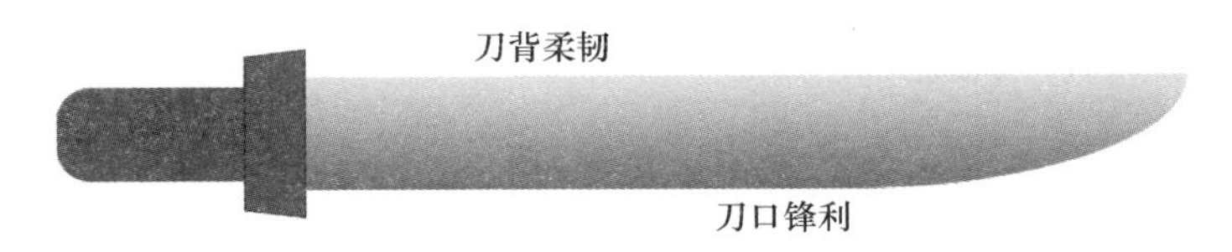

图 2-18　藏家刀构造

那么为什么龙泉剑没有采取刃部局部淬火的工艺呢？俗话说得好，“一把双刃剑”，因为剑的两边都是刃，都要砍，两边都要硬，因此必须将整个剑身没入水中取得整体淬火效果，但这样一来就都淬火了，整把剑都是硬的，太脆了，砍起来一定会断。既然工艺上实现不了，就在成分上想办法，所以欧冶子在两块高碳钢的中间夹了一块不含碳的柔铁，这样一来剑的脊部即便淬了火也不硬，达到了刚柔相济的目的。而藏家刀是用高碳钢整体打制的，由于刀背不需那么硬，就可以用局部淬火的方法达到目的了。

其实我们想象一下，两把刀沿刀背拼合起来，不就是一把剑的形状吗（图 2-19）？拼合的刀背就是剑脊呀！剑脊就应该是软的才对！因此，藏家刀与龙泉剑的工艺虽然有着很大的区别，但归根结底的原理却有着异曲同工之妙。折叠锻打和多次淬火都是为了细化晶粒，使材料成为细晶结构。而复合夹钢和分区淬火都是为了使铁器能够刚柔并济。使铁器砍切的部位有良好的硬度和耐磨性，而后面的部位比较柔韧，能够吸收较大的冲击能量，使材料不容易发生脆断。现代社会，细化晶粒的工艺和体现刚柔相济思想的双相钢的设计已被广泛应用于各种工业制造。由此可见，千百年来我华夏的能工巧匠是多么伟大！

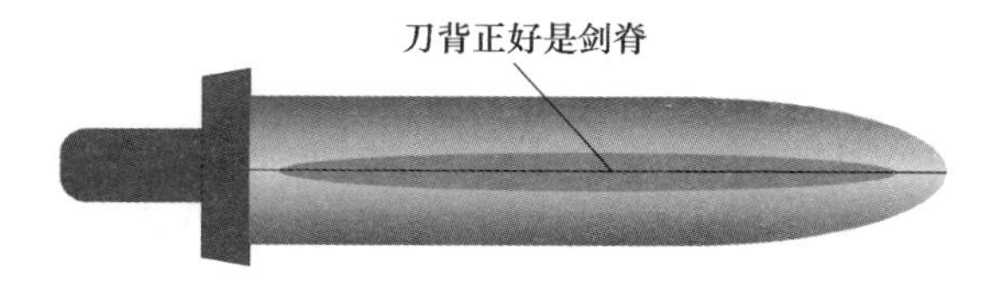

图 2-19　两把藏家刀刚好拼成一把剑

2.7　合金钢——潜艇的呼唤

一望无垠的大海总是令人期待，令人神往。尤其是对深不可测的海底世界，人们总是充满好奇与憧憬，多少年来，探索海底深处就一直是人们的梦想。1620 年，荷兰科学家科尼利斯·德雷尔的一项发明使人类千百年的梦想逐渐开始成真。这就是人类历史上第一艘能够潜入水下的潜艇——荷兰号（图 2-20）。荷兰号的发明使得人们对于海洋世界的探索开始有了一丝希望。但由于材料的限制，荷兰号对于海洋的探索仍然只是冰山一角，面对深海的高压，3~5 米的潜水深度已是木制潜艇的极限。在之后的几百年里，潜艇的研究从未停止，尤其在二战期间，海底的搏斗惊心动魄，人们开始使用钢材来建造潜水艇。潜水越深，在战斗中的优势越大，但压强也越大，使用的钢板就越厚，钢板越厚就越重，不易上浮，唯一的解决办法就是大幅度提高钢材的强度，做到又轻又抗压，但当时的碳钢屈服强度仅仅只有 220 兆帕，这样的材料还远远达不到深海航行的要求。人们迫切地需要新型的材料来打破这场僵局，情急之下，科研加速。锰钢的出现大幅度提升了潜艇制作用钢的强度，于是合金钢诞生了。

图 2-20　荷兰号的复制纪念品

合金钢，顾名思义，就是在普通碳素钢的基础上添加适量的一种或者多种合金元素而构成的铁碳合金。前面的章节已经提到，每个元素都有其不同的晶体结构，不同的晶体结构会赋予各种元素不同的材料性能。在钢铁中加入合金元素，这些合金元素会进入铁晶格，与晶格中的铁原子、碳原子相互作用，从而引起铁晶格的改变。这种结构的改变，有的会使铁晶格产生较大的畸变能，有的会形成新的化合物，有的会改变钢的同素异构转变温度，从而引起钢铁性能的变化。不同的元素结构不同，本身的性质特点也有所不同，进入铁晶格后所引起的性能改变也有很大的差别。就像配药师一样，配药师的职责就是了解每种药材以及它们之间的相互反应，才能针对各种疑难杂症配备出相应的解药。对合金钢的探索就是分析每种元素的特性，以及每种元素与铁碳原子或者其他原子的交互规律，从而设计出具有特殊性能的钢材，以解决工程领域中所遇到的难题。

根据添加元素的不同，并采取适当的加工工艺，钢材可以获得高强度、高韧性、耐磨、耐蚀、耐高温、耐低温、无磁性等特殊性能。这些性能的每一次提升，都能够给重大工程问题的解决带来突破。还是拿潜艇来说吧，1940 年以前，世界上所有的潜艇都是用低碳钢建造的，这种未经合金化的钢的屈服强度仅为 220 兆帕，面对海底的高压，潜艇的下潜深度也受到了很大的限制。而通过加入合金元素锰，钢铁的屈服强度能够达到 340 兆帕。1940—1958 年，美国将这种碳锰系低合金高强度钢应用于潜艇的制造，可以使下潜深度增加到 100~200 米，这极大地提高了潜艇的下潜深度和隐蔽性，在海洋战争中掌握了主动权（图 2-21）。

图 2-21 现代潜艇

从那时到如今，几十年间，人们对潜艇的期盼越来越高，为了对海洋进行更深入的探索，各种高性能的合金材料也层出不穷。近期，我国的“奋斗者”号全海深载人潜水器成功完成万米海试胜利返航（图 2-22），刷新了中国载人深潜的新纪录。而中国之所以有如此突破，是因为中国科学院金属研究所研究团队实现了一种全新的钛合金显微结构，而在此基础上研发出来了具有良好热加工性能和焊接成形性能的钛合金，由这种钛合金制造出来的潜水器既坚固又轻盈。军事专家曾预测，这种材料技术的突破，未来一旦用在潜艇上，我们的潜艇不仅可以做得更大、更轻、更快、同时也能潜得更深，更安静。

图 2-22 奋斗者号

目前，在钢中经常添加的金属有硅、锰、铬、镍、钼、钨、钒、钛、铌、锆、铝、钴、硼、稀土等，将它们进行良好的搭配，可以使得碳钢的性能得到大幅度的提升。在工程领域中，合金钢主要应用于结构钢、工具钢和特殊性能钢。

结构钢通常用于制作各种大型金属结构件以及小型机器零件。大型结构工作的主要特点是不做相对运动，需要承受较长时间的静载荷。通过合金化可以使得钢材有较高的强度、刚度和塑韧性，并且拥有良好的工艺性能。这种合金钢广泛地应用于船舶、桥梁、屋架、车辆等工程构件的制造中，极大地提高了这些结构的安全性、稳定性和使用寿命。而小型机器零件在工作时需要承受拉伸、压缩、剪切、扭转、冲击、振动以及摩擦等一种或几种力的作用。需要钢材有更高的接触疲劳强度、弯曲疲劳强度、屈服强度和塑性、韧性。这种零件往往对钢材性能要求更为严格，需要更为先进的合金化工艺。

工具钢是制造各种加工工具的钢种。这种钢根据用途不同，可以分为刃具钢、模具钢和量具钢。尽管不同种类的工具钢对于不同的工作条件，性能要求有所不同，但为了能够对其他材料进行切削加工或者成形，所有的工具钢刃具都应该有高硬度和高耐磨性。这种钢往往要求具有较高的碳含量和一些特殊元素的合金化，并进行渗碳、淬火加回火工艺，以保持表面的高硬度，高耐磨性，高接触疲劳强度以及心部的高弯曲疲劳强度。

特殊性能钢是指具有特殊使用性能的钢种，包括不锈钢、耐热钢、超高强度钢、耐磨钢、磁钢等。这些钢种顾名思义就是要在特殊的工况环境下工作，这就需要合金钢中具有一些特殊性能的元素。比如在腐蚀环境下，我们往往需要添加铬元素的不锈钢，这种元素不仅可以在特定的比例下提高钢的电极电位，以防止产生电位差而形成电化学腐蚀，还可以在钢的表面形成氧化膜，隔绝腐蚀物质的侵蚀。再比如在火力发电中，我们通过添加钨、钼、钒、铼等元素使耐热钢可以工作在近 700 摄氏度的高温下，为我们输送源源不断的电力。

放眼望去，我们目前用的所有金属件基本上都进行了合金化，通过合金化，我们节省了铁矿石资源和制造的能源消耗，拓宽了金属材料的应用领域，使材料在社会进步中发挥了至关重要的基石作用。未来，随着新的合金化机制的发现，合金钢一定会再次大放异彩，给我们的世界带来更多的改变与惊喜。

2.8 手擀面与硅钢——面筋与钢中的织构

手擀面是家喻户晓的美食，具有蒸煮特性好，弹性好以及咀嚼性好的特点，是中国人所喜爱的面食之一。手擀面好吃，源于面筋的充分和结构，因此做起来还是需要一些技巧的。首先，需要对加水比例拿捏得极为精准，才能保证面筋蛋白水合完全，充分形成完善的网络结构，使做出来的面团具有良好的延展性和弹性。其次，擀面也是一项重要技法。由面粉水合而成的团絮状面团比较松散，韧性并不突出。通过擀面，可以将松散的面团压实为长条状的面筋结构，经过压实的面筋结构韧性会得到很好的提升。此外，在擀面时，擀面杖会驱使面筋结构沿着压延方向进行拉长，形成具有方向性的长条面筋结构，手擀面的切条是沿着压延方向进行的，得到的面条会保留擀面所得的长条面筋（图 2-23），这种结构集合了每根面筋横截面方向的高韧性。人们吃面条都是沿着横截面进行咬合，切断面筋，自然就体会到韧性足、有嚼劲的口感了。

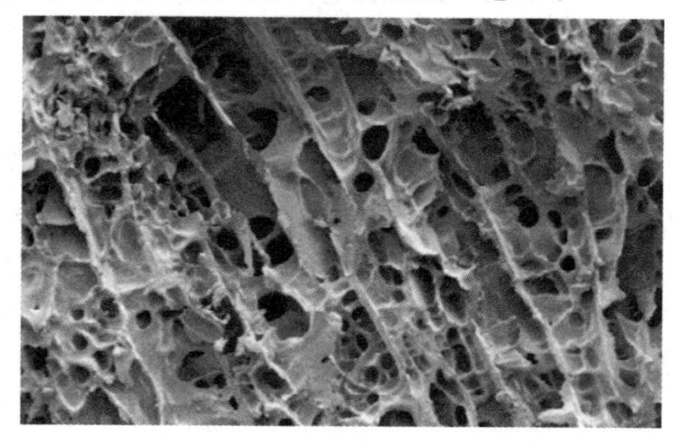

图 2-23 电子显微镜下的长条状面筋

无独有偶，在材料的制造加工中，也有类似的情形。有时候因为加工工艺的原因会形成一种方向性组织结构，这种结构会将材料的某一特性沿某一方向集中起来，称之为织构。面对材料在某一方向需要某一较高的性能要求时，有意识地采用织构结构是一种常见且有效的方法，这一方法解决了许多工程难题，吊钩是起重机械中最常见的一种吊具，用于承载大重量物件并进行移动。高危的工况环境，使得生产者在材质、制造工艺、质量维护检查等环节都应谨慎对待。因此在制订吊钩的热加工工艺时，必须合理地控制热成形流线的分布状态，尽量使流线的方向沿着利于承担应力的方向。在制作吊钩时，设计人员通常会采用模锻的加工工艺而不采用切削加工工艺，因为模锻工艺会沿着吊钩的外形进行加工，可以很好地控制吊钩的组织流线方向，使吊钩利于吊起重物。而切削工艺所加工出来的吊钩，削弱了流线，不利于吊钩受力，从而造成较大的安全隐患（图 2-24）。目前汽车工业中广泛采用的热成形钢梁等部件也是基于相同原理。

图 2-24　模锻钩（左）和切削钩（右）

显然，轧制工艺形同擀面（图 2-25），也可以生成织构结构。这是一种利用轧辊挤压使得胚料截面面积减小而长度增加的压力加工的方法。在加工过程中，轧辊类似擀面杖在胚料表面进行压延，使得胚料的内部结构沿压延方向进行拉长，从而产生织构组织与各向异性。将轧制工艺应用到硅钢片的制作工艺中，可以使得硅钢片在某些方向上表现出良好的磁导特性，使得硅钢拥有良好的铁损和磁感应强度（图 2-26）。

硅钢片属于一种磁功能型材料，自1900年哈德菲尔报道出硅含量为2.5%~5.5%的铁硅合金比铁更有磁性以来，硅钢材料的研发与应用就一直是科学领域的热点。近些年来，硅钢材料作为软磁材料，在电动工具、机车、发电设备、交流电动机、家用洗衣机、家用冰箱、电工仪器仪表以及变压器等行业中都有着广泛的应用。通过在钢材中加入一定含量的硅，可以减少钢的涡流损失，降低磁阻损失并提高磁导率，这使得硅钢有着良好的磁性。对于变压器这种通过电磁感应原理来改变交流电压的装置，磁导率和铁损指标不仅直接影响到产品的工作效率和稳定，更是能较好地节省能源消耗并增加安全性。几十年间，硅钢制作技术不断升级，人们开始用冷轧取向硅钢片制作变压器。通过精心设计的冷轧工艺，可以使得硅钢在易磁化的轧制方向上产生磁织构，让硅钢在轧制方向有着优越的高磁导率和低损耗特性。将这种取向硅钢片进行叠合用作变压器的铁心，可以极大地减少变压过程的磁场能损失，减少电力资源在运输过程中的损耗（图2-27）。

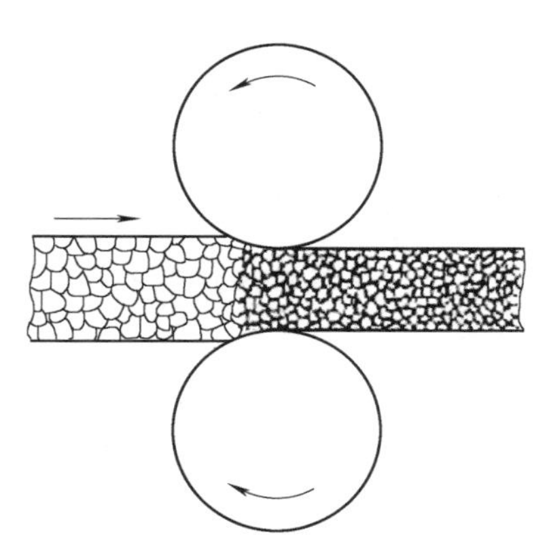
图 2-25 轧制工艺

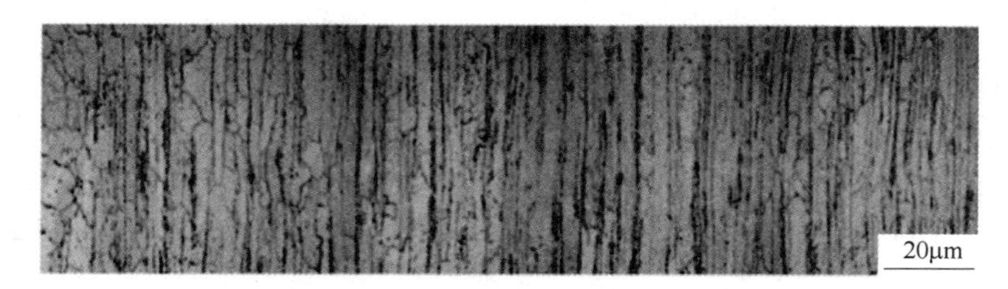

图 2-26 轧制硅钢的显微组织图

目前，中国已成为世界上最大的硅钢生产国以及硅钢消费国。随着国家对科技的重视和投入的增加，国内硅钢技术已逐步完善，

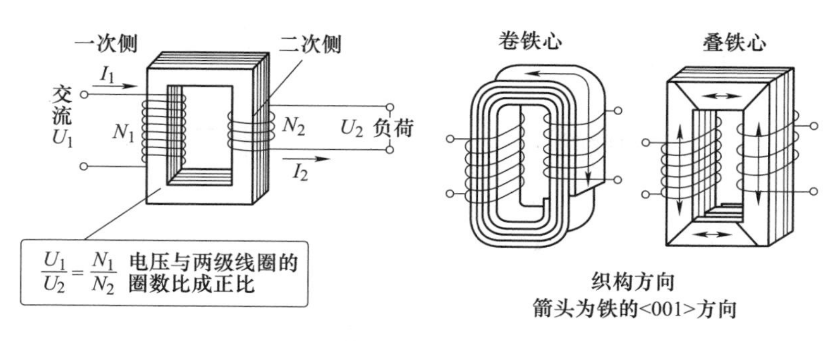

图 2-27 变压器

国产硅钢的竞争力也在逐渐增强，尤其是取向性硅钢片的生产比例正在逐年升高，我们正由硅钢大国变为硅钢强国。

2.9 铝镁渐登场

2000 多年前，铁器取代青铜，钢铁的洪流推动人类社会滚滚向前，创造出无与伦比的文明，实现了“九天揽月，海洋捉鳖”的伟大梦想，时至今日，极目所见，无一不是钢铁森林。高楼大厦、公路、铁道、大坝、桥梁、轮船、舰艇、火车、汽车、电力生产、石油开采、化工合成、肥料生产、播种收割，哪一样设施、设备不是以钢铁为基石？

因为有了钢铁，人们又进一步认识了磁，导致了电磁感应的发现。电磁感应的发现，开启了人类利用自然资源发电的时代，从而促进现代文明的发展，所以说青铜是文明的开端，钢铁促使文明走向辉煌。

千百年来，人们一直在完善与发展钢铁材料，正所谓青出于蓝而胜于蓝，在钢铁材料的研究中人们构建了现代的材料科学体系，摸索和总结出了一系列的理论和方法，从而开创出新材料研发的新纪元。

铁在地壳中的含量为 4.75%，储量丰富，但地壳中储量最丰富的金属元素是铝，达到 7.73%，因为铝比铁更为活泼，用木炭燃烧产生一氧化碳是还原不了的，所以古人没能将铝提炼出来。铝要靠电解铝土矿的方法才能制得，早期电力缺乏，铝大规模生产成本很高，只能用于飞机这类要求重量比较轻的航空领域，间或用于炊具、餐具，因为它不易锈蚀，那时不锈钢也挺贵。随着电力产量的提高，能源提供充分，铝业产能大规模提升，我们住宅的窗户都用铝合金做了。一方面铝材成本大幅下降，另一方面人们也逐渐找到了使铝材强化的方法，那就是合金化，沿着这条路，加上一些新工艺的采用，铝合金的强度将不断提高，终会与钢相媲美。

在日常生活中，我们观察到铁丝、铜导线、铝导线都比较软，说明纯金属没有强化前，强度是很低的。前面几节已经说过，古人在铜里加锡，青铜竟然可以做成剑；在铜里加锌，叫黄铜，强度和耐蚀性也提高不少，可以用在兼具强度和导电性的场合；往铜里加镍，叫白铜，可以制造精密的电阻合金和测温仪器。这都是典型合金化的例子，它利用的是合金元素固溶到基体中，如锌元素占据了铜的晶格位置，这是换位，我们称之为置换固溶，因为是异类原子占位，就产生了一定的晶格畸变，从而造成原子滑移困难而提升强度水平。铁的合金化首先是加碳，铁碳合金就是钢，但碳是小原子，它是待在铁原子的间隙当中的，我们称之为填隙固溶体，又利用了同素异构体的相变现象，从而使得强化效果极为显著，人类就此迈入铁器时代。后来的合金钢除了加入非碳的其他合金元素沿用了固溶强化的思路外，还创新了另一种强化手段，即第二相强化。在材料中相是具有相同物理和化学性质的有边界区分的一种物质存在状态，通常我们把基体称作第一相，其余的分布在材料中的有相同性质的物质凝聚态称为第二相。比如钢中除了铁基体，它还有一些碳化物：Fe_3C（碳化铁，又叫渗碳体）、WC（碳化钨）、$Cr_{23}C_6$（碳化铬）等，它们团聚在一起，有一定大小和形态，也分散在基体上，它是钢合金化以后的合金元素与碳元素生成的新产物，这些物质强度、硬度都比较高，它们能起到什么作用呢？我们来看一下如下的场景就容易理解了。1998 年，中国发生百年未遇的大洪水，九江大堤决口，为了堵口，人们纷纷投入沙袋石块，甚至开来汽车轮船堵在缺口也瞬间被洪水冲走，后来还是武警工程局的官兵赶来，一根根打下钢管，组成管架，形成空间立体布置的钢管网格，再投放沙袋，才征服了洪水，堵住了缺口，这里采用的是锚固的原理，钢管钉扎在水下的流沙中，既固住流沙，也使投入的沙袋遇到阻碍不被水流冲走（图 2-28）。

图 2-28 管桩堵口与草方格沙障

在沙漠地带的公路两旁都修有草方格和栅栏防沙固沙，先将芦苇树枝条插入沙土中，围成一个个小方格，它可以阻碍沙土流动，再栽种耐旱植物，以植物丛密的根系固沙，阻止沙土的移动，以保护公路。金属遇到外力会产生变形，是因为金属的晶格产生了滑移。上述的第二相碳化物可以起到钉扎金属基体，阻止晶格移动的作用，就像堵口的钢管，固沙的芦苇和植物。铝没有同素异构，不能像铁一样采用淬火以相变强化，人们采用的是上述的第二相强化的方法。在高温状态将合金元素加入铝中，正如温度高时盐在水中的溶解度变大的规律，高温时铝中溶解了较多的合金元素，快速将其冷却（虽然方式与淬火类似，但无此效果），我们称其为固溶处理，然后将其在适宜温度进行较长时间的保温，这个过程称其为时效处理，因为温度降下来，合金元素的溶解度会降下来，所以这时候合金元素就会析出，就像盐水温度降下来盐会从水中析出结晶一样，由于析出位置和浓度偏聚的特异性，起到了类似钢中碳化物的第二相的作用，造成了铝基体的强硬化（图 2-29）。现在更有我国的科学家大胆开拓创新，在铝材中生成了纳米陶瓷颗粒第二相对铝进行了强化，将铝合金的强度提高到比钛合金还强，这就为铝合金在结构材料方面的应用开辟了更为广阔的前景。将来我们可以看到铝材在汽车、高铁、机械装备等领域大显身手。

自从 1808 年通过电解法还原出铝材以来，铝便因其特殊优势在材料的许多领域都占有一席之地。第一，铝的密度仅是铁的 1/3，但通过第二相强化却使得铝合金具有不亚于钢铁材料的强度、刚度和硬度。这种高的比强度（强度与密度的比值）和比刚度（弹性模量与密度的比值）使得铝合金在拥有好的力学性能的同时，还可以大幅度降低材料的重量和体积。将这种材料应用于飞机中，可以极大地减轻飞机的结构重量，改善飞机的飞行性能，并提高航天领域的经济效益，是飞机近些年来飞速发展的重要保障。我国自行研发的 C919 大型客机机身便是铝合金制造的。第二，铝合金的导电性能仅次于铜和银，加上密度小的特性，使得铝制导线不仅轻，还可以出色地完成输电作业。另外，铝制合金在空气的氧化中可以产生致密的氧化膜，使得导线具有一定的耐蚀性和绝缘性。这使得铝在电器制造工业、电线电缆工业和无线电工业中有广泛的用途。第三，铝是热的良导体，它的导热能力比铁大 3 倍，工业上可用铝合金制造各种热交换器、散热材料和炊具。前面章节所提到的电饭煲和不粘锅就都是由导热性良好的铝材制成。第四，铝的延展性仅次于金和银，产量还极其丰富，又薄又轻的铝箔广泛应用于包装香烟、糖果以及易拉罐等食品包装中（图 2-30）。

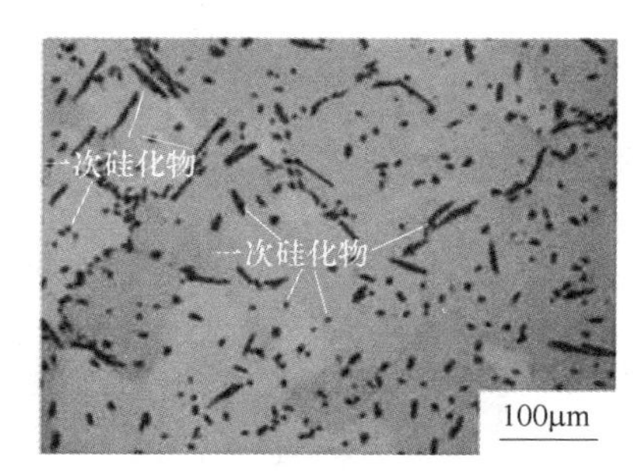

图 2-29　铝合金中的第二相强化

与铝合金一样，镁合金也是有色合金家族中重要的一员，自从 1808 年有科学家提炼出含有少量杂质的金属镁，镁合金便逐渐开始在科技领域登场了。镁合金的比强度比铝合金更高，所制作出来的材料更轻，加上良好的尺寸稳定性、耐冲击性和减振性，使得镁合金在汽车（图 2-31）、飞机制造上都有着很多的应用，其强化方法与铝合金在本质上是一致的。近些年来，电子信息行业由于数字技术的发展，市场对电子及通信产品的高度集成化、轻薄化、微型化的

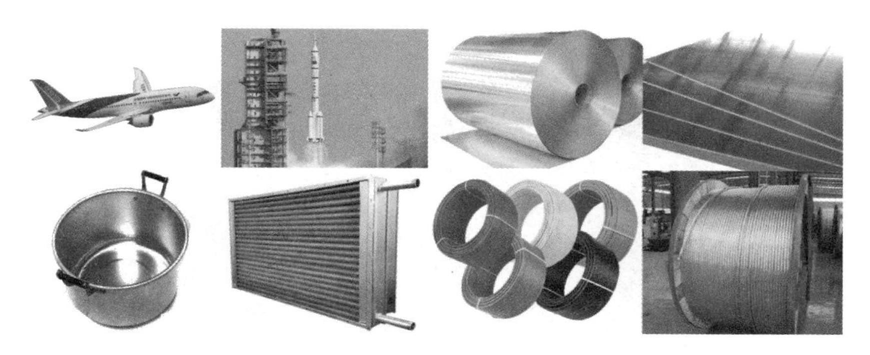

图 2-30 铝合金的应用

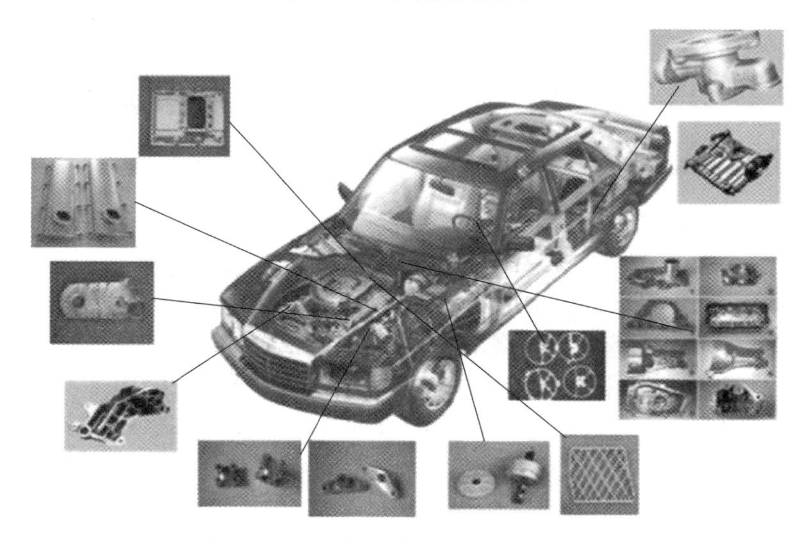

图 2-31 已开发和利用的镁合金汽车零件

要求越来越高。镁合金良好的薄壁铸造性能使得镁合金在保持一定的强度、刚度以及抗撞能力的同时，还可以满足产品薄、轻、小的要求。加上镁合金还拥有优秀的热传导性和电磁屏蔽性，使得镁合金成为电脑、手机以及数码相机外壳材料的绝佳选择。此外，镁是人体必需的元素之一，镁合金的密度也与人体骨骼密度接近，具有优良的生物相溶性，还具有独特的生物降解功能，已经作为整形外科生物材料植入人体，这极大地促进了医疗行业的进步，减少了患者的痛苦（图 2-32）。

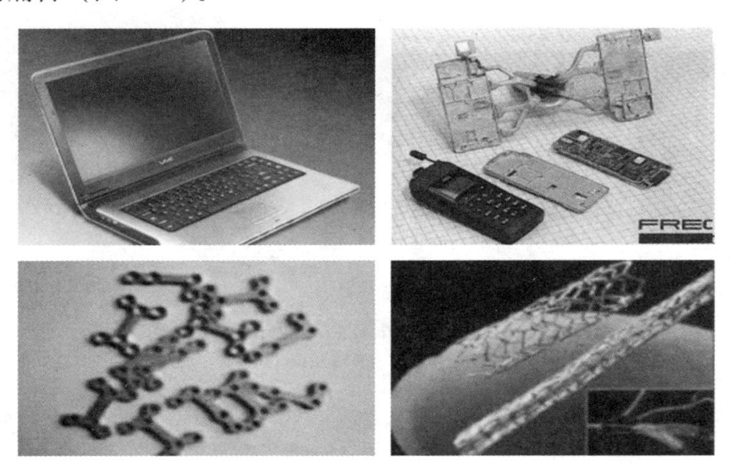

图 2-32　镁合金在电子领域和生物领域的应用

目前，我国作为工业大国，每年产生的金属垃圾都是巨大的数目，这不仅给我国带来了巨大的损失，还带来了严重的污染。铝、镁两种金属熔点低，再生成本远低于钢材，且在废弃处理时无公害。我国作为铝、镁矿储量最高的国家之一，加强铝、镁、合金的开发研究，推进它们在工业各个领域的进一步普及是我国可持续发展战略的重要一环，尤其对于反制铁矿石进口的卡脖子难题具有十分重要的意义。

第3章 不甘平庸的土

陶瓷，是火与土交融产生的精灵。不甘平庸的土经过烈焰的洗礼涅槃为人们日常生活不可缺少的神器。从食器的杯盘碗盏，到生活日用的瓷砖、龙头、面盆、马桶，再到工艺收藏的青花、白瓷，再到工业新材料的车刀、涡轮转子、航天发动机叶片和飞船外壳，陶瓷，已经成为人类美好生活的重要部分。陶瓷发展的脚印一步步映射了人类文明发展的历程，忠实记录了人类探索未知世界的不懈努力，无论是过去，还是现在，可爱可敬的陶瓷都见证着人类的发展和进步，将来还将继续陪伴人类前行。

中国文字的记录与表达始于甲骨竹简，刻字的艰难务使词汇变得精炼，大家学习文言文时就知道文言文多用单字表意，如文言文中“妻子”是两个词，指的是妻和子，同样陶瓷指的是陶和瓷，即陶是陶，瓷是瓷。陶器是用泥巴（黏土）为胎，经过手捏、轮制、模塑等方法加工成形干燥后，放在窑内烧制而成的物品。而瓷器则是一种由瓷石、高岭土等为原料组成，经混炼、成形、煅烧而成的外表施釉或彩绘的物品。

陶与瓷的区别主要在于原料土的不同和温度的不同。陶器的烧制温度在800摄氏度左右，瓷器则是用高岭土在1300摄氏度以上的温度烧制而成。虽然都是用土烧制，但是正因为烧制温度的不同，才形成了陶与瓷的巨大差异，因此从陶到瓷也是一个渐进的技术积累过程。

3.1 抓饭——不用杯盘碗盏

早期的人类部落是共同分配劳动成果的，如围猎到一只山羊后，就支起一堆篝火烧烤，大家围坐，分而食之。这样的饮食习惯直到今天我们还能从抓饭的习俗中看得到它的身影（图 3-1、图 3-2）。

图 3-1 新疆手抓饭

图 3-2 具有傣族风味的抓饭美食

手抓饭没有具体的历史起源，最初因其进餐方式为徒手进食而得名。虽然如今餐厅内已提供碗勺作为餐具，但中文名称并未改变，依然称其为抓饭。在重要节日，一家人围坐，胡萝卜的清香混合着羊油的浓烈，西红柿将大米染成鲜亮的橙黄色，小火焖到汤汁收干，葡萄的酸甜中和了羊肉的厚重，共同享受大自然的美味恩赐。手抓饭广受欢迎，一方面是其味道鲜美，营养丰富；另一方面，与其背后的智慧也息息相关。杯盘碗盏的制作，早期用黏土烧制，后期使用青铜，再往后就是中国瓷器，青铜和瓷器极为昂贵，陶器的制作也充满艰辛。这里我们可以设想一下，取身边的黏土，经过简单拿捏后用火烧制，就可得到一个还算像样的陶盆或陶盘，在杯盘碗盏等餐具缺乏的情况下，只需一个盛饭的锅或盆即可大快朵颐，可谓爽哉。除此之外，餐后清洗各式各样餐具之苦，经历过的人应该懂得。不用洗一家人的碗，该是多么幸福的一件事儿呐！手抓饭流行的地区一般水资源都比较宝贵，洗手总比洗那么多碗勺省水，看似简单的手抓饭背后藏着省心省事儿更省水的大智慧。因此穿越历史千年风尘，手抓饭，以其美味和便捷，流传至今。

3.2　瓦罐鸡汤与紫砂壶——陶器中的微孔

俗话说吃肉不如喝汤，中国人自古就有喝汤的习惯。瓦罐煨汤，是江西地区传统的煨汤方法，最初的起源已很难考证，因为“煨”本就是一种极为远古的烹饪方式，早在《吕氏春秋·本味篇》中就记载了煨汤的真谛：“凡味之本，水最为始，五味三材，九沸九变，则成至味”；唐代《煨汤记》中曾有记载：“瓦罐香沸，四方飘逸；一罐煨汤，天下奇鲜”；曾有美食家赋诗赞曰：“民间煨汤上千年，四海宾客常流连。千年奇鲜一罐收，品得此汤金不换。”

相传老百姓为了赶着一早下地忙农活儿，会在头天夜里自家土灶的炉灰中，埋入一口小土罐，里面放了肉、莲藕、豆子等食材，再加了水和调料，用泥巴封住罐口，让炉灰的余火慢慢煨着，第二天一早就可以喝现成的。这种做法既方便又有营养，很快便普及开来。江西省民间传统煨汤方法，是以瓦罐为器，精配食物加以天然矿泉水为原料，再以炭火恒温煨制六小时以上。而煨汤的烹饪方法和器具有莫大关系，正宗的江西煨汤用陶质瓦罐。陶器是泥巴用水成形而后烧制的，烧制过程中水分蒸发会留下大量微孔，大量的微孔导致了陶器的脆性，当然同时也赋予了陶质瓦罐良好的保温性，而且在煨的过程中能够保持受热均匀，特别适合小火慢熬，使汤保持在微沸的状态。再用盖子盖住，温度不高不低，使食材的原味不容易流失，也不会因为时间长而煨干，有利于食材营养的萃取，鲜味物质的留存，且节能降耗。瓦罐可谓最适合的煨汤神器。

瓦罐之妙，在于土质陶器中的微孔秉阴阳之性，久煨之下原料鲜味及营养成分充分溶解于汤中，风味独特，醇香诱人。紫砂壶则更胜一筹，紫砂器皿的微孔是相互连通的。壶身具备蒸发功能，即壶内的水可凭借壶周围表面变成水蒸气而挥发，正如人体出汗可以降温一样，这种蒸发功能使得紫砂壶具有降温作用。故而使用紫砂壶泡茶，沸水入壶，使茶叶香气四溢，而后水温降低至适宜，避免将茶叶泡老变涩（图 3-3）。

图 3-3　瓦罐煨汤与紫砂壶

紫砂壶是中国特有的手工制造陶土工艺品，其制作始于明朝正德年间，制作原料为紫砂泥。紫砂泥主要组成物质为石英、黏土、云母和赤铁矿，合理的组成配比，使紫砂泥具备了可塑性好、生坯强度高、干燥收缩小等良好的工艺性能。在成形过程中，其表面会形成一层致密的表皮层。由于表皮层的存在，产品烧成的温度范围扩大了，表皮层最先烧结，而壶身内壁仍能形成气孔。最终成形时的精加工工艺，把泥料、成形、烧成三者有机地联系在一起，赋予紫砂表面光洁，虽不挂釉而富有光泽，虽有一定的气孔率而不渗漏等特点。宜兴紫砂壶泡茶既不夺茶真香，又无熟汤气，能较长时间保持茶叶的色、香、味。紫砂茶具还因其造型古朴别致、气质特佳，经茶水泡、手摩挲，会变为古玉色而倍受人们青睐。

但是微孔的存在使得陶器易碎，因此需要下功夫养护，谨防其发生磕碰。

3.3 青铜食器与铅中毒——青铜中的铅

前面已经讲过，在石器时代之后进入的并不是铁器时代，而是青铜时代，其原因在于冶炼工艺的限制。在第 2 章我们介绍了青铜兵器。这一节，我们再来探究一下青铜食器。

青铜食器比较常见，最有名的莫过于安阳殷墟出土的后母戊鼎，这件鼎就是用来向祖先祭祀时放肉食的食器。从形状上可以看出，其结构和现在的火锅很相似，下面拢上一堆篝火，上面就能用来炖肉了。在安阳殷墟出土的青铜器中，除了鼎这样的食器之外，还有大量的酒器。釜是用来炖煮的，吃饭的关键家伙，曹植的诗“煮豆燃豆萁，豆在釜中泣，本是同根生，相煎何太急。”还有成语“破釜沉舟”，其中都提到了“釜”。《说文》中有“觚，乡饮酒之爵也。”这里的“觚”，就是安阳殷墟大量出土的青铜器的一种。《三国演义》中著名场面，曹操和刘备煮酒论英雄，“盘置青梅，一樽煮酒。二人对坐，开怀畅饮。”这里的“樽”也是常用的盛酒器具。鼎、觚、樽、釜（图 3-4）是古人的餐饮用具，但这些青铜器中却含有铅。

图 3-4 鼎、觚、樽、釜

青铜一般是铜锡合金，锡溶解在铜里起到固溶强化的作用，为什么古人要往里加铅呢？据现代研究考证的结论：第一，可能是为了增重，增加器物的稳定性；第二，加入铅可增加青铜熔液的流动性和冲型性能，铸造出来的青铜器纹饰会更加细腻；第三，铅在青铜器中不与铜锡合金互溶，呈颗粒状存在，它在凝固中可以细化铜锡合金的晶粒，阻碍其长大，增加青铜的强韧性，给大规模铸造青铜器提供了很大的便利和质量保证。

不同合金组成的青铜器除具有不同的力学性能外，还具有不同的颜色。据陈建立教授的相关研究，铅和锡可以无限互溶，铅锡合金的颜色基本保持不变，为银白色，但若被锈蚀以后会呈灰白色，可在一定程度上影响青铜器的色泽。在更大的程度上，青铜器的颜色主要由锡在铜中含量的多少来决定。根据各地出土青铜器制品的实验观察及分析，随着锡含量的增多，青铜器的颜色沿红、黄、青、白方向变化（图 3-5）。一般把杂质含量在 2%以下的铜器称为“纯铜”制品，其颜色主要呈紫红、橙红或红色；而含锡 10%～16%的青铜器呈黄色，钟、鼎等礼器多用这种合金配制；为适应斧、斤、戈、戟等工具和兵器对硬度的要求，青铜工具和兵器中锡的含量相应增加，其颜色也逐渐变化。在室温下，铜制品表面会被氧化生成红色的氧化亚铜，它附着在铜器的表面，不易剥离。在适宜的条件下，氧化亚铜又会生成黑色的氧化铜。而长期暴露于空气或埋藏在土壤中之后，铜的氧化物就会逐渐变成碱式碳酸铜和碱式硫酸铜的复盐，呈蓝绿色（图 3-6）。

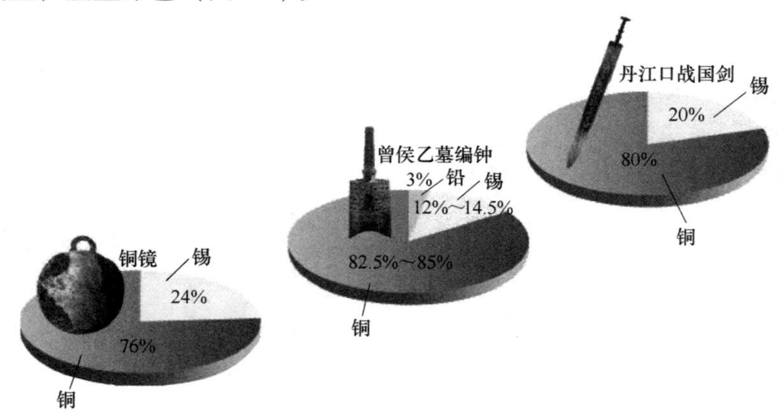

图 3-5 不同青铜器的成分示意

显然铅元素的加入也引入了另一个在当时的人们并未注意到的

问题——铅中毒。谈及商朝灭亡的原因，大多数人的第一反应是纣王暴虐。然而现代科技解析青铜器时，却取得一个重大发现，铅中毒可能也是加速商朝灭亡的原因之一。学者研究指出：铅的熔点低，比较容易溶于酒中，尤其青铜器中铅含量达到 7%～20%时，经常使用这种青铜器饮酒，析出的铅就会通过酒水进入人体，长期积累容易引发铅中毒。而且商朝统治阶级普遍嗜酒，使用青铜器加热酒时，铅析出的情况就更严重了。无独有偶，由于铅金属耐蚀性很强，在室温下加工性能极好，不产生加工硬化，古罗马时期大量使用铅管输水。在商朝灭国 1000 多年之后，罗马帝国的上层贵族出现了集体铅中毒，而铅中毒导致不育、后代智障、身体素质下降、精神错乱、智力衰退等问题，最终使罗马帝国朽木难支、不堪一击。

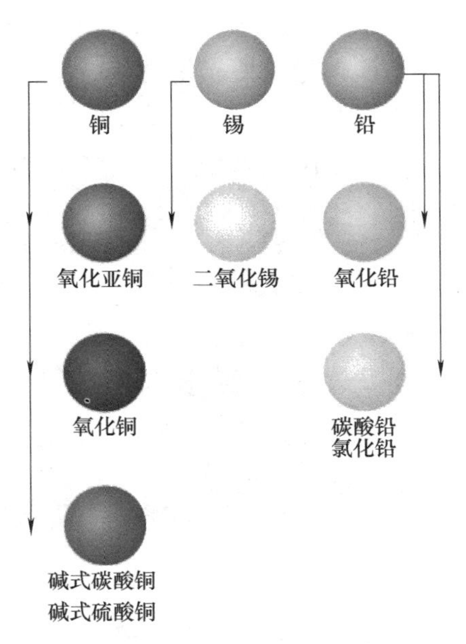

图 3-6 金属氧化物及其颜色变化示意

3.4 兵马俑与唐三彩——釉的作用

自古以来，我国社会崇尚厚葬，陶器可久藏不朽，成了最好的陪葬品，有模型房舍、乐器、鸟兽以及人俑，秦汉时期的兵马俑最为有名，几与真人无异，还各具形态，神色兼备。兵马俑多用模塑结合的方法制成，先用陶模做出初胎，再覆盖一层细泥进行加工刻画加彩，先烧后接或者先接再烧，色泽单纯，硬度很高。当初，刚出土后的兵马俑阵列气势恢宏，颜色鲜艳（图 3-7），然而很快氧化剥落，彩色大部分瞬间消尽化作白灰，陶俑身上仅存斑驳残迹。秦俑之所以褪色，原因在于陶俑是没有釉的陶器，具有较多的毛细孔，表面不滑润，颜色易氧化脱落；而唐三彩享誉千年，出土后仍光彩夺目，因为釉，陶瓷才能变得如此光滑细腻。

图 3-7　兵马俑阵、复原色人俑

釉就是罩在陶器和瓷器表面的那一层光亮外衣。它主要是以黏土、石英和长石为原料，经研磨、调制后涂在坯胎表面，在高温焙烧后熔融，冷却后即形成玻璃质层。陶器通常不施釉或只施低温釉；瓷器表面施有一层高温釉，胎釉结合牢固，厚薄均匀，美丽光洁。釉的出现，为陶瓷大放异彩做出了不可磨灭的贡献。汉代出现了铅釉陶胎，质薄，颜色漂亮。东汉发明出了青瓷，釉质硬，器形美。而后随着高温工艺的进步，在隋唐时期，陶与瓷正式分道扬镳，唐代出现了越窑、邢窑这样的专业瓷窑，开始烧出真正具有极高艺术价值的陶瓷，但在当时，施釉的彩陶唐三彩是夜空中最亮的明星。

唐三彩，顾名思义，可知其色彩亮丽，有三个颜色。需要注意的是，虽然它叫唐三彩，但不一定每件唐三彩都同时具备三个颜色，实际上以三色和两色的居多。唐三彩的色彩是如何做到的呢？它是在汉代釉陶的基础上，增加了含铜、铁、钴和锰等元素的矿物作釉料的着色剂，巧妙地调整用量，使原来只呈深绿色的氧化铜又呈现出浅绿、蓝绿；原来只呈现褐红色的氧化铁又呈现出黄、白、黑等色彩。所谓“三彩”，即多彩之意，包括黄、绿、白、褐、蓝、黑、紫等多种色彩，有的一色单用，有的多色混合使用，而黄、白、绿三色最为常见。

唐三彩中的马俑，栩栩如生，姿态万千，收藏价值很高，是我国陶瓷中的典范之作（图 3-8）。据文献可考，唐三彩的主要作用是陪葬，上自达官贵族，下到黎民百姓，均以此为范。

图 3-8　唐三彩

3.5　秦砖汉瓦——建筑用陶

中国建筑陶器的烧造和使用，最早可追溯到商代的陶水管，这比罗马的铅水管要健康，到西周初期又创新出了板瓦、筒瓦等。秦始皇统一了中国，统一度量衡、货币和文字，极大地促进了经济文化的发展。经过汉代，社会生产力又有了长足的进步，手工业发展尤为迅猛。所以秦汉时期制陶业从生产规模、烧造技术、数量和质量上，都超过了以往任何时代。秦汉时期，建筑用陶在制陶业中占有重要地位，在各种建筑用陶中，富有特色的画像砖和各种纹饰的瓦当具有较高的艺术价值，被称为秦砖汉瓦。这里，并不能简单地理解为秦朝的砖，汉代的瓦，而是泛指秦汉时期建筑的砖瓦，以此说明这一时期建筑装饰的考究（图 3-9）。

秦砖主要用于铺地，呈青灰色，质地坚硬，以“制作规整、浑厚朴实、形制多样、叩之清脆”闻名于世。有人曾用“敲之有声，断之无孔”来形容其品质之高，据说这与秦始皇所施行的“物勒工名，以考其诚”制度有关。器物的制造者需要把自己的名字刻在上

图 3-9　瓦当

面，这样一旦出现质量问题，管理者便可依名追责。另外地砖的制造在工艺上也是精益求精，其烧制地砖的泥巴历经数次浸泡和曝晒并过筛，以保证粉末颗粒细度合适，利于烧结强度的提高，微孔的细化。

砖瓦上多带有文字，纹饰主要有米格纹、太阳纹、平行线纹等图案，以及游猎和宴客等画面。西安秦砖汉瓦博物馆馆藏的十六字砖（图 3-10），上书“海内皆臣，岁登成熟，道毋饥人，践此万岁”十六字，寓意政治权力上的大一统、风调雨顺年成好、黎民百姓不受饥饿之苦，是古代人民所认为的治世标准。而图案类的砖块，则更生动地记录了古代人民的生活和历史场景，具有极高的艺术欣赏和研究价值。

瓦当即屋檐最前端的一片瓦，主要起保护屋檐，不被风雨侵蚀的作用，同时又富有装饰屋面轮廓的效果，使建筑更加绚丽辉煌。瓦当有着强烈的时代艺术风格。秦代瓦当，绝大多数为圆形带纹饰，纹样主要有动物纹、植物纹和云纹三种。动物纹有奔鹿、立鸟、豹纹和昆虫等；植物纹有叶纹、莲瓣纹和葵花纹。而汉代则是瓦当艺术的极致巅峰。汉承秦制，大兴土木，比秦有过之而无不及。大型的建筑必饰以瓦当，瓦当图像以青龙、白虎、玄武、朱雀四灵像最为出色，其形神兼备，力度非凡，具有很高的艺术造诣（图 3-11）。

图 3-10　十六字砖、歌舞打猎砖、双龙交汇砖

文字瓦当在汉代占有突出的地位，其内容丰富，辞藻华丽，常用吉祥颂祷之辞，以示美好寓意（图 3-12）。

土虽平庸，为瓦则光，文治武功，龙凤呈祥，虽已斑驳，气势辉煌，见证秦汉，源远流长。

图 3-11　汉青龙、白虎、玄武、朱雀四灵像瓦当

图 3-12　文字图案瓦当

3.6　天青瓷与青花瓷——天青色我在等你

瓷器始于东汉，“瓷”字出现于晋代，是高温与高岭土交融的产物。高岭土，又称瓷土、观音土、白云土，白色细腻，塑性极好，

组分独特，是制作瓷器的天然材料，此原材料西方很久以后才发现，使中国瓷器独领风骚上千年。高岭土的矿物成分主要由高岭石、埃洛石、水云母、伊利石、蒙脱石以及石英、长石等矿物组成，内含石英，氧化铝和结晶水及其他金属氧化物，在烧结过程中，经过一系列复杂的物理化学变化，形成莫来石晶体（图 3-13）和玻璃相的混合物，具备瓷器特征。如果因为成分或温度的原因，导致生成的液态玻璃相不够，不足以填充坯体收缩后的空隙，导致残留气孔增多，吸水率高，则不成其为瓷，归为陶。因此瓷器的原材料配比和烧结温度十分关键，技术门槛比较高。

图 3-13 高岭土、莫来石

晋代以后，华夏文明历经战乱，生产力遭到严重破坏，至隋唐统一，其间历经数百年的探索，河北的邢窑产生了白瓷这一意义深远的重大发明，它是将瓷土洗去含有的铁离子后烧结得到的，否则烧出来显青色。到了宋代，瓷器才算是真正进入了百家争鸣、百花齐放的巅峰时代。在这个朝代，有著名的“五大名窑”——汝、官、哥、钧、定。如果你对这些印象还不太深，那提到汝窑的天青釉，你应该会眼前一亮了。对，就是著名音乐人周杰伦创作的《青花瓷》歌中提到的那“天青色等烟雨，而我在等你”的天青瓷。天青釉，如雨后天空一般，是汝窑最直观的特征。美轮美奂的天青色汝瓷，是五代后周世宗柴荣下旨，工匠们拼了性命才烧制出来。有人甚至戏称“纵有家财万贯，不如汝瓷一片”。该釉色的烧制条件很高，也不稳定，相传在雨天烧制成功率会高一些，故有“雨过天青云破处，这般颜色做将来”的说法。后来天青瓷制作技艺失传，直到 20 世纪

80 年代我国的陶瓷科技工作者才将其复原，并揭开釉色配方的秘密——加入了玛瑙。北宋时，瓷器还是民间办厂为主，而浑身充满艺术细胞的宋徽宗硬是自己整个窑来烧瓷器，这就有了汴京官窑。哥窑很神秘，器物通体常常布满开片，开片粗细深浅不一，粗者呈黑色，细者显金黄色，人称“金丝铁线”。钧窑的窑工无意间在釉里添加了一点儿铜，万万没想到，竟然烧出了渐变的紫红色，人们评价钧窑是“入窑一色，出窑万彩”。定窑以烧白瓷为主，到了北宋年间，改用煤作燃料，于氧化焰中烧成，釉色中含微量氧化铁，釉色转为白中泛黄，谓之象牙白。各窑精品如图 3-14、图 3-15 所示。

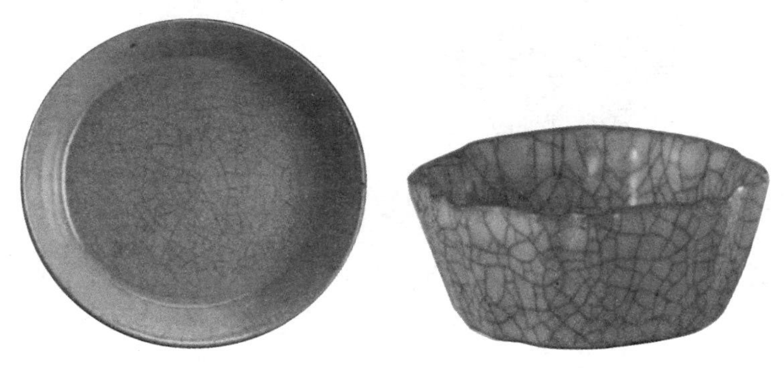

图 3-14　汝窑青瓷、哥窑“金丝铁线”葵花洗

图 3-15　官窑弦纹瓶、钧窑鼓钉三足洗、定窑白釉刻花折腰碗

从元代开始，瓷器重心偏向南方，北方瓷窑在竞争中逐渐淡出了舞台，而南方景德镇则如火如荼发展起来，一步步登上“世界瓷都”的霸主地位。在元代，钴的氧化物的应用诞生了青花瓷。青花瓷是在白瓷上用钴料画成图案之后再进行烧制而成的，只显示一种

蓝色，谓之青花，但颜料的浓淡、层次，都可以呈现出极其丰富多样的艺术效果。元青花瓷的胎瓷中氧化铝（Al_2O_3）含量比一般瓷高，烧成温度也高，焙烧过程中的变形率减少，釉层厚度增加，多数器物的胎体也因此厚重，造型厚实饱满，釉表光泽柔和，具有质朴、淳厚、典雅的特色，成为瓷器中的主要品种（图 3-16）。

图 3-16　故宫博物院藏元青花缠枝牡丹云龙纹罐、元青花凤穿牡丹纹执壶

到了明代，景德镇更加发力，烧出了各种各样颜色的瓷器，分为四个大类：釉下彩、釉上彩、斗彩和颜色釉。釉下彩，就是用色料在已成形晾干的素坯（即半成品）上绘制各种纹饰，然后罩以白色透明釉或者其他浅色面釉，一次烧成。烧成后的图案被一层透明的釉膜覆盖在下边，表面光亮柔和、平滑不凸出，显得晶莹透亮。釉里红就是釉下彩。釉上彩，就是用各种彩料在已经烧成的瓷器釉面上绘制各种纹饰，然后二次入窑，低温烘烤固化彩料而成。斗彩，就是釉上彩和釉下彩的结合，相戏之意。先用釉下彩画线，经高温（1300 摄氏度）烧成的釉下青花瓷器，再用矿物颜料进行釉上二次施彩，最后经低温（800 摄氏度）烘烤形成第二层釉。斗彩色调绚丽，色彩沉稳，将釉上五彩和釉下青花相结合，形成釉上、釉下彩绘互相争奇斗艳的艺术效果。颜色釉，就是釉中加上某种氧化金属，焙烧后，就会显现某种固有色泽的瓷器，包括以铁为着色剂的青釉，以铜为着色剂的红釉和以钴为着色剂的蓝釉等。颜色釉与普通色釉的不同在于颜色釉的特殊烧制工艺和配方。颜色釉的釉面必须经过 1250 摄氏度以上的高温煅烧，才能显现出它光若流油，色若

虹霞，纹若流云飞瀑的独特魅力。颜色釉根据用颜料的浓淡，又有不同的釉色呈现。各类瓷器名品如图 3-17~图 3-19 所示。

图 3-17 明洪武釉里红玉壶春瓶、釉上彩盘

图 3-18 明成化斗彩鸡缸杯、明嘉靖瓜皮绿釉碗

图 3-19 明宣德宝石红釉瓷僧帽壶、明嘉靖斗彩黄地红彩缠枝莲纹葫芦瓶

清代的瓷器就跟现在清宫戏里呈现的一样，其发展历程主要是康雍乾三朝。康熙朝引进了西画技法、颜料等在瓷器上作画，发明了釉上蓝彩和黑彩，以釉上蓝彩取代了明代的釉下青花，加之黑彩作装饰，因此比明代的彩色更丰富，称之为康熙五彩。而且由于烧成温度较高，比明代更透彻明亮，因而有了珐琅彩。雍正时期在原本五彩的基础上发明了一种中西合璧的全新釉彩——粉彩，采用白粉扑底成立体状再加色彩，并染成浓淡明暗层次，清新透彻，温润平实，深具工笔花鸟的意味及浓厚的装饰性。清乾隆时期的瓷器追求极致，极工尽料，不惜讲究创意，既保留了千年瓷器工艺，又融入西方艺术精华进行大胆创新，成为瓷器烧造的顶峰时期！其中“各种釉彩大瓶”是集各种高温釉、低温釉、彩釉于一身，全凭制瓷经验烧制而成的巅峰之作。珐琅彩成为乾隆盛世的代表作，时至今日，这种工艺和成就仍难以超越（图 3-20）。

图 3-20　故宫博物院藏乾隆珐琅彩勾莲纹象耳瓶、乾隆款珐琅彩折枝花纹合欢瓶

到了近现代，特别是鸦片战争以后，我国制瓷业渐渐走向了衰落，同时日本瓷器崛起，欧洲瓷器也不断发展。英法联军火烧圆明园，抢劫、毁坏无数奇珍异宝，其中陶瓷因不好搬运，被砸碎破坏者不计其数。圆明园被毁后，仍为皇家禁园。随后慈禧授意不断修复了 20 余处共 3000 多间殿宇。1900 年（光绪二十六年），八国联军入侵北京，西郊诸园再遭劫掠，八旗兵丁、土匪地痞等趁火打劫的

人已不再满足于抢劫洋人劫余的财富，他们把园内火劫之余的零星分散的建筑、木材、石头、方砖、屋瓦等全都搜罗干净！最终，一代名园——圆明园就此毁灭，成为一片废墟。

英法联军侵华战争满载而归后，巴特勒上尉本想利用法国大文豪雨果的显赫声望，为远征中国所谓的胜利捧场，但雨果，这位正义的作家，没有狭隘民族主义情绪，反而代表了人类良知，在《就英法联军远征中国给巴特勒上尉的信》中强烈地谴责了英法联军火烧圆明园的强盗行径。

《就英法联军远征中国给巴特勒上尉的信》（选自《雨果文集》第 11 卷，程曾厚译）全文如下：

> 先生，您征求我对远征中国的意见。您认为这次远征是体面的，出色的。多谢您对我的想法予以重视。在您看来，打着维多利亚女王和拿破仑皇帝双重旗号对中国的远征，是由法国和英国共同分享的光荣，而您想知道，我对英法的这个胜利会给予多少赞誉。
>
> 既然您想了解我的看法，那就请往下读吧：
>
> 在世界的某个角落，有一个世界奇迹。这个奇迹叫圆明园。艺术有两个来源，一是理想，理想产生欧洲艺术；一是幻想，幻想产生东方艺术。圆明园在幻想艺术中的地位就如同巴特农神庙在理想艺术中的地位。一个几乎是超人的民族的想象力所能产生的成就尽在于此。和巴特农神庙不一样，这不是一件稀有的、独一无二的作品；这是幻想的某种规模巨大的典范，如果幻想能有一个典范的话。请您想象有一座言语无法形容的建筑，某种恍若月宫的建筑，这就是圆明园。请您用大理石，用玉石，用青铜，用瓷器建造一个梦，用雪松做它的屋架，给它上上下下缀满宝石，披上绸缎，这儿盖神殿，那儿建后宫，造城楼，里面放上神像，放上异兽，饰以琉璃，饰以珐琅，饰以黄金，施以脂粉，请同是诗人的建筑师建造一千零一夜的一千零

一个梦，再添上一座座花园，一方方水池，一眼眼喷泉，加上成群的天鹅、朱鹭和孔雀，总而言之，请假设人类幻想的某种令人眼花缭乱的洞府，其外貌是神庙，是宫殿，那就是这座名园。为了创建圆明园，曾经耗费了两代人的长期劳动。这座大得犹如一座城市的建筑物是世世代代的结晶，为谁而建？为了各国人民。因为，岁月创造的一切都是属于人类的。过去的艺术家、诗人、哲学家都知道圆明园，伏尔泰就谈起过圆明园。人们常说：希腊有巴特农神庙，埃及有金字塔，罗马有斗兽场，巴黎有圣母院，而东方有圆明园。要是说，大家没有看见过它，但大家梦见过它。这是某种令人惊骇而不知名的杰作，在不可名状的晨曦中依稀可见，宛如在欧洲文明的地平线上瞥见的亚洲文明的剪影。

这个奇迹已经消失了。

有一天，两个来自欧洲的强盗闯进了圆明园。一个强盗洗劫财物，另一个强盗在放火。似乎得胜之后，便可以动手行窃了。他们对圆明园进行了大规模的劫掠，赃物由两个胜利者均分。我们看到，这整个事件还与额尔金的名字有关，这名字又使人不能不忆起巴特农神庙。从前他们对巴特农神庙怎么干，现在对圆明园也怎么干，不同的只是干得更彻底，更漂亮，以至于荡然无存。我们把欧洲所有大教堂的财宝加在一起，也许还抵不上东方这座了不起的富丽堂皇的博物馆。那儿不仅仅有艺术珍品，还有大堆的金银制品。丰功伟绩！收获巨大！两个胜利者，一个塞满了腰包，这是看得见的，另一个装满了箱箧。他们手挽手，笑嘻嘻地回到欧洲。这就是这两个强盗的故事。

我们欧洲人是文明人，中国人在我们眼中是野蛮人。这就是文明对野蛮所干的事情。

将受到历史制裁的这两个强盗，一个叫法兰西，另一个叫英吉利。不过，我要抗议，感谢您给了我这样一个抗议的机会。治人者的罪行不是治于人者的过错；政府有时会是强盗，而人民永远也不会是强盗。

法兰西吞下了这次胜利的一半赃物，今天，帝国居然还天真地以为自己就是真正的物主，把圆明园富丽堂皇的破烂拿来展出。我希望有朝一日，解放了的干干净净的法兰西会把这份战利品归还给被掠夺的中国，那才是真正的物主。

现在，我证实，发生了一次偷窃，有两名窃贼。

先生，以上就是我对远征中国的全部赞誉。

维克多·雨果

1861 年 11 月 25 日于高城居

新中国成立以后，在政府的主导下，传统的制瓷业开始复苏。以瓷都景德镇为代表的新中国制瓷业开始苏醒并蓬勃发展，各种省级、国家级重点项目再度上马，中国的瓷业开始再度出现了百花争艳的局面。中国瓷器，源远流长，博大精深，无论中间经历多少跌宕起伏依然绵延不绝。古老的瓷器将在中华大地上重新焕发青春（图 3-21）！

图 3-21　釉下七彩工笔瓷

注：釉下七彩工笔瓷，由杜玖桦工艺美术大师 2011 年 9 月研发成功，填补了景德镇没有釉下七彩工笔瓷的历史空白，是中国陶瓷史上的一个新品种。

3.7 珐琅与景泰蓝——搪瓷

讲到这里，读者朋友们应该对我们的古代瓷器有一个大致的了解了。如果大家对之前的石器时代到铁器时代划分还有印象的话，可能会产生这样一个疑惑：瓷器上可以上釉，铁器上行不行呢？诶，还真行，这就是珐琅了！

珐琅，中国隋唐时外来工艺名称的音译，又称“佛郎”“法蓝”“景泰蓝”，就是将经过粉碎研磨的釉料，涂施于金属制品的表面，经干燥、烧成等制作步骤后得到的复合性工艺品。说起珐琅，大家可能比较陌生，其实还有一个耳熟能详的词，那就是搪瓷。这个搪瓷，可是20世纪几代中国人的回忆，搪瓷茶缸、搪瓷脸盆，在当时是人人都在用，其实那就是珐琅。

1. 景泰蓝

作为中国著名特种金属工艺品类之一，景泰蓝在明代达到巅峰，因其在明朝景泰年间盛行，使用的珐琅釉多以蓝色为主，故而得名“景泰蓝”。景泰蓝正名“铜胎掐丝珐琅”，是一种在铜质的胎体上，用柔软的扁铜丝，掐成各种花纹图案焊上，然后把珐琅质的色釉一层一层填充在花纹内烧制而成的器物。中国有句老话：“他山之石，可以攻玉。”这种以金属为胎，填敷珐琅釉料烧制的工艺虽是舶来品，但在中华民族博大精深的艺术土壤滋润下，很快成为中国工艺美术史上一颗璀璨的明珠。景泰蓝之所以如此备受推崇，与其复杂的制作工艺和高超的艺术手法密不可分。首先是胎型的制作，需要裁切铜板，铁锤敲打成胎，制胎后要打磨抛光，去除表面铜的氧化物与其他杂质；之后是掐丝，将压扁了的细紫铜丝掐、掰成各种精美的图案花纹，再蘸上白芨藕粉等胶粉粘在铜胎上，经900摄氏度的高温焙烧，将铜丝花纹焊接在铜胎上；再之后是点蓝上釉，将整个胎体填满色釉后，经过大约800摄氏度的炉温，色釉由砂粒状固体熔化为液体，冷却后成为固着在胎体上的绚丽的色釉，反复烧结四五次，直至纹样与掐丝纹相平；再后是磨光和镀金，将烧制完成的器物用粗砂石、黄石、木炭把表面打磨平整，然后用砂布由粗到细打磨抛光；最后进行镀金处理，使得器物表面色泽更加艳丽（图 3-22）。

图 3-22 掐丝珐琅八狮纹三环尊、
掐丝珐琅海马狮戏球海马纹碗（故宫博物院藏）

2. 珐琅彩瓷

珐琅彩始创于清代康熙晚期，脱胎于景泰蓝，是极名贵的宫廷御用瓷器。珐琅彩瓷的正式名称为“瓷胎画珐琅”，是将画珐琅技法移植到瓷胎上的一种釉上彩瓷。瓷胎画珐琅先在景德镇烧成白瓷，再由宫廷造办处专门制作，数量稀少，极为名贵。绘画是珐琅彩的精华和难点之所在，珐琅彩需先用白瓷打底，釉比较光滑，另外颜料全是进口彩料，与中国传统彩瓷的彩料都用清水或胶水调和不同，进口颜料需要用油调色，颜料比较黏稠、有厚度，以便烧成后更具有立体感和层次感，画好了还要再灼烧定型，又会发生变色的问题，毫不夸张地说，在制作程序和用料上如此费尽心力，无愧于代表当时最高的艺术水准和工艺水准（图 3-23）。

3. 搪瓷

搪瓷是将釉粉或釉浆均匀涂敷在金属坯胎上，经烧成后再涂敷面釉。它是将金属材料强度、韧性高和陶瓷材料硬度高、耐腐蚀的优势结合起来的复合物件，可以说是早期的复合材料。有了表面的无机玻璃态的瓷釉涂搪，就能使金属在表面形成保护层，抵抗各种液体的侵蚀。这样制成的搪瓷制品，兼备了金属的强度和瓷釉华丽的外表以及耐化学侵蚀的性能。不仅安全无毒，易于洗涤洁净，可以广泛地用作日常生活中的饮食器具和洗涤用具，而且在特定的条

图 3-23　清乾隆珐琅彩婴戏纹双连瓶、开光山水诗句瓶（故宫博物院藏）

件下，搪瓷釉在金属坯体上表现出的硬度高、耐高温、耐磨损、不褪色、颜色亮丽以及绝缘性好等优良性能，使搪瓷制品有了更加广泛的用途。经过对珐琅生产工艺的吸收和发展，我国慢慢地发展出了具有中国特色的工艺品和日用品，一些搪瓷产品承载着属于那个时代的特殊烙印，给人们留下了历史的符号和美好的回忆（图 3-24）。虽然铁不怕摔，但搪瓷涂层属于陶瓷，摔后易掉瓷，掉了瓷就露出铁本体，易锈蚀。不锈钢制品普及后，搪瓷基本上就淡出人们的生活了，所以材料的不断进步使人类生活更加美好！

图 3-24　搪瓷脸盆、搪瓷水杯

3.8　卫浴陶瓷——让生活更美好

人们在陶瓷上的造诣不仅仅是用于艺术的求真求美，随着技术的提高和成本的降低，陶瓷不断下沉应用到人们的日常生活中，提高生活的幸福指数，比如卫浴陶瓷即是典型的例子。如厕、洗浴是人的日常需求，人类卫浴文明的历史经过了漫长而曲折的发展，到现在，卫浴已经不再是简单的马桶和浴盆，而是包括整体浴房、浴缸、面盆、便器、五金、浴室挂件等在内的各种卫浴用具。在其中，陶瓷材料的使用起到了至为关键的作用。

沐浴，虽然俗称“洗澡”，但是在东汉许慎的《说文解字》中，却对此做了更明确的解释：“沐”指的是洗头发，“浴”指的是洗身上；“洗”，指的是洗脚，“澡”，指的是洗手。原始社会，瀑布和河流天然地成了人类最便捷的沐浴地，之后开始出现用砾石和树枝搭建的“浴所”，这算是人类最早有记录的沐浴生活。古埃及贵族会让一众仆人捧着水排着队，将水一盆盆地倒在自己身上淋浴。现代人洗澡用的香皂，就是古埃及人发明的（图 3-25）。古希腊人发明了第一个浴室，通过输水系统将水引入公共浴室，直到现在仍然值得借鉴。古罗马人则采用大理石、黄金和白银作装饰，建造了温水浴室。在中国古代，碰到重大节日或者事项，总要沐浴斋戒，以示虔诚。唐朝时唐玄宗甚至为杨贵妃专门修筑了华清池，反映了大唐盛世的沐浴风潮（图 3-26）。18 世纪，欧洲的上流社会流行沐浴，浴室成为贵族尽情享受的空间之一。

图 3-25 古埃及人洗澡使用香料，古希腊学者阿基米德洗澡时发现浮力定律想象图

随着材料的丰富和加工工艺的成熟，沐浴用的器具也在不断升

图 3-26 古人沐礼、贵妃出浴——华清池

级。一开始是采用石器天然堆砌形成清池；而后使用陶器，可以方便储存、使用热水；到后来使用木器，保温隔热效果提高，浴器更加轻便灵活；再到后来西方开始使用陶瓷浴缸，净白如玉的陶瓷使得沐浴的质感明显提升；随着给排水技术的普及，人们已经不能满足仅仅沐浴这种方式了，淋浴、桑拿等各种方式层出不穷，人类追求美好生活的脚步也从未停止。给排水的实施离不开管道和龙头，早期的水龙头使用橡胶垫做密封，但橡胶容易老化，不能很好地耐热水腐蚀，漏水情况时有发生，因此需要一种既耐腐蚀又能耐磨损的稳定材料。大家想一下我们前面讲过的内容，是不是灵机一动，诶，陶瓷不就很理想吗？是的，改用陶瓷做密封垫片后，水龙头的寿命得到了数十倍的提升！

同时，浴室的功能也开始不仅仅限于洗浴，逐渐包含进马桶、洗手池等。其实，相对于洗澡这件事，吃喝拉撒睡中，拉撒的关注度显然要低一些。古代人排泄比较随性而为，随地大小便不是乱说的，启蒙时代的欧洲城市也是污秽连天，公共卫生状况相当糟糕，粪尿横流，苍蝇乱飞，疾病瘟疫广泛传播。肆虐于欧洲中世纪的大瘟疫——黑死病几乎带走了2500万欧洲人的性命，占当时欧洲总人口的三分之一。这场瘟疫的流行与当时公共卫生环境的脏乱差不无关系。

马桶的出现至关重要。简单地讲，马桶的进化史分几个阶段：就地挖坑填埋，蹲坑（粪便直接入坑或入下水道），夜壶和封闭式马桶，抽水马桶，智能马桶。

这里插入几则小故事，可见如厕这件事实在是非同小可啊！古罗马时期，出现了一种结构简单的坐便公共厕所。他们在墙壁凿开一排洞，下面是一直有水流动的沟渠，基本上类似今天的水冲式公厕。很显然这种水渠耗资巨大，只有少数贵族、有钱人才用得上。普通老百姓就只能用壶壶罐罐了，因此古罗马帝国崩坍之后很快就废弃了。同一时期的中国情况也差不多。最为方便的当然是挖个土坑了，这说明人类开始建造厕所，集中地点排便。但是土坑再大，总有被填满的一天，重新挖坑填埋又是一件很费事且很不令人愉快的活儿，于是有钱人家总想着把家里的粪坑挖得更深更大。挖的坑够大，早晚有一天会出事啊，据《左传》记载，晋景公姬獳（公元前581年）在如厕时不慎失足掉入粪坑被粪水溺毙，国君都能溺毙，所以如厕需谨慎呐。在东方，古人还发明了各种用于收集粪便的器具，所谓肥水不流外人田说的就是粪水回收利用，粪水施肥旺庄稼，一定程度上缓解了粪尿横流的卫生危机。再后来木桶出现了，木桶进行涂漆防水处理，加上配套的盖子用于防止臭气外散。北宋时期，欧阳修就曾在《归田录二》中提到过“木马子”，做成马的形状，后来为了方便使用改为圆桶状。到了清朝，马桶上还有软绵绵的坐垫，除了不能冲水，与现代的马桶几乎一致了。

而受尽粪水困扰的西方人，则发明了冲水马桶（图3-27），解决了这一难题。第一个现代意义的马桶是英国贵族约翰·哈灵顿（John · Harington）发明的，他设计的水冲式马桶，因为缺乏排水系统，冲洗时污水仍会流向地面，未能得到广泛应用。改进后的抽水马桶，将马桶与污水管连通，但这也意味着，恶臭仍能畅通无阻地顺着马桶进入房屋。故这种抽水马桶也没能得到推广，普通百姓仍钟情于传统的便盆和封闭式马桶。直到18世纪晚期，钟表匠亚历山大·卡明斯将原本笔直的马桶管道设计成S形（图3-28），这样每次抽水后，管道就会被水封住一段，杜绝了恶臭入屋，这样看似细小的改变，却瞬间颠覆了马桶的命运。还没来得及享受几天，新的问题再次爆发，说出来你可能不信，正是因为抽水马桶进入城市的千家万户，才让伦敦爆发了有“屎”以来最大的危机。因为当年的伦敦下水道没有系统化，大多数抽水马桶都只能与现有的粪坑相连。粪水俱下，直接加速了粪坑溢满，终于1858年，被粪水堵得水泄不通的泰晤士河，爆发了著名的“大恶臭事件”。而后，人们开始渐渐意识到粪便、病菌与引用水源之间的联系。经过一系列的改革，伦敦成了世界上第一座拥有污水下水道的近代城市。随着下水道系统的建成，伦敦再没受过霍乱的袭击。

图 3-27 清代的马桶、英国早期抽水马桶

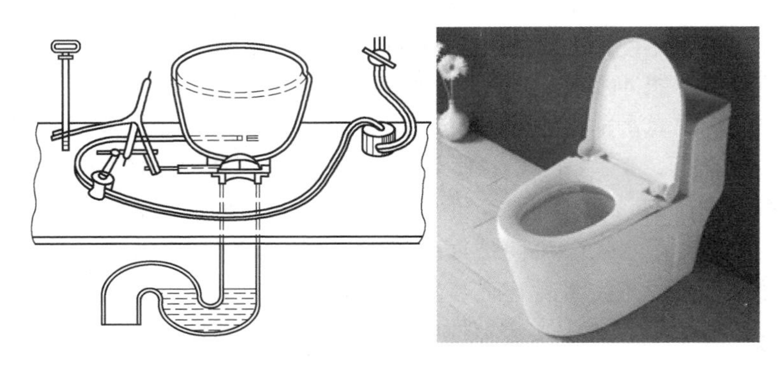

图 3-28 卡明斯专利书示意图、现代常用抽水马桶

你以为这就完了？不会的，人类在追求美好生活的道路上哪能停下脚步！从改革开放到如今短短 40 多年，浴室陶瓷墙砖、地砖、陶瓷马桶、洁具以其洁净光亮，干净卫生，方便耐用等特点，很快走进千家万户，卫生间干净明亮的同时，也在变得越来越高大上（图 3-29）。随着时代的发展和科技的进步，从马桶到蹲便器再到坐便器，从分体到连体，从简单的卫生需求到健康环保，再到智能享受和个性化品味，马桶也开始融入越来越多的科技元素。智能马

桶也终于让人类在如厕时享受到科技带来的便利（图 3-30）！正如人们对美好生活的向往永不停止，卫浴文明也在不断创新和发展，潜移默化地提升着生活品质，带给人们更加舒适和完美的生活。

图 3-29 高级酒店豪华的卫生间、现代公厕

图 3-30 拥有臀部清净、保温、烘干、自动除臭、健康监测等诸多功能的智能马桶

3.9 特种陶瓷——工业应用

陶瓷和金属材料、有机高分子材料并列为当代三大固体材料。随着科技的不断发展与进步，特种陶瓷凭借着其优越的性能已经被广泛地应用到各个领域，这一节，我们来具体讲一下什么是特种陶瓷。

首先把陶瓷的概念和大家再来梳理一下：陶瓷就是陶器和瓷器的通称，是指通过成形和高温烧结所得到的成形烧结体。传统的陶瓷材料主要是指硅铝酸盐，刚开始的时候人们对硅铝酸盐的选择要求不高，纯度不够，颗粒的粒度也不均一，成形压强不高，这时得到的陶瓷称为传统陶瓷。受限于烧结温度和成形压强，陶瓷原料组分要求较高，这就是为什么陶瓷只在中国才能生产，因为当时只有中国发现了利于烧结陶瓷的高岭土。后来发展到原料纯度高，粒度小且均一，毛坯成形压强高，烧结温度高，这样进行烧结得到的烧结体叫作精细陶瓷，它拓宽了陶瓷的原料，即使不是高岭土也能烧结成瓷。精细陶瓷又名特种陶瓷，指以高纯人工合成的无机化合物为原料，采用精密控制工艺烧结而制成的具有特殊力学、物理或化学性能的高性能陶瓷。特种陶瓷不同的化学组成和组织结构决定了它不同的特殊性质和功能，如高强度、高硬度、高韧性、耐腐蚀、导电、绝缘、磁性、透光、半导体以及压电、光电等，这类陶瓷可应用在高温、机械、电子、宇航、医学工程等方面，成为近代尖端科学技术的重要组成部分。按照性能及材质等特点分类，特种陶瓷按其应用功能分类，大体可分为结构陶瓷和功能陶瓷两大类。

在现代科学技术，特别是宇航、航空、电子及军工等尖端科学技术领域，需要材料在比较苛刻的条件下工作。这就要求材料性能稳定，同时具有重量轻、耐高温、耐冲刷、抗辐射等综合的优良性能。特种陶瓷已作为耐热材料应用于火箭喷嘴，宇宙飞船的隔热瓦等。在日常生活中，特种陶瓷材料也已开始普及和应用，比如制作陶瓷车刀、涡轮增压转子、高压绝缘子等。

据英国《每日邮报》报道，陶瓷版布加迪威龙白金跑车（图 3-31），采用陶瓷材质进行整车制造，油箱盖、车标和轮盖部位由特种陶瓷制成，动力十足，百公里加速仅需 2.5 秒，出厂售价为 160 万英镑。采用特种陶瓷的涡轮增压器，由碳化硅和氮化硅等无机非金属烧结而成，强度是氧化铝陶瓷的三倍以上，能耐 1000 摄氏度以上高温，比当今超耐热合金具有更优越的耐热性，而重量却只有同尺寸金属涡轮的约三分之一。利用敏感陶瓷正压电效应、逆压电效应和电致伸缩效应研制成功的智能减振器，具有识别路面且能做自我调节的功能，可以将车的振动降到最低限度。陶瓷涂层是在传统的陶瓷材料基础上发展起来的新型复合材料，它既保持了传统陶瓷材料的耐高温、抗磨损、耐腐蚀等优点，同时保持了基体材料的结构强度，由于陶瓷涂层的厚度通常都在一毫米之内，大大地减少了零件的消极重量，其抗热冲击性能优于整体陶瓷（图 3-32）。

图 3-31 陶瓷版布加迪威龙白金跑车和陶瓷涡轮增压器

图 3-32 敏感陶瓷智能减振器、带有陶瓷涂层的活塞顶部

黏土原本平凡，却一路默默无闻铺垫了人类发展之路。平庸之至，却化茧成蝶装点人类文明；心怀梦想，终一飞冲天翱翔宇宙星空（图 3-33）。

图 3-33 霍尔推力器腔体采用氮化硼陶瓷基复合材料的中国国际空间站

第4章 安得广厦千万间

4.1 杜甫草堂——泥墙草顶

古代的砖瓦成本不菲，诗圣杜甫在成都的住宅，也只是黄泥做墙，茅草盖顶（图4-1）。一首《茅屋为秋风所破歌》成为千古绝唱。

茅屋为秋风所破歌

八月秋高风怒号，卷我屋上三重茅。茅飞渡江洒江郊，高者挂罥（juàn）长林梢，下者飘转沉塘坳。

南村群童欺我老无力，忍能对面为盗贼。公然抱茅入竹去，唇焦口燥呼不得，归来倚杖自叹息。

俄顷风定云墨色，秋天漠漠向昏黑。布衾多年冷似铁，娇儿恶卧踏里裂。床头屋漏无干处，雨脚如麻未断绝。自经丧乱少睡眠，长夜沾湿何由彻！

安得广厦千万间，大庇天下寒士俱欢颜，风雨不动安如山。呜呼！何时眼前突兀见此屋，吾庐独破受冻死亦足！

此诗叙述了茅屋被秋风所破，以致全家遭雨淋的痛苦经历，写尽了内心苦闷，但却忧国忧民，期盼广厦以庇护万千寒士。穿越千年历史，温暖每一个顶着风雨还在奋斗的打工人，给人以精神的慰藉和鼓励。泥墙草顶虽破，我心依旧光明！

茅草屋起源于农耕文明，在遥远的上古时期，勤劳的先民们先从地上挖出方形或圆形的穴坑，再将捆绑的树枝或稻草沿坑壁围成墙，简陋地抹上草泥，屋顶上搭些草木，便成为用以躲避风雨的屋

图 4-1　杜甫草堂、清明上河图中的郊外

舍。在现代，农家木屋、茅草屋作为一种传统而古老的建筑，比之现代砖石、玻璃及金属结构的建筑物，更具亲和力，成为城市生活中人们向往的诗和远方的一个美好象征。茅草屋能留存至今，一方面有其巧妙利用大自然的结构和设计的大智慧，另一方面也是文化传承的魅力，是古代文化艺术在当今的重现。

从现代的角度来看，农家木屋、茅草屋享有“会呼吸的房屋”的美誉，是集绿色环保、健康、贴近自然、使用寿命长和独具个性等诸多优势于一身的健康型住宅。从实用的角度来看，茅草到处都是且易采集，糊上泥巴就能用，建设周期短，而且能遮风挡雨，虽结构强度不高，但抗震性能良好。由于茅草、泥土的比热值比混凝土以及砖结构的房子要大，透气性好，所以可以做到冬暖夏凉。但从杜甫的诗也可看出，茅草屋同时也存在安全性问题，遇到大风不够稳固，在防火、防腐及防水方面有待改进等。设想生活在当时的年代，黄泥掺稻草随时可以制取，茅草可以不断换新，因此房屋的维护成本低、使用年限长等优势就逐渐凸显出来了。

而随着生产力发展，夯土版筑等工艺技术逐渐成熟并大范围应用，在4000年前的龙山文化遗址中就发现其应用于城墙建造。使用该种技术筑墙时需要先在土地上挖沟，埋入基石，然后围绕着基石用木板搭建成一个四方形的“木盒”，并在木盒周围打上脚手架、立柱和绳索拴牢固定，之后挖掘黄土，添入水进行“和泥”，然后分多次将黄泥填入木盒中，而每当填入一层黄泥后，工人就要用杵捣坚实，然后铺上一层芦苇，这样直到木盒全部被泥土填满，将木盒拆下后就形成了一道夯土墙。秦长城截面，能清晰地看到两层夯土之间用芦苇等材料隔开（图 4-2），这样既能增加稳定性，也能增加排水性。

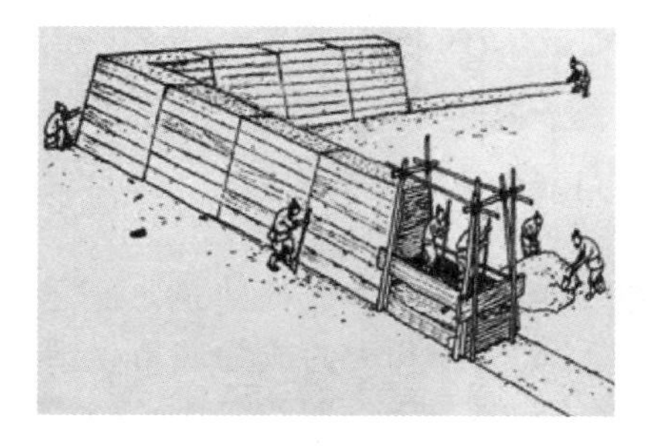

图 4-2　夯土版筑工艺示意图、秦长城截面

工匠们向夯土内填入了大量木制插竿和芦苇等植物提高夯土墙的结构强度、稳定性和排水性，同时为了防止植物在长城上生长，破坏墙体的坚固，一些泥土有时会被“炒熟”。夯土版筑法是一种高效、快捷的建筑方法，在当时一支 80 人的建筑队只需要用 7 天就能搭建出 1 千米长的夯土城墙，使用该方法制作的城墙至今仍能看到，所以坚固耐用性并无大的问题，另外修补起来很方便，其所需要的建筑材料是最平常的泥土和一些植物，其施工方法可谓古版的钢筋混凝土模板法，因此茅屋虽小，智慧却大。

4.2　采石与伐木——古代建材

木材与石材是古代东西方的主要建筑材料，依其力学性能的不同特点产生了不同的建筑方法。古代建材西方以石头为主，中国以木质为主。在力学上，为避免石头的抗拉性能差的缺点，西方采用拱形结构（图 4-3）。而为了解决木质的连接问题，中国采用榫卯（sǔn mǎo）结构（图 4-4）。

拱形结构运用的最为精妙的莫过于古罗马的拱券技术了。拱

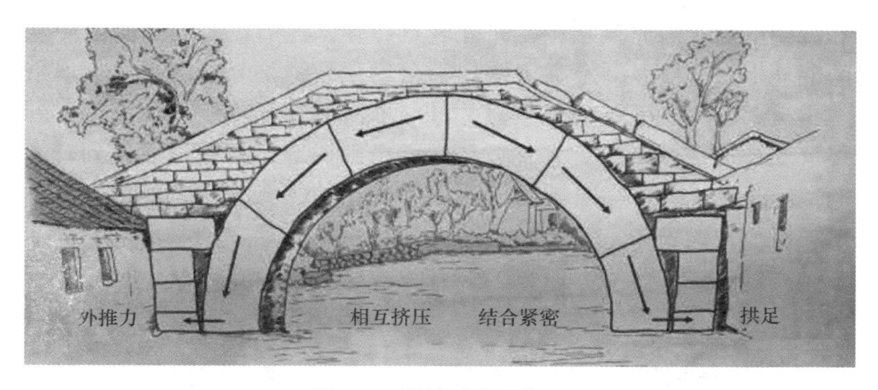

图 4-3　拱桥受力示意图

图 4-4　榫卯结构

券（gǒng xuàn），是拱和券的合称，是一种具有优良的竖向承重特性结构，这种结构在拥有混凝土技术的古罗马手中发扬光大，创造了古罗马独特的建筑形式，深深地影响了整个欧洲，乃至整个世界！

券可以理解为拱的基本单元，拱券结构的前身是叠涩拱的假拱结构，之所以说它假拱，是因为在结构上，它不是真正意义上的拱券。与真正的拱相比，叠涩拱不能像真拱一样把上部的竖向力和弯矩全部转化成压应力导向支座，它只是用砌块砌出拱的形状，叠涩拱需要在两侧有很稳固的支撑结构。筒拱（图 4-5），是券的延伸，在发明混凝土之前，筒拱是由多道券并排组成，之后开始出现砖券和混凝土混合的筒拱结构，先分段筑砖券，然后在砖券的间隔中浇灌混凝土，这样混凝土凝固均匀不会出现裂缝，分段浇灌还可以节约模板。发挥一下空间想象力，将一个拱沿中心环绕一周，就得到了穹顶结构（图 4-6），这样就可以不借助内部结构支撑而达到较大的空间跨度。古罗马时期的穹顶由混凝土整体浇灌，坐落在连续的承重墙上，代表作品就是万神庙（图 4-7）。

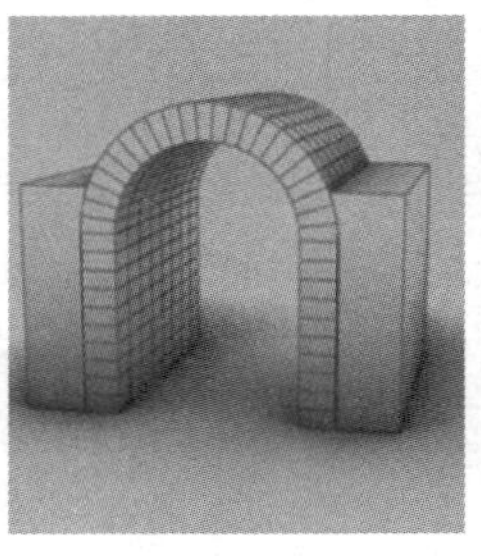
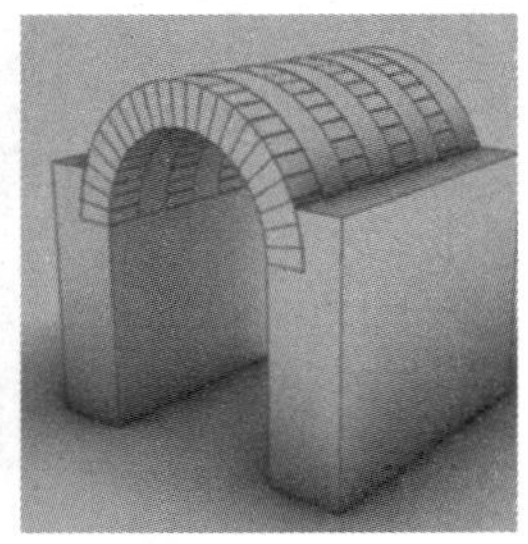

图 4-5 使用了砖砌叠涩拱的乌尔城遗址王陵、筒拱结构

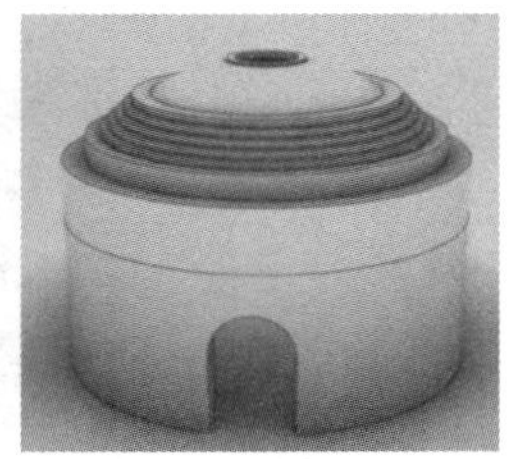

图 4-6 穹顶结构建造示意图

从万神庙的外部看还是很漂亮的，但是从内部实用上就有一个很大的问题，穹顶结构需要的支撑力很大，因此开窗就只能很小，整体建筑又厚又重，通风采光性都不够。于是，古罗马人将拱按纵向排列形成拱顶体系（图 4-8），相邻的部分互相平衡纵向的侧推力，这样的组合使筒形拱用来开窗的部分增加，大大增加了室内的采光，是一个极具意义的创造！也使后来哥特式建筑开始流行起来，代表性建筑有科隆大教堂、英国国会大厦、巴黎圣母院等（图 4-9）。

榫卯（sǔn mǎo）是我国古代建筑、家具及其他器械的主要结构

图 4-7 万神庙内部和外部结构

图 4-8 边缘用承重墙抵消侧推力、背面的半穹顶

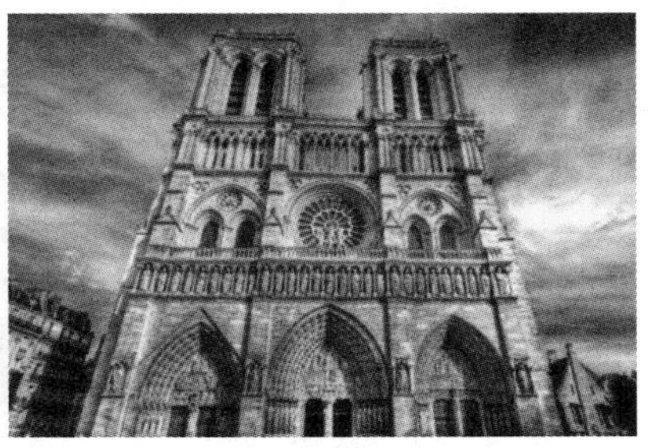

图 4-9 英国国会大厦、巴黎圣母院

方式，是一种充满中国智慧的传统木匠工艺，距今已有七千多年的历史了。何为榫卯？凸出来的部分叫作“榫”，凹进去的部分叫作“卯”。凸出的榫头与凹进去的卯眼，简单地咬合，便将木构件稳固

地结合在一起了。榫卯工艺是古代工匠的必备技能，好的工匠能让榫卯两部分严密扣合，达到“天衣无缝”的效果。这种极为精巧的连接方式，使得中国传统的木结构成为超越了当代建筑排架、框架或者钢架的特殊柔性结构体，不但可以承受较大的荷载，而且允许产生一定的变形，在地震荷载下通过变形抵消一定的地震能量，减小结构的地震响应。

《易经》里说，“一阴一阳谓之道”，而榫卯结构正是按照这个道理设计的，其最大的特点就是不使用钉子，只是利用榫和卯咬合，起到连接和固定的作用。斗拱结构则是榫卯结构的最佳表现方式之一（图 4-10）。榫卯结构是榫和卯的结合，是木件之间多与少、高与低、长与短的巧妙组合，可有效地限制木件向各个方向的扭动。榫卯结构应用于房屋建筑后，虽然每个构件都比较单薄，但是它整体上却能承受巨大的压力。这种结构不在于个体的强大，而是互相结合，互相支撑。至今为止，常用的榫卯结构就有数十到上百种，但总的来说无非是处理点、线、面之间的关系。榫卯结构大致可分为三大类型：一类主要是面与面的结合；另一类是“点”的结合方法，主要用于作横竖材丁字结合、成角结合、交叉结合，以及直材和弧形材的伸延接合，比如锲钉榫是常见的连接弧形材料的榫卯结构（图 4-11）；还有一类是将三个构件组合在一起并相互连接的构造方法，更加复杂和特殊，如粽角榫，多用于四面平的家具（图 4-12）。

图 4-10　鲁班锁、宫殿斗拱

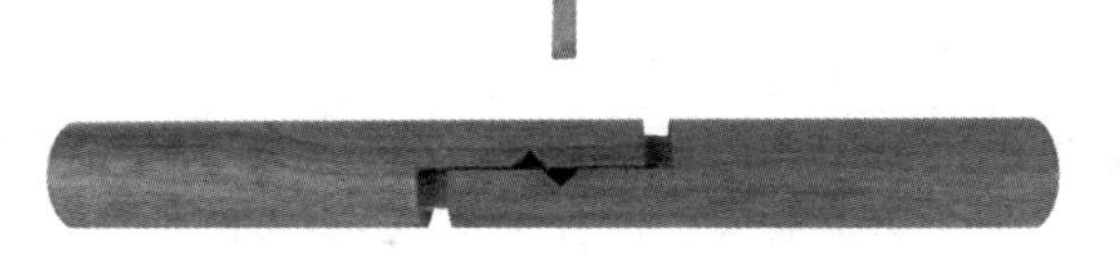

图 4-11　锲钉榫

有一句话说得好，榫卯万年牢，其实国内的绝大部分以木材为主要结构的建筑都在不同程度上利用了榫卯结构。有名的包括山西省朔州市应县释迦塔，也称“应县木塔”（图 4-13），始建于辽，是现存最高的木结构楼阁式佛塔，与意大利比萨斜塔、巴黎埃菲尔铁塔并称“世界三大奇塔”。释迦塔的设计，充分利用传统建筑技巧，

图 4-12　粽角榫

图 4-13　应县木塔、真武阁

广泛采用斗拱结构，全塔共用斗拱 54 种，每个斗拱都有一定的组合形式，将梁、坊、柱结成一个整体，每层都形成了一个八边形中空结构层。广西玉林容县真武阁，建于明万历元年，与黄鹤楼、岳阳楼、滕王阁并称中国江南四大名楼。全阁用 3000 条大小不一的格木构件，以木隼结构杠杆原理串联吻合，曾经受多次地震和狂风的袭击依然安然无恙，被誉为“天南杰构”。山西大同悬空寺始建于北魏，是一座真正的建在悬崖上的庙宇，是集佛、道、儒三教合一的

独特寺庙（图 4-14）。悬空寺建筑极具特色，以如临深渊的险峻而著称。其中的力学原理是半插横梁为基础，借助岩石的托扶，回廊栏杆、上下梁柱左右紧密相连，形成了一整个木质框架式结构。北京故宫是世界上现存规模最大、保存最为完整的木质结构古建筑之一，是中国传统建筑艺术最精美瑰丽的杰出代表，与美国白宫、俄罗斯的克里姆林宫、英国的白金汉宫和法国的凡尔赛宫并称为世界五大宫殿。

图 4-14 悬空寺、故宫

4.3 要留清白在人间——石灰的轮回

石灰，一种随处可见的材料，因一首著名的七言绝句《石灰吟》而走上神坛，与荷花一样成为高洁的象征。相传明代名臣于谦，年轻时某天路过石灰窑前，见黑色山石经熊熊烈火焚烧之后，都变成了白色的石灰，深有感触，写下了这首传颂千百年的《石灰吟》。而其本人在民族危难之际挺身而出，力挽狂澜，保卫了大明的半壁江山和无数平民百姓的生命，不畏艰难险阻，身体力行光明磊落地走完自己的一生，成为和岳飞齐名的民族英雄。

石灰吟

千锤万凿出深山，烈火焚烧若等闲。
粉骨碎身浑不怕，要留清白在人间。

这首石灰吟其实讲的是一个材料化学反应的过程。“千锤万凿出深山”，说的是采石的过程，在当时的时代背景下，采石全靠人工进行，可见其辛苦程度；“烈火焚烧只等闲”，说的是石灰石煅烧成粉的过程，煅烧需要高温（大约 900 摄氏度），因此要用到烈火的高温；“粉身碎骨浑不怕，要留清白在人间。”说的是石灰石经过高温后分解，变成白色的生石灰的过程。

$$CaCO_3 \xrightarrow{\text{高温煅烧}} CaO + CO_2\uparrow$$

石灰石的主要成分是碳酸钙（$CaCO_3$），天然状态下，因其含有杂质，故显黑色或者深色，在高温作用下，碳酸钙分解，生成白色的氧化钙（CaO），俗称生石灰，同时生成的二氧化碳（CO_2）气体随之散发到空气中。于是，大块的石灰岩经过采石和焚烧，就得到了白色的生石灰。这里有读者可能要问了，辛苦费劲做石灰干什么呢？石灰有很多用途，比如做干燥剂、消毒剂、肥料等，还有一个很重要的用途就是做建筑材料。生石灰加水熟化，得到熟石灰——氢氧化钙[$Ca(OH)_2$]，熟石灰加水调浆，即可用来做涂装材料和砖瓦粘合剂。这里需要注意的是，生石灰熟化过程需要加大量水，反应时会放出大量热，体积也会增大 1~3 倍，因此未完全熟化的石灰不得用于拌制砂浆，以防止后期体积膨大爆灰和起鼓。

$$CaO + H_2O \longrightarrow Ca(OH)_2$$

熟石灰粘合砖瓦还需要空气和时间的作用，在两块砖瓦中间夹上一层熟石灰，固定一段时间，等它变硬了，墙就可以立起来了。这个过程需要持续较长时间，涉及两个同时进行的化学反应过程：结晶和碳化。结晶作用即熟石灰中的游离水分蒸发，逐渐形成结晶的过程。碳化作用即熟石灰与空气中的二氧化碳化合生成碳酸钙结晶，释放出水分并被蒸发的过程。

$$Ca(OH)_2 + CO_2 + n\,H_2O \longrightarrow CaCO_3 + (n+1)\,H_2O$$

前面我们讲过，石灰石的主要成分是碳酸钙（$CaCO_3$），至此，石灰完成了一次脱胎换骨后的轮回。从深山采石，到烈火煅烧，再到遇水熟化，与空气作用固化，粘合起砖瓦、石块（图 4-15）。石灰经过水火历练，日晒风吹，却始终不改本色，清清白白，潇潇洒洒，历经轮回而不改初心，装点岁月而默默无闻，着实配得上这一首《石灰吟》。

图 4-15　石灰岩、生石灰、熟石灰、石灰刷墙

需要注意的是仅用熟石灰膏固化还有一个缺点，就是太脆，通常还要掺杂糯米浆、麻丝等有机纤维材料，使其发生更加复杂的化学反应和物理反应，增加粘合结构的韧性和强度。这些混合物也是中国古代水泥的雏形。

4.4　万里长城永不倒——中国古代水泥

“万里长城万里长，长城外面是故乡。”长城，在全世界炎黄子孙心里，都占据着无可撼动的地位。其实，长城并不仅仅是一道城墙，而是以城墙为主体，由烽燧、墩台、壕沟、关口等辅助设施组合而成的大型军事防御工程。因其高大、坚固而且连绵不断的长垣，又称之为万里长城。长城修筑的历史可上溯到西周时期，著名典故

“烽火戏诸侯”就源于此。明朝是最后一个大修长城的朝代，今天人们所看到的长城多是此时修筑。穿过悠悠岁月，历经沧海桑田，长城依然屹立不倒（图 4-16），成为中华民族的重要象征，被冠上如此无以复加的美名。就连西方人也对它的无穷的魅力而着迷，索性称之为 The Great Wall（伟大的墙）。

图 4-16　万里长城

上节说到，中国人的木质榫卯建筑技术已登峰造极，但在军事要塞上是万不能采用木质结构的，否则敌方若用火攻便万劫不复，因此必须采用砖石材料，这样一来粘合剂的性能就是关键。石灰是普通的粘合剂，较脆，粘合强度不高，用于住宅问题不大，用于军事堡垒，敌方采用机械器物破坏时则强度不够，因此必须研发更好的粘合剂。透过厚重的城墙，我们不禁陷入沉思，如此浩大的工程，在当时的条件下，是如何实现的呢？秘诀一方面是在材料选用上，另一方面就在中国古代水泥，一种由石灰、沙、黏土、糯米和植物汁等复合而成的粘合剂。

从选材上，首先，我们知道长城的修筑不是一朝一夕之功，而是随着时代的进步和生产力的发展在不断地修复、改良。早在秦代和春秋战国时期，古人受制于科技水平，因地制宜地运用了大量夯土版筑工艺。虽然战国时，古人已经发明了砖，而当时的砖造价还比较昂贵，一般多用于修建墓室和墓道。考虑到建筑长城的工程量浩大，从控制成本上，在修筑长城时并没有大量采用砖石墙结构，而是采用夯土版筑工艺。此外，当时的工匠们也会用石片交错叠压垒砌技术（图 4-17），如果修筑地点附近有丰富的山石材料，他们就地取材，将石片上的不平之处磨平，之后将石片交错叠压垒砌。这种由石片垒筑而成的长城比夯土长城更坚固，也更耐风雨的侵蚀，历经两千多年的风吹日晒、雨雪冲刷都能保证不塌。汉代工匠在修筑长城时在使用石片交错叠压垒砌技术和夯土版筑工艺的基础上，还大量使用土坯砌墙法。

图 4-17　石片交错叠压垒砌技术制作的秦长城、汉长城遗址

土坯砌墙法是华夏先辈们发明的另一种建筑方法，土坯砌墙法制作出的墙体同样具有很强的防护能力，同时也更快捷、方便！与砖石垒墙类似，土坯砌墙法使用的修筑材料是未经过烧灼的砖坯（图 4-18），砖石墙使用的建筑材料是在砖窑里烧灼坚硬的砖石。汉代之后，砖石结构的长城数量越来越多，相关的制作工艺和生产也在不断完善升级，此时的砖石早已经不是珍贵的建筑材料。如北齐时期（550—577 年），当时的工匠们就用石灰作为粘合剂，用砖石修筑出了许多段长城。

随着生产力的发展和国家实力的进一步升级，明代修筑了大量长城（图 4-19），明长城成为中国古代军事防御建筑的集大成之作。根据国家文物局 2009 年 4 月 18 日公布的明长城数据：其东起鸭绿江畔的辽宁虎山，西至北京居庸关，另修建祁连山东麓到甘肃嘉峪关。其中，人工墙体的长度为六千二百五十九点六千米；壕堑长度

图 4-18 未经过烧灼的砖坯

为三百五十九点七千米；天然险长度为二千二百三十二点四千米。东部险要地段的城墙，用条石和青砖砌成，十分坚固。其与埃及的金字塔、印度尼西亚的婆罗浮屠和柬埔寨的吴哥窟并为“东方四大奇观。”

图 4-19 修筑明长城的景象

明代修建长城的工匠们在山西省黄河以西的地区，主要使用夯土版筑修筑长城，而在山西黄河以东地区则大幅使用砖石作为修筑长城的材料，制作出了大量砖砌长城。为了供应修建长城所需的数十亿吨砖石，明代匠人们在长城附近修建了大量的砖窑、瓦窑，另外开掘了大量黏土矿，如今还能在长城附近找到这些遗址。在修筑长城时，明代工匠们常常会以坚固稳定的花岗岩块作为地基，然后用砖石和糯米砂浆搭建出两面基础宽度约 6.5 米，高约 7 米，并互相平行的墙体（外檐墙和内檐墙），之后往墙体中间填入岩石和泥土等材料，以形成一个稳固的核心，然后再往填充物之上铺砌砖块作为顶面（步道），如此一段长城就制作完成。

一个传说突显了建筑粘合剂的作用。孟姜女哭倒长城的传说，两千年来家喻户晓。其背后的原理可能是某段长城的粘合剂质量不过关，正哭着，风雨齐至，就塌了。考古发现，我国商代以前使用的建筑粘合剂，主要是拌上草的黄泥浆，从周代开始逐渐被石灰取代。到公元 5 世纪的南北朝，又开始流行由石灰、黏土和沙子组成的“三合土”。这三样东西按一定比例加水混合，就会互相粘合在一起，干燥后很坚固。三合土既可当粘合剂用，又能夯实用来直接修筑城墙、陵墓等工程，其配方在千余年间几经改良，直到 20 世纪仍在使用。然而作为粘合剂的三合土，颗粒还是比较粗糙，一定程度上影响了粘合强度。相比之下，古罗马人利用当地丰富的火山灰，用它跟石灰、沙子加水混合，制成了更加坚固的混凝土。不过古代中国人也有一个“秘密武器”——糯米。

糯米是糯稻的籽粒，早在先秦时期便已是中国南方的重要粮食，北方称为“江米”（图 4-20）。与普通稻米不同，糯米煮熟后会变成特别黏糊糊的一团，再脱水干燥后又变得硬邦邦。或许有人正是从中得到了灵感，将糯米引入了建筑业。工匠们将糯米煮烂后，会有大量的淀粉释放出，而熟化后的淀粉是黏性的关键。在农村现在还有老人在张贴春联的时候使用米糊，就是利用了淀粉糊化后的黏性。把糊化后的浆汁倒入三合土和匀，制成灰浆。待其干燥后，比纯粹用水混合的三合土灰浆强度更大，韧性更好，还具备优良的防水性能。用糯米灰浆粘合的砖石建筑，往往结实耐久，坚固异常。据说工匠们有时为了提高强度和缩短工期，还会往砂浆内

图 4-20 糯米

加入一些酸性溶液（植物浆汁），以提高砂浆强度，加快化学反应，这样最终制作出的糯米砂浆甚至比砖石还要耐腐蚀和风化，这也是为什么许多长城表面呈凹凸不平状和砂浆外漏的原因。

这里需要注意的是，考虑到成本的问题，糯米砂浆还是比较金贵的，毕竟在当时的生产力水平下，吃饱不挨饿的口粮还是要优先保证的，因此糯米砂浆多是在战略位置重要之处使用。另外，长城之所以坚固，和其形状也有很大关系。比如为了增加稳定性，一般都是下大上小，横截面呈梯形，高度也不是完全统一的，在山冈陡峭之地修筑的长城就比较矮，而平坦地区则比较高，这些都能很好地降低工程难度和花费。

4.5　火山灰——罗马砂浆与波特兰水泥

水泥的英文是 cement，由拉丁文 caementum 发展而来，是碎石的意思。水泥的历史可追溯到古罗马人在建筑工程中使用的石灰和火山灰的混合物。与古代中国使用糯米砂浆类的粘合剂修筑城池等大型建筑不同，得益于独特的海洋岛屿地理环境，古代西方早在古罗马时期就开始采用火山灰混合石灰类的粘合剂兴修城邦，这种粘合剂即是现代水泥（又名波兰特水泥）的前身——罗马砂浆。

前面已经讲过，人类最初是没有建筑的，只是就地利用山洞、地洞居住，或者干脆栖息在树上。后来随着人类开始熟练使用各种工具，才开始使用泥巴、树干、石头等建造房子。砖石材料的使用，对粘合剂或者胶凝材料也提出了新的要求。古埃及人采用尼罗河的泥浆作为粘合剂砌筑未经煅烧的土砖，这种泥土建造的建筑物在干燥地区可保存多年，但是经不住雨淋和河水冲刷。之后古埃及人开始采用煅烧石膏［主要化学成分为硫酸钙（$CaSO_4$）的水合物，其化学性质和石灰石（$CaCO_3$）基本类似］，用其做建筑胶凝材料的古金字塔至今屹立，吸引着全世界的游客前去欣赏、探秘（图 4-21）。公元前 146 年，罗马帝国吞并希腊后，继承了希腊人使用石灰与砂子混合的传统，并进行了改进，掺入磨细的火山灰。相较于“石灰-砂子”的二组分砂浆，“石灰-火山灰-砂子”三组分砂浆，在强度和耐水性方面都有很大改善，用其砌筑的普通建筑和水中建筑都较耐久，这种砂浆被称为“罗马砂浆”。

图 4-21 金字塔

现在总有一个说法认为，古罗马的混凝土技术失传了，其实，并不是说古罗马的水泥工艺有多神秘和复杂，而是与时代的发展息息相关。失传有两层含义：一层是说古罗马帝国覆亡后，这项技术逐渐失去传承；另一层是说我们今天已经知道了古罗马混凝土的工艺，但是出于种种原因，我们并不打算按原样使用这种技术。

古罗马混凝土技术是什么？为何失去传承？古罗马混凝土技术就是先用石灰、火山灰、海水混合制成原始灰浆，之后原始灰浆+砂子混合后灌入木质模具等待干燥成形。这种混凝土外观和今天用的混凝土几乎一致，但非常结实。不但不易开裂，而且可以屹立不倒几千年，大量应用于古罗马中世纪和文艺复兴建筑，比如万神庙的屋顶用的就是这种混凝土（图 4-22）。而现代混凝土使用期限 100 年就算很高寿了。有读者可能会疑惑不已，材料易得，效果又持久，咋还能失传了呢？其实本质还是成本受限的原因，这就需要从当时的社会背景来分析了。

图 4-22 古罗马万神庙

一方面是制度问题导致的成本问题。不要忘记罗马帝国是个奴隶制社会，对古罗马的贵族和富人来说，使用奴隶修大型的宫殿几乎没有什么人力成本，所以在古罗马时代，当权者很乐于使用大量奴隶修筑混凝土建筑。这种大型建筑的修筑方式是往两面石墙之间的夹缝里浇筑混凝土定型而成，有时候大型建筑一堵混凝土墙就有好几米厚。没有机械式搅拌机，全靠人力浇筑混凝土，的确是个名副其实的粗活累活。在罗马帝国晚期，奴隶制度渐渐崩溃，修筑宫殿和教堂只能付费雇佣工匠，人力成本可就不能忽视了。

另一方面是材料问题导致的成本问题。这里要澄清一点，不是因为缺乏天然火山灰资源，而是古罗马混凝土自身的工艺问题。火山喷发时的高温会使固体的岩石融化成熔浆，喷出过程中被分解形成微粒（也即火山灰），常年累积，可在火山口附近几十公里范围内形成数米厚的火山灰，所以火山灰根本用不完。古罗马地区火山灰的主要成分中氧化铝的含量高，提升了其硬度和强度，但是也导致实际的化学反应速度很慢，凝固周期很长，工期成本就很高了。

当然，如果是土豪或者其他特殊情况，那就还是要用的。比如：使用了古罗马混凝土技术的罗马当代艺术博物馆（简称 MAXXI，如图 4-23 所示），为了追求视觉体验，有三百多米连续的曲面混凝土墙，同时由于建筑结构需求，这些混凝土墙特别厚。因此与其说是古罗马的混凝土失传了，倒不如说是因为成本问题被更为先进的技术取代了。

图 4-23　扎哈的罗马当代艺术博物馆

这就要说到现代水泥的典型代表——波兰特水泥了。

现代水泥的发明有一个渐进的过程，并不是一蹴而就的，还有着航海大时代的深刻背景。18 世纪中叶，英国航海业已较发达，但船只触礁和撞滩等事故频发。为避免海难事故，采用灯塔进行导航。当时英国建造灯塔的材料有两种：木材和“罗马砂浆”。然而木材易燃，遇海水易腐烂；“罗马砂浆”虽然有一定耐水性能，但还经不住海水长时间的腐蚀和冲刷。为解决航运安全问题，寻找抗海水侵蚀材料和建造耐久的灯塔成为 18 世纪 50 年代英国经济发展中的当务之急。

1756 年，斯密顿在建造灯塔的过程中，研究了“石灰-火山灰-砂子”三组分砂浆中不同石灰石对砂浆性能的影响，发现含有黏土的石灰石，经煅烧和细磨处理后，加水制成的砂浆能慢慢硬化，在海水中的强度较“罗马砂浆”高很多，能耐海水的冲刷。斯密顿使用新发现的砂浆建造了举世闻名的普利茅斯港的涟岩（Eddystone）大灯塔（图 4-24）。用含黏土、石灰石制成的石灰被称为水硬性石灰。这一发现是水泥发明过程中的一大飞跃，对“波特兰水泥”的发明起到了重要作用。1824 年，英国泥水匠阿斯普丁（J. Aspdin）收到“波特兰水泥”专利证书，一举成为流芳百世的水泥发明人。

a) 普利茅斯港现存的第四代灯塔和第三代灯塔残存的塔基

b) 原址以北530米外重建的斯密顿灯塔

图 4-24 灯塔

因为该水泥硬化后的颜色类似英国波特兰地区建筑用石料的颜色，所以被称为“波特兰水泥”。“波特兰水泥”的先进之处在于采用原料预磨细化和高温煅烧工艺，使得水泥的性能得到大幅提高。这一工艺的特点下一节会详细介绍。

4.6 制造水泥的秘诀——两磨一烧

据前瞻产业研究院的统计数据显示，2019 年全球水泥年度产量约为 42 亿吨，其中中国产量占比超过一半，预测亚洲、欧美的水泥市场需求量仍然稳步增长，也难怪有人戏称其为建筑的“粮食”！前面我们已经知道，由于火山灰无从获得，古代中国采用了糯米砂浆的办法。现在，中国是全世界唯一拥有联合国产业分类中全部工业门类的国家，在水泥制造领域已经成为当之无愧的行业先锋。下面，我们从理论的角度来解析，制造水泥的秘诀——两磨一烧。水泥熟料的主要成分如图 4-25 所示。

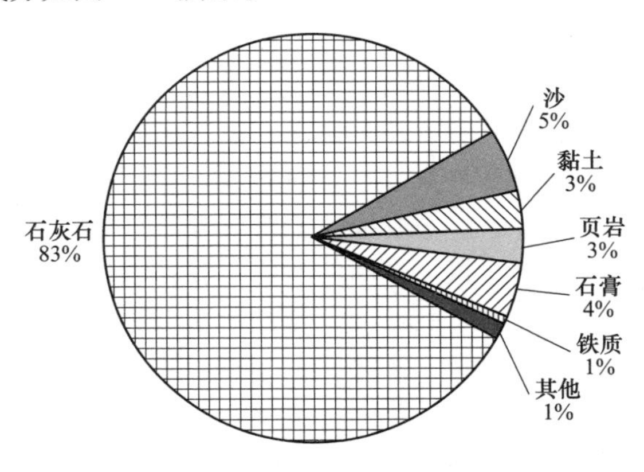

图 4-25　水泥熟料的主要成分

水泥，就是一种在使用时加水的超级胶水，一种粉状水硬性无机胶凝材料，加水搅拌后成浆体，能在空气中或水中硬化，并能把砂、石等材料牢固地粘合在一起。硅酸盐类水泥的生产工艺在水泥生产中具有代表性（图 4-26），它是以石灰石和黏土为主要原料，经破碎、配料、磨细制成生料，然后喂入水泥窑中煅烧成熟料，再将熟料加适量石膏（有时还掺混合材料或外加剂）磨细而成。简单概括，就是“两磨一烧”。

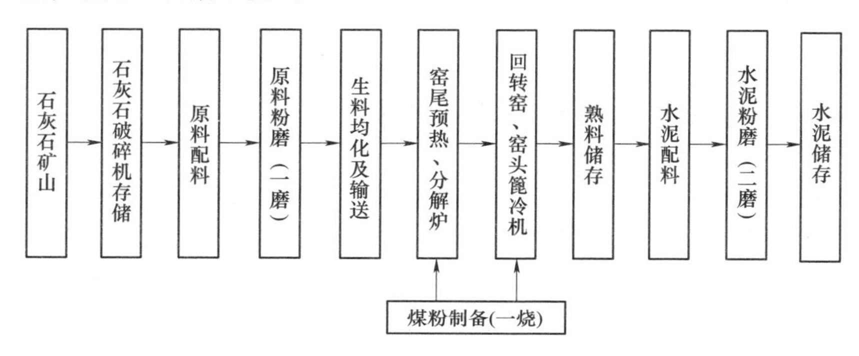

图 4-26 典型水泥熟料生产线的工艺流程

硅酸盐水泥在物质上就是硅酸钙，加水后变成水合硅酸钙。能得到硅酸钙就得到水泥了。怎样得到硅酸钙呢？就是氧化钙（生石灰）和二氧化硅（石英沙子）相互反应而生成。我们知道，反应物越细，接触面就越多，反应就越容易。生石灰是高温煅烧裂解的，的确细，问题在于沙子粗了，而且硬度高，当时的技术有限，不好磨细，人们将石灰、沙子、黏土（细的沙子）混在一起，这是早期的水泥反应，效果不佳。火山灰的主要成分是沙子，它是火山爆发时岩石熔浆被水或空气雾化冷却的产物，颗粒较细。火山灰的产生过程相当于我们现代生产粉末冶金零件制粉的雾化工艺。加入火山灰后，反应生成的水泥成分就增加了一些，效果就好些了。因此现代水泥首先就是要将原材料磨细，使用现代方法破碎并磨成粉，称为“一磨”。然而上述的这个反应实际上是要在高温下才能充分进行的，因此波特兰水泥进行了窑烧，效果一下子就上去了，高温下的反应比常温不知要快多少倍了，硅酸钙就完全得到了，此为“一烧”。烧了后呢？硅酸钙得到了，但也在高温下聚集板结成块状了，这显然不利于使用时加水进行水合硅酸钙的反应，因为这个反应同样也是要细才能顺利地进行，于是就又进行充分磨细，此为“二磨”。至此，“两磨一烧”就解析清楚了。从中可以看出，古人一开始就从实践中发现了端倪，选对了原材料，但限于条件，每进一步都极不容易，一位大科学家曾说，现代科学的突飞猛进是站在前人的肩膀之上的，诚如是。

现代水泥就是将以上工序集成优化生产的。具体来说，先将开采来的石灰石压碎，压碎的石灰石经过传输带被送到机器内，经过再次压碎成鸡蛋大小，这是石料预磨（图4-27）。之后，将压碎的石灰石送入料斗中，加入铁矿、砂和黏土（图4-28），加入的比例靠机器控制，再次把混合的矿石压碎，这个过程中吸尘机会吸走石粉，物料被送进筛网将杂质筛走，现在得到的这些就是"两磨"中的第一次磨所得的生料（图4-29）。然后就要利用高温，加热到1600摄氏度再混合其他成分，高温可以引起一连串的化学反应。石粉被送进高温窑内，窑不停旋转带动里面的石粉不停翻转，就像洗衣机脱水一样，当混合物从窑内从一头到达另一头时，温度会达到1600摄氏度左右，烧完之后就变成有胶凝性能的材料。这种被高温"烧熟了"的材料也称"熟料"（图4-30），也即是"两磨一烧"中的"一烧"。熟料经过冷却后，混合最后一种成分——石膏，石膏的作用在于减慢水泥加水时发生化学反应的速度。最后，把熟料和石膏直接送去滚球磨机，把原料磨成细粉，也即是"两磨一烧"的第二磨。至此，现代水泥可以装袋出售了。现代化的水泥工厂会配合砼车（也即水泥罐车），从工厂到施工现场，一步到位，更加高效方便（图4-31）。

图4-27 石料预磨

图 4-28　原料混合

图 4-29　混合后的生料细磨搅拌

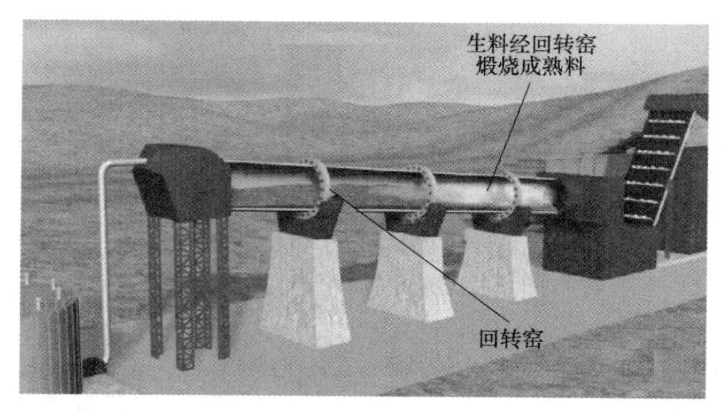

图 4-30　生料高温煅烧成为熟料

图 4-31　现代水泥工厂

4.7　钢筋混凝土——天生绝配

至此，我们已经介绍了建筑常用的几种胶凝材料，包括石灰、黏土浆、糯米砂浆、现代水泥等。从取材身边的泥巴混合植物纤维，到石灰石的轮回重生，再到现代水泥的“两磨一烧”，创造和改进的脚步从未停止，智慧的火花一直在不断闪烁。而当水泥遇上钢筋，钢筋混凝土横空出世，一幢幢高楼大厦如雨后春笋般拔地而起，一条条高速公路如巨人的血管不断延伸，一座座宏伟城市如夏日荷花次第绽放，车水马龙和灯火辉煌之间，一幕幕人间故事上演，诉说着人类文明新的篇章。

1. 几个概念

水泥：水泥=黏土+石灰石+其他生料（烧熟磨细）。

水泥浆：水泥浆 = 水 + 水泥。

水泥砂浆：水泥砂浆 = 水 + 水泥 +砂子。

混凝土：混凝土 = 水 + 水泥 +砂子 + 碎石。

钢筋混凝土：钢筋混凝土 = 混凝土 + 钢筋。

水泥浆由水泥加水搅拌得到，固化后形成水泥疙瘩，强度很低，锤子一敲就散架。水泥砂浆在一般装修铺地砖和贴瓷砖时经常用到，可以承受一定压力。混凝土由搅拌机把水、水泥、砂子、碎石混合均匀得到，倒进事先准备好的模板，凝固后就得到混凝土构件，这个强度就已经很高了，但是承受拉力和剪切力的强度还不够。我们在马路上会经常看到搅拌罐还在持续转动的混凝土罐车，不停转动的目的就是防止混凝土在路上提前凝固。钢筋混凝土是提前在模板内放置好按照受力情况而精心配置的钢筋，有了钢筋做骨架，高楼大厦才能越盖越高，动辄几百米而巍然屹立。明确了这几个概念，我们再来看看水泥到底是什么东西，为什么水泥加上水之后就能变成硬疙瘩并且把砂石牢靠地粘合在一起？为什么要加入砂子、石子来组成混凝土？为什么加入钢筋后性能就得到了进一步提升？

2. 水泥凝固硬化原理

在水泥中加入适量的水后，就会变成可随意加工的浆体，随着时间的推移就会凝固成紧密的固体，这个过程就是水泥的凝固硬化。水泥固化过程比较复杂，结晶理论认为水泥熟料矿物水化以后生成的晶体物质相互交错，聚结在一起，从而使整个物料凝结并硬化。水泥中的物质与水发生反应，初期生成一些小的晶体包裹在水泥颗粒表面，这些细小的晶体靠很小的吸引力粘合在一起，从而形成一种网状结构，叫作凝固结构（图 4-32）。由于这种结构靠极小的吸引力无序地连接在一起形成的，所以这种结构的强度很低，具有明显的可塑性（图 4-33）。

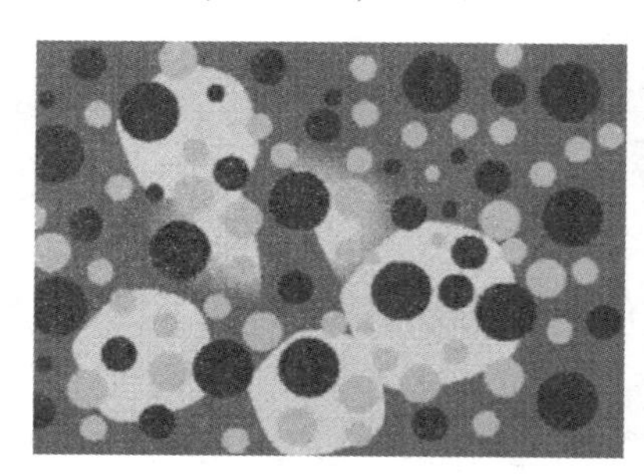

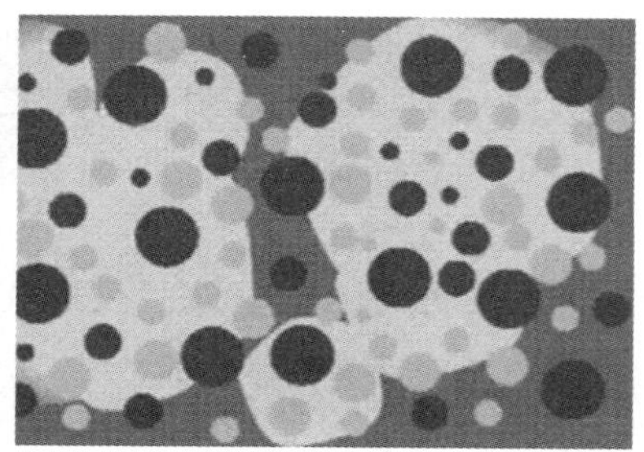

图 4-32 水泥凝固结构形成示意图

随着时间的推移，水泥中的物质与水继续反应，水泥颗粒开始溶解缩小，水泥颗粒表面不太稳定的包裹层开始破坏而水化反应加速，从表面的包裹层饱和的溶液中就析出新的、更稳定的水化物晶

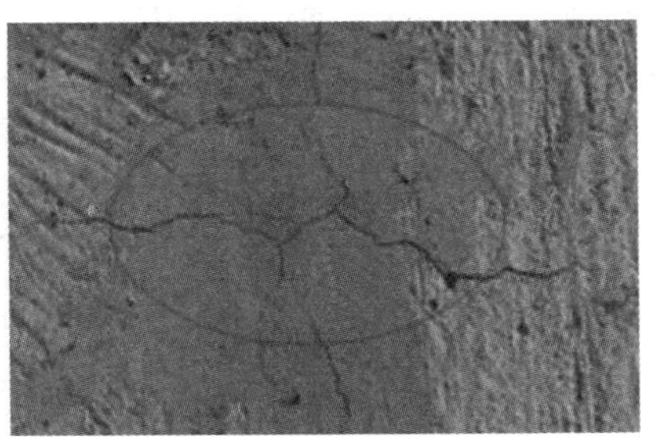

图 4-33　创意 DIY 水泥树叶装饰纯水泥砂浆涂墙因强度不够而开裂

体，这些像无数颗种子，向内生长的纤维与水泥颗粒连接起来，向外生长出细长的纤维，依靠分子引力使彼此粘合在一起形成像刺猬一样的紧密的结构，叫作结晶结构。它非常小，我们肉眼只能看到坚硬的水泥表面。这种结构比凝聚结构的强度大得多。水泥浆体就是这样获得强度而硬化的。随着时间的推移，水化继续进行，水泥中的水分逐渐消耗掉，从溶液中析出新的晶体和水化硅酸钙凝胶不断充满结构中的空隙，这些纤维之间的联系越来越紧密，水泥浆体的强度也不断得到增长，最后形成一个坚固的整体。水泥形成强度的过程就是带毛刺的水泥颗粒相互搭接在一起的过程，当遇到无法承受的重力时，这些相互搭接的毛刺就会断裂，水泥就会裂开（图 4-34）。

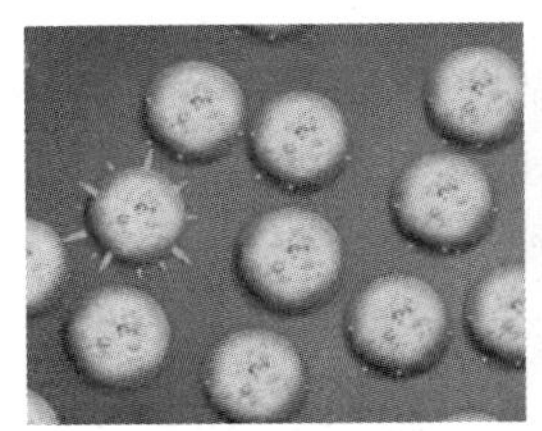

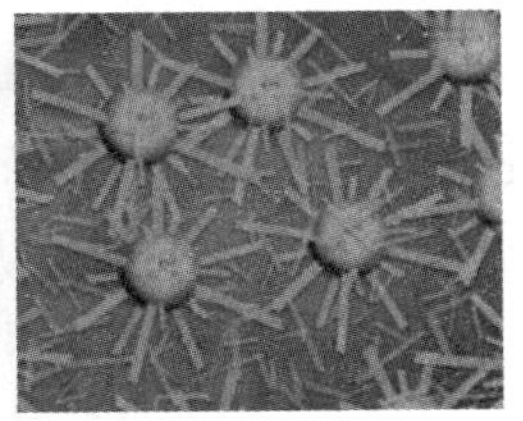

图 4-34　水泥固化过程及断裂微观示意图

素混凝土构件，就是只有混凝土的构件。混凝土主要性能是抗压性能好，但抗剪和抗拉差。钢筋的主要特点是抗拉，钢筋混凝土中钢筋的作用就是为了弥补混凝土不抗拉的缺点。在混凝土受拉的位置布置钢筋，与混凝土共同作用，钢筋来承受拉力，以免发生破坏。钢筋混凝土受力如图 4-35 所示。

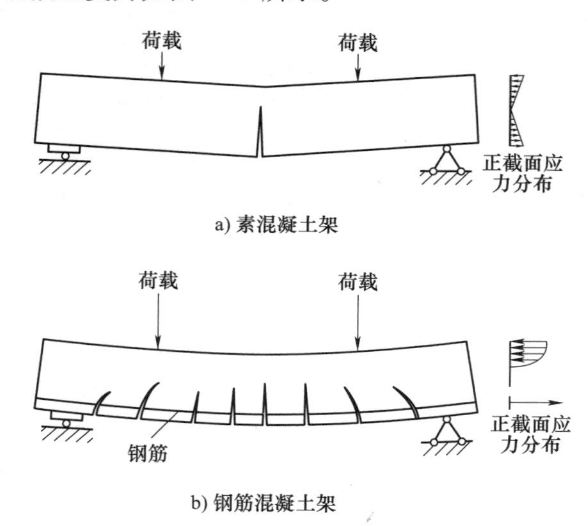

图 4-35 钢筋混凝土受力示意图

钢筋和混凝土为什么成为绝配？总结一下就是以下几点：

（1）线膨胀系数接近 温度作用下的变形一致。

（2）强度协调配合 钢筋抗拉能力强，混凝土抗压能力强，协调工作，各取所长。

（3）钝化膜 混凝土对钢筋的包裹，形成钝化膜，能够保护钢筋不受锈蚀。这种搭配后形成的新的复合材料使二者具有极好的相互渗透性，达到了应力传递的效果，摩天大楼就此产生。

（4）防火保护 钢筋耐火能力低，而混凝土的耐火能力很高。

这里，插入一个关于混凝土的小故事：在工程设计和施工中，经常把混凝土三个字简写为砼（拼音 tóng），由著名结构学家蔡方荫教授创造。我们把砼字进行汉字部件分解可得到人、工、石。据说，因为混凝土三字共有三十笔，而人工石三字才十笔，在记笔记时大大加快了速度。砼字的构形会意为“人工合成的石头，混凝土坚硬如石”，并在大学生中得到推广。1955 年 7 月，中国科学院编译出版委员会，明确推荐砼与混凝土一词并用。1985 年 6 月 7 日，中国文字改革委员会正式批准了砼与混凝土同义并用的法定地位。另外，砼的读音正好与法文“BE-TON”、德文“Be-ton”、俄文“BE-TOH”混凝土一词的发音基本相同。这样，在建设领域中更有利于国际学术交流，是个建筑工程专用字。

第5章
沙子的逆袭

5.1 水晶——浑然天成

水晶在中国具有悠久的历史，古人曾赋予它极富美感的雅称：水玉、水精、水碧等。水玉一词最早出现于《山海经》：“又东三百里曰堂庭之山。多棪木，多白猿，多水玉，多黄金”。唐代诗人温庭筠《题李处士幽居》写道：“水玉簪头白角巾，瑶琴寂历拂轻尘”。水玉一词，意谓似水之玉，古人看重“其莹如水，其坚如玉”的质地。《山海经》中，水晶又被称作水碧：“又南三百里，曰耿山，无草木，多水碧”。这种称谓常被文人引用，晋代郭景纯《璞江赋》道：“鬼，水碧潜”。水晶为何称为水精?《广雅》有巧解：“水之精灵也”；李时珍则说：“莹洁晶光，如水之精英”。细加考究，此称还蕴含浓厚的宗教意味呢！水精一名，最初见于佛书，后汉支曜翻译的《具光明定意经》说：“其所行道，色如水精”。

水晶因其胜美玉、过冰清的质地和充满灵性的动态美，被古人赋予了神圣的色彩。它蕴藏着天地间的灵秀之气，流泻着宇宙里的雄浑之韵，凝聚着文明古国的文化情节。水晶和玉成为古代文人墨客歌颂的对象，催生出了中国文学史上许多不朽诗篇。可以想象在那个科技并不发达的时代，面对如此精美绝伦的事物，人们免不了想吟诵一首来寄托自己的情感。

古人以水玉、水精等来为水晶命名，可想而知，古人是将水晶这种透明的属性与水联系在了一起，认为是水吸收天地之灵气生出的精灵。而几千年后的今天，人们用科技揭开了水晶神秘的面纱，水晶是一种石英结晶体矿物，其化学成分是二氧化硅（SiO_2）。氧和硅是地壳中含量很多的两种元素，两者化合后形成二氧化硅。二氧化硅也是沙的主要成分，如果你抓起些许沙粒仔细观察，就会发现许多沙砾都是由石英组成（图 5-1）。但是这种在一般的自然条件下形成的石英颗粒比较细小，无法制成各种装饰品，当然也不会成为古代文人墨客歌颂的对象。而水晶是结晶完善的石英，一般呈棱角分明的柱状（图 5-2）。天然水晶的形成条件较为苛刻。首先要有一个稳定的生长空间；其次要有富含硅质矿物的热液；还要有适宜的温度（160~400 摄氏度）和压强（202~304 千帕，即 2~3 大气压）。满足上述三个条件后水晶才能形成，而水晶需要很长的时间，才能生长到一定的规模，个别水晶甚至需要经过上亿年。水晶形成条件

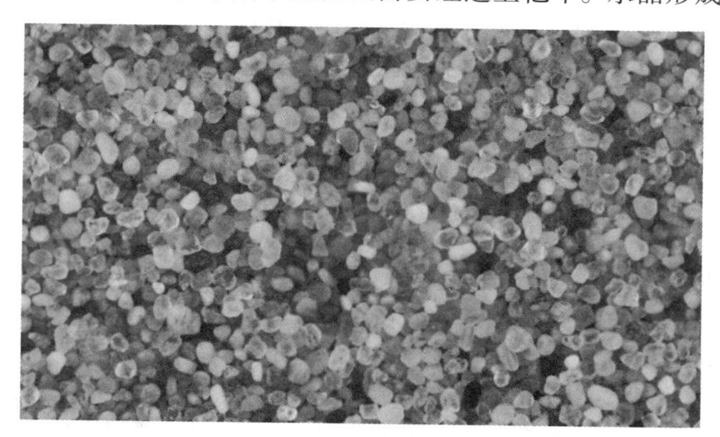

图 5-1　用水冲洗过的沙

图 5-2　天然水晶

之一的热液，顾名思义是指由于自然地质作用而被加热到高于周围地表温度的水溶液。通常，热液中除了水之外还含有大量的溶解气体和固体。而热液最简单的来源就是火山，当岩浆向地球表面移动时，会结晶形成炽热的火成岩，在岩浆结晶过程中就会释放出热液，而周围的地下水在火成岩的加热作用下也会形成热液。这些热液在冷却时，水中的离子以矿物结晶的方式沉淀出来，就形成了各种矿石，其中包括石英晶体——水晶。

天然水晶形成经过了至少百万年的时间，属于不可再生资源，因此人们开始研究用人工的方法制造水晶。目前所采用的方法是热液合成法，主要是通过模拟天然水晶的生长条件，人为地将温度、压力、pH 酸碱度等设定在最适合水晶生长的范围，并提供充足的二氧化硅饱和溶液，在这种环境中水晶经过几十天的生长就能达到在自然环境下生长几百万年的效果。这是因为在自然界中，水晶所生长的环境一直处于变化中，温度、压力、水质等条件很难达到理想的状况，因此需要数万倍或者数百万倍的时间，这也是天然水晶之所以珍贵之处。另外人工制造的水晶可以做到没有瑕疵，而自然水晶通常都不是完美的，可能存在缺陷或杂质，但是正是由于这些缺陷的存在，才使得天然水晶多了一份自然之美。例如发晶是包含了不同种类针状矿石的天然水晶体（图 5-3），这种水晶无须加工就极具观赏价值。

图 5-3　发晶

水晶根据颜色的不同可以分为很多种，人们根据水晶的颜色，再按照自己的意愿对各种水晶赋予了不同的意义和功效，有代表高洁坚贞爱情的紫水晶，有辟邪镇宅的白水晶，还有黄水晶、粉晶、茶晶、黑晶等。水晶是否真有各种各样的功效就不去深究了，在这里我们从科学的角度解释为什么水晶会呈现各种各样的颜色。其中一种原因是含有微量元素。前面介绍过水晶是从热液中结晶，而热液中还存在其他元素，当这些元素进入水晶时，会使得水晶呈现不同的颜色。紫水晶中含有微量的 Fe^{3+} 和

Mn^{2+}；黄水晶中含有微量的 Fe^{2+}；蔷薇水晶因含有 Mn^{2+} 和 Ti^{4+} 而呈现粉色。另一种原因是水晶中含有细小的其他颜色的矿物质而呈现一定的颜色。例如：红水晶是因为含有极其细微的红色包裹体矿物质而致色；蓝水晶是因为含有蓝色的矿物质而致色。

5.2 当沙遇上碱

在本节开始之前请读者想象一下冰的熔化和形成过程：当环境的温度升高到水的凝固点以上时，冰开始熔化，整个过程中冰水混合物的温度一直保持在 0 摄氏度，直到冰完全熔化，温度才继续上升；同样，从水开始结冰到完全凝结成冰，整个过程中温度一直保持不变。这就是晶体的一个性质——有固定的熔点。也许读者就会有这样的疑问：既然 5.1 节中介绍过水晶为二氧化硅的结晶体，并且与石英的成分一致，我们何不将石英熔化，然后再结晶不就得到了水晶？事实上，这个过程人类在很久之前就开始研究，但是将石英熔化再凝固，得到的却不再是二氧化硅的结晶体，而是具有液态结构的二氧化硅固体，也就是玻璃。石英晶体中二氧化硅严格地按照一定的规律排列，就像冰中水分子规则排列一样，这是晶体的另一个特点。而石英熔化后就很难再结晶，二氧化硅似乎忘记了如何变为晶体，又或许有一股神秘的力量阻止硅原子和氧原子按特定的空间结构排列，氧原子和硅原子就像液体那样随意地结合在一起（图 5-4）。

熔化的二氧化硅无法结晶，就形成了有着液体结构的固体，这就是玻璃的由来。玻璃是在何地以及怎样发端的已无从考证。但是可以给出一个大致的范围：美索不达米亚地区，也就是两河流域。该地区的诸多文明古国都有过灿烂的玻璃文化。考古发现中真正可以确定日期的最早的玻璃制品来自古埃及。古埃及人大约在公元前 5000 年即以玻璃质的溶液（珐琅）在陶器及石制品上进行装饰。公元前 1567—公元前 1320 年，在古埃及和两河流域都出现了玻璃器皿。古埃及的新王国时期是人类历史上首先以玻璃材质制作生活用品的时期。古代埃及人制造的精美玻璃品反映了人类在成功地掌握了制陶技术之后，又探

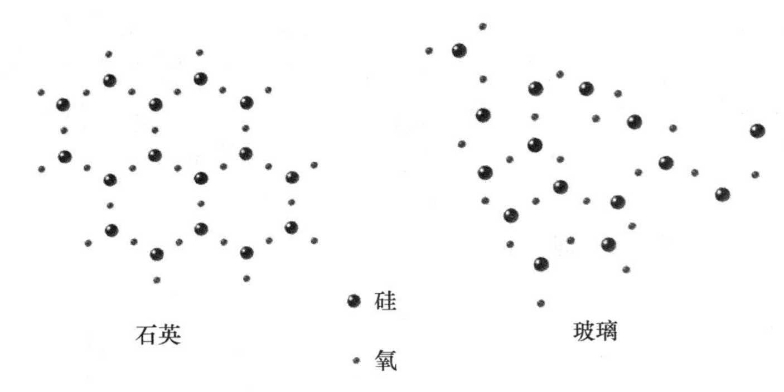

图 5-4　石英规则的晶体结构和玻璃不规则的结构

注：事实上石英晶体是空间结构，硅原子周围有四个氧原子，为了更直观地了解石英与玻璃空间结构的不同，这里进行了简化，省略掉了第四个氧原子。

索到新的工艺材料，是人类在科学技术上的突破和进步。

由于纯的石英砂的熔点为 1700 摄氏度左右，当时的火无法达到如此高的温度，因此这看似简单的玻璃在最初是无法人工制造的。世界上的首块玻璃也是大自然的杰作。例如，由于地热形成熔融的岩浆，当火山爆发时，炽热的岩浆喷出地表并迅速冷凝成硬化石就会形成玻璃，这就是天然玻璃，其中以黑曜石最为常见，一般呈暗红色、褐色、半透明（图 5-5）。纯净的石英玻璃是无色透明的，而熔融的岩浆中除了二氧化硅还存在其他的物质，这就是天然玻璃不透明的原因。

闪电也能制造玻璃。闪电击中沙漠会产生超过 10000 摄氏度的高温，熔化沙子绰绰有余，这种情况下产生的玻璃称为硅管石或闪电熔岩。闪电熔岩的颜色与沙子的组成有关，如果某些地区的沙子完全由石英组成，闪电过后产生的玻璃就变得晶体剔透，非常接近现代玻璃。

那么，不靠火山和闪电，我们要如何得到现在随处可见的透明的玻璃呢？这里有个流传很广的说法。3000 多年前，一艘欧洲腓尼基人的商船，满载着晶体矿物——“天然苏打”，航行在地中海沿岸的贝鲁斯河上。由于海水落潮，商船搁浅了，于是船员们纷纷登上沙滩。有的船员还抬来大锅，搬来木柴，并用几块“天然苏打”作为

图 5-5　天然玻璃

大锅的支架，在沙滩上做起饭来。船员们吃完饭，潮水开始上涨了。他们正准备收拾一下登船继续航行时，突然有人高喊："大家快来看啊，锅下面的沙地上有一些晶莹明亮、闪闪发光的东西!"这种说法的真实性我们不得而知，但是这里面藏着让玻璃走入日常生活的秘密。那就是助溶剂——纯碱。古罗马人将碳酸钠与石英砂混合在一起烧制玻璃，神奇的是不再需要纯石英熔点的温度就可以将石英砂和纯碱的混合物熔化。这使得制作透明玻璃的温度下降了很多，大幅度降低了成本。这也使得古罗马在玻璃发展史上占据中心位置。

中国早在商周时期也掌握了烧制玻璃的技术，在商周时期出土的瓷器上可以发现上釉的迹象。商周时期所用的助熔剂为随处可见的草木灰，即碳酸钾，后来又逐渐扩展到了石灰，即碳酸钙。草木灰和石灰的加入，使得石英的熔点降低到了 1400 摄氏度以下。汉代时，人们利用氧化铅作为助熔剂，将石英的熔化温度降低到了 700～900 摄氏度。可以看到中国已经将玻璃的烧成温度降到了正常火焰的温度，按理来说具备大力发展玻璃技术的能力，但是奇怪的是属于中国的玻璃时代并未到来。人们开始利用玻璃之后的很长时间里，玻璃的主要用途仍旧是给陶器上釉，用作首饰和容器。而在中国似乎有一个更好的东西——瓷器。中国被称为瓷器的故乡，瓷器无论作为艺术品还是作为容器都游刃有余，早在欧洲掌握此技术之前的一千多年，中国已经能制造出相当精美的瓷器。就玻璃的作用而言，当时的中国确实没有必要大力发展玻璃技术。这可能就是中国玻璃技术并不发达的原因。中国也因此与十七世纪的科技革命失之交臂。这其中的缘由我们留在后面的章节中详细介绍。

5.3 热水瓶与电灯泡——吹玻璃

往石英砂中加纯碱、草木灰等助熔剂解决了纯石英难以熔化的问题，降低了玻璃烧成的温度，让玻璃制品走入日常生活。熔化后的石英为黏稠状的液态，如何才能做出日常使用的各种形状的玻璃器具呢？古代主要有三种玻璃成形的方法：砂芯法、镶嵌法和铸造法。

砂芯成形技术的具体步骤：首先用沙和黏土的混合物制作成预先设定好形状的实心内型，然后将液态的玻璃溶液涂满砂型的外表，并用彩色波浪纹作为修饰，冷却后将砂芯去除，一个预先设定好形状的玻璃容器就制成了，其表面还可以带有刮刻出来的花纹。从公元前1500年左右出土的大量玻璃制品可以看出，这一时期采用此种方法制作的玻璃都不透明，玻璃的主要用途是给陶器上釉，制成首饰、小型容器（图5-6）。

图5-6 古埃及玻璃——用砂芯法制造

在中国最早发现的玻璃制品是镶嵌法制作的。曾有学者仔细考察了十余个古代镶嵌玻璃珠的断面，发现无论嵌入的图案单元简单或者复杂，每一种不同颜色的玻璃嵌入物都独立地呈球状面。这种现象是上述方法无法解释的。因此，很多人认为在制作这类玻璃珠时，并不是将不同颜色的玻璃首先制成截面为同心圆的图案单元，而是将不同颜色的玻璃料分别拉成不同直径的细丝，截成薄片，将较大的单色的玻璃薄截面压入玻璃珠母体上，待与母体形成一体后，加热、烤软表面，再分次嵌入其他颜色的较小薄截面，形成复杂的图案单元。第二种制作工艺可能更接近古代工艺，也更费工费时。无论采用哪种工艺，工匠必须很好地掌握火候，即温度与玻璃软化的关系。由于制珠的每一步骤都完全靠手工操作，所以成品并不规整，几乎无法找出两个完全一模一样的镶嵌玻璃珠。

铸造法也叫压制法。首先准备一个预先设定好形状的模具，然后将熔化的玻璃注入模具，放上模环，最后将冲头压下，液态的玻璃就会填充满冲头与模具之间的空间，从而形成玻璃制品。这种方法通常用来制作敞口的容器，如玻璃杯、花瓶、餐具等。图 5-7 给出了压制玻璃杯的制作示意图，方便读者理解。

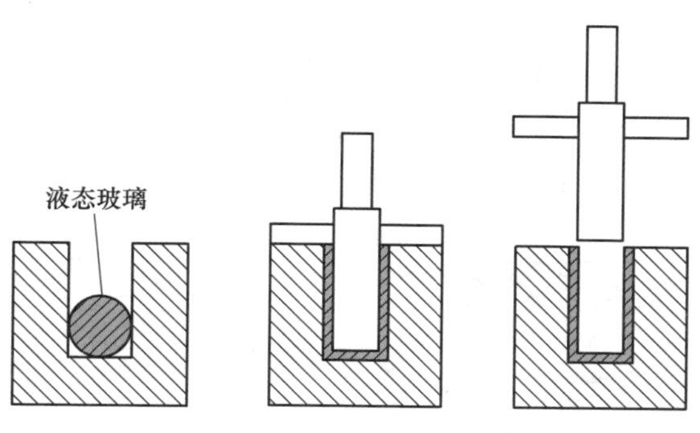

图 5-7 铸造法工艺示意图

用上述方法制作玻璃要耗费大量的成本，制成的玻璃也仅能满足日常生活的需要，无法制作出形状复杂的器件，因此在很长的时间里玻璃的应用受到局限。直到公元前一世纪，在现在的叙利亚或伊拉克某地，一种制造玻璃产品的革命性新技术被发明了，那就是玻璃吹制术。玻璃吹制术的出现，才真正开启了属于玻璃的时代。这种技术的原理非常简单，用一根至少一米长的铁管，把它浸入熔化的玻璃中，蘸出一团，然后由工匠将玻璃吹成一个泡。在吹制的过程中，工匠巧妙地利用重力或者通过外加干预的手段将玻璃吹成各种形状。同时还可以在模具中吹制，制造纹理复杂的玻璃制品。在我们熟知这项技术之后，就会觉得这不是一项明摆着的技术吗？事实上发展到这一步却经历了几千年之久，不仅需要对玻璃的特性和潜能了如指掌，还要有高超的手工技术。

玻璃吹制术一经开发，就可以制作非常纤薄而透明的玻璃了。这使得玻璃的用途不再局限于容器和首饰，而且在科学界大放异彩。公元 9~12 世纪是伊斯兰实验活动的巅峰时期，玻璃工具发挥了关键的作用。在医学方面，利用玻璃观察微生物或检验化合物是实验的中心内容。阿拉伯人在化学方面成就卓著，玻璃试管、曲颈瓶、长颈瓶等是化学实验的必要设备，通过透明的玻璃人们可以清楚地观察发生的化学反应的整个过程，这对化学这门科学的发展有着极其重大的影响（图 5-8）。而这些形状不规则的玻璃制品只有通过吹制才能做到。

用玻璃吹制术制造的玻璃制品数不胜数，热水瓶就是一个典型

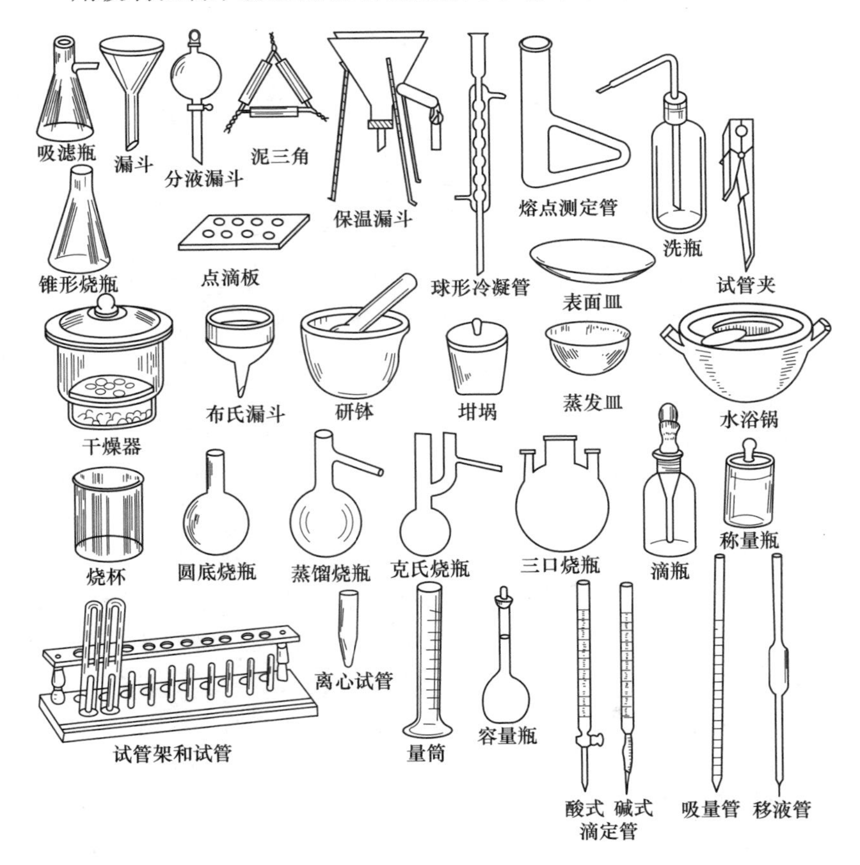

图 5-8 化学中用到的玻璃仪器

的代表。热水瓶在我们日常生活很常见，但是鲜有人知道它设计的初衷并不是为了保温热水。这里就有一个故事：杜瓦，苏格兰物理学家，他的一生致力于气体液化，曾成功液化了氧气、氢气等多种气体，而这些液化的气体必须在低温下保存，否则就会快速蒸发。为了保存液化的氧气，他费尽心思吹出了双层的玻璃容器，然后抽掉两层玻璃之间的空气，使之处于真空。这样热量只能从瓶口流通，极大地降低了瓶内与周围环境的热量流通。如此，世界上第一个保温瓶诞生了，保温瓶也叫杜瓦瓶。后来保温瓶进入普通人家，并且作用由保冷转为保温热水，也叫热水瓶。如果你仔细观察过热水瓶的内胆（图 5-9），你就会发现在底部有一个小突起，这就是抽真空的位置，最后封闭时形成突起。

电灯泡也是一个伟大的发明，它让人类可以在太阳下山后也能享受到光明。最初白炽灯使用碳丝作为灯丝，通电后碳丝会发热，就会产生光辐射而发出亮光。然而，如果让碳丝暴露在空气中，碳就会和氧气发生反应而消耗灯丝，寿命很短。这时玻璃就展现出了它的作用，玻璃不仅透明、密封，还可以通过吹制将玻璃做成想要的模样，并且非常薄。爱迪生就是利用了这点，改进完善了亨利·戈贝尔和约瑟夫·斯旺发明的白炽灯，以竹丝碳化为灯丝，玻璃为灯罩，充入氮气保护，给世界带来极大光明（图 5-10）。这是玻璃的大用途。

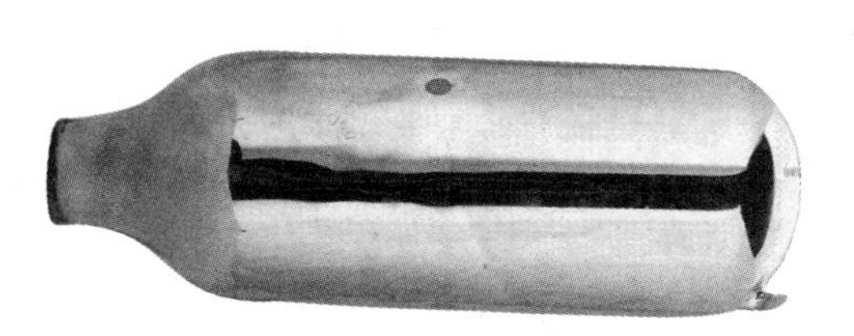

图 5-9　电热水瓶内胆

图 5-10　爱迪生改进的电灯泡

5.4 窗户——拼接的玻璃

如果你仔细观察过中西方古代建筑，就会发现中西方建筑风格存在很大的差异（图 5-11）。在中国传统建筑中尤以屋顶造型最为突出。古代木结构的梁架组合形式，可以使坡顶很自然地形成曲线，在屋檐转折的角上，还可以做出翘起的飞檐。梁架组合形式所形成的体量巨大的屋顶，坡顶、正脊和翘起飞檐的柔美曲线，使屋顶成为中国古代建筑最具特色的部分。这种复杂而又华丽的屋顶在西方建筑中却鲜有出现。那么是什么造成了这两者之间存在如此巨大的差异？

图 5-11 古代中西方建筑风格对比

中国古代建筑的主要材料是木材，用于透光的窗户用的是纸，虽然在用于建筑时都经过了防水处理，但是如果长期被雨淋到，也会缩短其寿命。这时屋檐就发挥了作用，中国古建筑这种很深的屋檐能够有效地防止用于承重的木结构和窗户被雨淋湿。而古代西方的建筑材料以石头为主，窗户为透明的玻璃。石头就不用过多介绍，在自然界中经历风吹雨打上百年也不能伤其分毫。而与石头同源的玻璃性质极其稳定，风雨对它也无可奈何。

我国古代精心雕刻各式图案的木窗搭配上经过防水处理的油纸令人赏心悦目，让中国古典建筑在世界建筑史上独具风格。但就材料的性质而言，玻璃的透光性、防水性、硬度等都是纸无法比拟的。而用作窗户的玻璃必须要大而平，并且要有好的透光性。

上一节介绍了古代玻璃成形的方法，显然砂芯法和镶嵌法并不能制造表面光滑的平板玻璃。有证据表明罗马人能够用铸造法制作很不错的玻璃，但是令人感到意外的是，当时的窗玻璃发展极为缓慢，有专家认为其原因是当时用铸造法制成的大面积的平板玻璃太粗糙，充满瑕疵。自从玻璃吹制术被发明之后，玻璃成本大幅下降，人们开始用吹制的方法制作平板玻璃。首先用吹制的方法制作一个又薄又大的圆筒，然后趁热剪开压平，就得到了一块平板玻璃。这就使得贵族有大量的窗玻璃可用。随着技术的不断发展，人们在玻璃中加入了铬、银、金、钴等金属离子，使得玻璃呈现不同的颜色。并且由于基督教的兴起，主要用于教堂的彩色玻璃技术得到了深入的发展。

这种彩色玻璃最早可以追溯到公元6世纪末的英国，并且在中世纪得到了空前的发展。在11世纪末，巴黎的圣德尼大教堂采用彩色玻璃作为窗户。当时有人提出，教堂内部应该是超脱尘俗的，他们认为教堂里的人们应该沐浴在不属于这个世界的圣光中，寻找世界的真相。这一时期印刷术还没有传至欧洲，整个欧洲大约有80%~85%的人是不识字的。因此教堂成为传播知识的重要场所，人们渴望在教堂里听到丰富多彩的福音故事。教会用彩色玻璃拼接成各种具有叙事或寓意作用的窗户（图5-12），从而达到更好的传教效果。

制作这种窗户绝非易事。首先需要画一幅与窗户同尺寸的底图，用于说明每一块玻璃的颜色和形状；然后将底图的每一部分取下，放置在相应颜色的玻璃上，将玻璃进行切割；最后将每一块玻璃按照底图进行拼接。这就涉及一种很常见的连接技术——钎焊。钎焊是指将低于工件熔点的钎料和工件同时加热到钎料熔化温度后，利用液态钎料填充固态工件的缝隙使工件连接的方法。为了将玻璃固定，将每一块玻璃嵌入铅条槽中，然后用钎焊的方式将铅条连接起来。如此便拼成了一幅完整的画，其中铅条刚好可以充当线条，让整幅画更具张力。如今这项技术有了很大的发展，人们用铜箔胶带、

图 5-12 西方教堂拼接的彩色玻璃

铝箔胶带沿着玻璃需要拼接的面缠绕一圈，再用铅锡合金的焊丝将铜箔焊在一起，使得拼接玻璃的难度极大地下降，从而使这种具有很高艺术价值的彩色拼接玻璃不再是教堂的专属，普通人家也可以凭自己的喜好用于室内的装饰。

5.5 浮法玻璃——大块平板玻璃

“教堂、宫殿、城堡及私宅之首要装潢与设施无不归功于玻璃。玻璃因材料透明，故可庇护室内于酷热严寒，而光线仍可登堂入室。镜子及各类巨大玻璃板令人眼目得享如许奇观，呈现面前一景一动，巨细无遗，毫发不爽，真切自然，人们借此可保持楚楚衣冠。然拥有玻璃者，千人中不足一人尝念其巧夺天工；玻璃确乃头等艺术品，完美无瑕，人类之创造再无超乎其上者”。以上是雷蒙德·麦格拉思和A·C·弗洛斯特所著的《建筑与装潢中的玻璃》一书中对玻璃的一段描述，作者对玻璃给予了很高的评价。正如书中所说，我们大多数人对玻璃都漫不经心，但是我们无法否认玻璃对人类社会做出的贡献的确不亚于任何一种材料。自人类发现玻璃到现代社会人类大规模地使用玻璃，总共经历了四个重要的阶段：第一，天然玻璃的发现，让人类对玻璃这种材料有了初步的认识；第二，碱性助熔剂的发现，使得玻璃的制成温度大幅度降低；第三，玻璃吹制术的发明，极大地降低了玻璃制品的成本；第四，浮法玻璃的发明，使得人类能够大规模地生产大块平板玻璃，彻底开启了属于玻璃的时代。

人类发现和使用玻璃已有 7000 年的历史，但是直到公元 16 世纪，窗户玻璃或其他平板玻璃通常是通过吹制大圆筒，然后将其切开、压平，再切成合适的尺寸。19 世纪早期，大多数窗户玻璃都是用圆筒法制造的。此方法不仅工序复杂，还不能大规模生产。1848 年，亨利 · 贝塞默（Henry Bessemer）获得了自动化制造玻璃的第一项专利。这项制造技术是通过在辊子之间形成带状平板玻璃来生产连续的带状玻璃。这个过程类似用压面机压面，将熔化的玻璃像面团一样送入两个辊子之间，只要保证连续的液态玻璃供应，就能像压面一样得到连续产出的平板玻璃，这种方法被称为压延法（图 5-13）。由于这种方法产出的玻璃需要对玻璃表面进行抛光，因此成本较高。但我们如果在辊子上刻上花纹，就可以生产带有花纹的玻璃，因此这种方法仍保留至今。

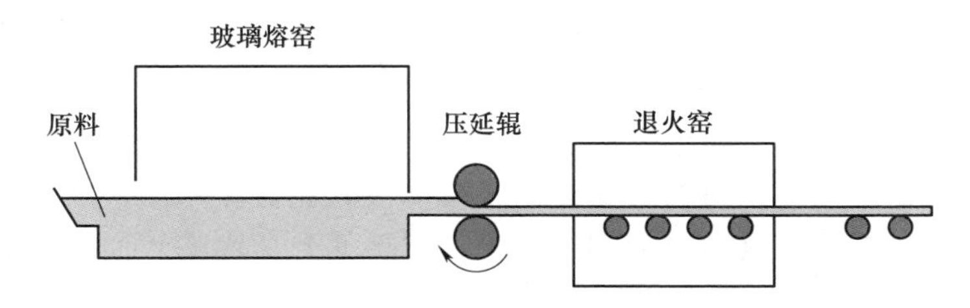

图 5-13 压延法

在浮法玻璃发明前，还有一种制作平板玻璃的方法——垂直引上法。这种方法制成的玻璃质量较差。具体方法是通过从熔化的玻璃池中往上拉出一块薄板，在边缘处用辊子固定。玻璃在上升过程中冷却变硬，然后再进行切割。如果你去过东北，你肯定会知道东北有道名菜叫拔丝地瓜，它的做法与垂直引上法制作玻璃有异曲同工之妙。糖和玻璃一样是非晶体，糖熔化后也是黏稠的液体，其凝固过程也是随温度降低先慢慢变软，最后变成固体。厨师利用糖的特性，在锅中将糖熔化，然后将地瓜放入锅中，离火迅速翻动，地瓜就会将糖拉成细丝状。在这个过程中糖丝的成形原理与玻璃是一样的，所不一样的是在玻璃成形过程中有一个槽子约束（图 5-14），方能使玻璃以板状成形。正如拔丝地瓜中的糖丝粗细不均，这种方法成形的玻璃质量不好控制，因此难以成为主流。

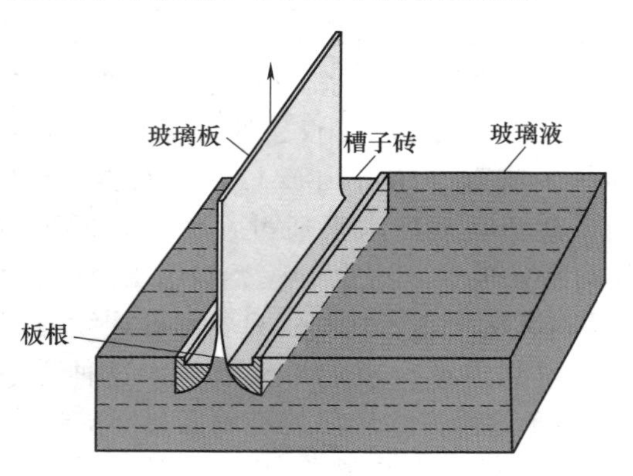

图 5-14　有槽垂直引上法

1953—1957 年间，英国皮尔金顿玻璃公司的阿拉斯泰尔·皮尔金顿（Alastair Pilkington）和肯尼思·比克斯塔夫（Kenneth Bickerstaff）向世界宣告平板玻璃的浮法成形工艺研制成功。这种工艺的原理其实非常简单，锡的熔点远低于玻璃的软化温度，而密度远高于玻璃，如果将熔化的玻璃倒入锡中，玻璃就会在锡的表面摊平，冷却后就形成了一块平板玻璃。

这个过程就好比把动物的油脂融化，然后倒在常温的水上面，等冷却后水的表面就会形成一层固体的油脂。如果你仔细观察过上述过程，你就会发现水表面形成的油脂并不平整，这是因为水和油的密度相差不大，并且水的表面张力不是很大，因此在水表面形成的油脂并不平整。而锡的密度远高于玻璃，并且表面张力大，还不与熔化的玻璃发生反应也不相溶，因此锡是浮法玻璃工艺的不二之选。然而，锡在自然环境下会氧化，形成二氧化锡（SnO_2），粘在玻璃上导致玻璃的质量下降。因此为了防止锡氧化，锡槽内充入了氮气和氢气，使得整个锡槽处于正压保护气氛。

油脂具有良好的流动性，倒在水上时能够迅速摊平，而液态玻璃呈黏稠状，在锡表面摊平需要一段时间。因此浮法玻璃工艺的难点在于需要对玻璃流入锡槽的速度进行精确的调试，保证玻璃能够被自身的重力压平。

浮法玻璃所使用的原料并没什么特殊，通常由沙子、纯碱（碳酸钠）、白云石、石灰石和盐饼（硫酸钠）等组成。原材料在一个批次处理过程中混合，然后与合适的碎玻璃（废玻璃）一起，按一定的比例送入熔炉，在那里被加热到大约1500摄氏度。熔融态的玻璃经过输送管道，最后通过一个喷嘴被送入一个装有液态金属锡的“锡槽”，玻璃的量由阀门精确控制。

玻璃流到锡的表面，形成一个浮动的带状物，上下表面完全光滑，厚度均匀。当玻璃沿着锡槽流动时，温度从1100摄氏度逐渐降低，直到大约600摄氏度时，玻璃片从锡槽中被抬到辊子上，并以可控的速度拉出锡槽。只要控制玻璃的流动速度和辊子速度即可得到不同厚度的玻璃片。

浮法玻璃工艺发明之后，人类能够低成本地制造大批量的平板玻璃。用此法制造的玻璃不仅表面光滑平整，还具有良好的透光性，被广泛应用于建筑玻璃、车窗玻璃等各个领域。这一工艺让有着几千年历史的玻璃终于迎来了属于自己的时代，让人不得不感叹此法精妙绝伦。

5.6 棱镜和透镜——科学探索的利器

> 这一切无疑都是很重要的，但是我们只需指出他们都不能够同时满足上面订立的所有标准，讨论也就短路了。或许其中最有希望的三个因素是机械时钟、大学和其他协作机构、一个既分散又统一的既定政治经济体系。可是这里似乎还遗漏了什么。我们的图画呈现出了许多先决条件，然而，究竟是什么东西把它们连接在一起，促使一个文明向新的思想体系发展呢？我们仍旧不得其解。我们应该再

往哪儿看？如果我们是侦探，可能会去寻找某种与我们面面相觑，而我们熟视无睹的东西。我们相信，在认知一个文明如何突破到可信知识高级阶段的时候，一个显然遗漏了的因素就是玻璃。

以上这段话引自《玻璃的世界》（2003 年，第 198 页），作者是艾伦·麦克法兰、格里·马丁。

材料的发展与人类的文明密切相关，按照人类使用的工具可以将人类的进化历程划分为：石器时代、青铜器时代、铁器时代、钢铁时代和新材料时代。诚然，上述材料在人类历史的发展中发挥了极其重要的作用，但仔细回想似乎少了点什么。自古埃及人首次使用玻璃给陶器上釉至今，玻璃已经历了几千年的发展，从玻璃吹制术到浮法玻璃工艺的发明，人类社会似乎已经数次进入玻璃时代，但所有人都不屑于将玻璃与上述几种材料相提并论。如果我们深究其中缘由，就会发现玻璃并不是作为一个时代生产力的要素存在于人类社会，因此也没有达成诸如石器、青铜器、铁器等那样辉煌的成就。也正是因为如此，玻璃对人类文明的进步的贡献被极大地忽视。

《玻璃的世界》中主张，是玻璃改造了人类与自然世界的关系。它改变了人类对现实的感悟，将视觉的地位提升到记忆之上，提出了关于证明和证据的新概念，转变了人类关于自我和本体的认识。新视野的震撼力动摇了传统智慧，而这种更为准确、更为精密的新视野为欧洲在以后几个世纪称雄于世奠定了基础。

“玻璃一般有五种用途：首饰类、容器类、窗玻璃、镀银之后的反射性能和透镜棱镜。在亚洲和东欧地区，大多数区域对玻璃的使用都不充分，仅运用了五大用途之一，比如作为珍贵物质的廉价替代品。而在 13 世纪时，西欧就将玻璃的五种用途运用到了极致。在前几章的介绍中，即使是让玻璃得到空前发展的罗马，在 13 世纪之前也仅仅只用到玻璃的前两种功能。而窗户、镜子和透镜的长足发展，是 13 世纪在西欧发生的，这正是光学、数学和透视理论开始出现令人瞩目的重大突破的时期。在 13 世纪后，一些相对发达的文明区域逐渐放弃了对玻璃用途的进一步发掘，因此在某些方面也限制了这些地区的近代科学思想的萌生。”

如果说玻璃的前四种用途促使人类的生活变得更加方便，那么最后一种用途棱镜、透镜则在科学界大放异彩。玻璃吹制术发明以后，人类很容易就发现了玻璃具有放大的功能，人们在吹制出的玻璃泡中装入水，就制成了初级透镜。最初这种透镜被用来聚集辐射的阳光，作取火之用。后来人们发现透过玻璃球或水晶球的切片看书上的字母或任何微小的物体，物体会显得清楚得多，也大得多。于是，在公元 1285 年前后，在意大利北部发明了老花镜，并在此两百年后发明了近视镜。尽管现在大多数的眼镜已经用较轻且不易碎的树脂代替了玻璃，但是玻璃在整个过程中发挥的作用却是不可忽视的。

随着玻璃技术的发展，世界上最早的显微镜是 16 世纪末在荷兰制造出来的，但是第一个制造它的人并没有真正发挥它的作用。第一个在科学上使用显微镜的是意大利科学家伽利略，他通过显微镜观察到一种昆虫后，第一次对它的复眼进行了描述。之后科学家们利用显微镜对细胞的结构进行了详细的探究，细胞核、线粒体、染色体等生命物质逐渐被人们发现。显微镜不仅在生物和医学方面大有作为，在材料领域也是不可或缺的。在光学显微镜（图 5-15）发明后，扫描电子显微镜、透射电子显微镜、扫描隧道显微镜等一系列高端的科学仪器被研发出来。利用这些仪器，人类更加了解这个世界的本质，使得人类社会迈进了一大步。

图 5-15 早期显微镜

在显微镜发明之后不久，1608 年荷兰造出了世界上第一架望远镜。望远镜的发现其实是一个巧合，有一次，两个小孩在李波尔的商店门前玩弄几片透镜，他们通过前后两块透镜看远处教堂上的风标，两人兴高采烈。李波尔拿起两片透镜一看，远处的风标放大了许多。李波尔跑回商店，把两块透镜装在一个筒子里，经过多次试验，汉斯·李波尔（Hans Lippershey）发明了望远镜。早期望远镜如图 5-16 所示。之后，人们在此基础上继续改进，制造出有三个凸透镜的天文望远镜，将两个透镜得到的图像变成正像。天文望远镜的体积越来越大，观察的距离也越来越远。在这些望远镜的加持下，人类开始了对浩瀚宇宙的探索。这类通过透镜实现放大的望远镜称为折射望远镜，在此基础上还发展出了反射望远镜、折反射望远镜、射电望远镜等各种类型的望远镜。望远镜的技术越来越高超，人类对宇宙的探索也越发深入。

图 5-16 早期望远镜

牛津大学的科学家史家罗姆·哈尔在其著作《伟大的科学实验：改变我们世界观的二十个实验》中遴选了二十个实验。这二十个重要的实验中，有十六个实验不使用玻璃便无法进行，玻璃要么作为透明容器，要么作为透镜、棱镜之类光学仪器构件。哈尔选择实验的标准并不是看玻璃是否存在或缺席，却意外为人类提供了支持玻璃在科学发展中起了关键作用的论点。

总而言之，玻璃在科技革命和文艺复兴中发挥着重要的作用，甚至可以说是必不可少的。但是我们不能简单地认为是玻璃造成了这一时期不同文明之间的巨大差异，玻璃或许是必要条件，但断然不可能是充分条件。还需要其他因素，多种因素的互相作用才造成了如此复杂的一个结局。

5.7 汽车玻璃——钢化

前面几节介绍了不少玻璃的优点：原料丰富、透光性好、容易成形等。如果提起玻璃的缺点，首先想的应该是玻璃的易碎性。然而以前的应用场景对玻璃的力学性能并没有多高的要求。用作窗玻璃时，玻璃发挥着遮雨挡风的作用，如无人故意使坏，一般不会出现问题；用作容器时，即使容易失手将它打碎，倒也不是什么贵重的东西，可以随时更换；用作棱镜、透镜时，人们注重的是玻璃的反射、折射功能，其在力学方面的性能显得不那么重要。但是随着汽车的普及，要求玻璃不仅要有良好的透光性，还要有一定的抗冲击性能。试想一下，如果汽车挡风玻璃用的是普通窗玻璃，那么在发生车祸时后果将不堪设想。有此使用场景的需求，钢化玻璃就应运而生了。

钢化玻璃的发展最初可以追溯到 17 世纪中期，有人将一滴熔化的玻璃滴到了冰水里，就形成了一种形似蝌蚪的玻璃，圆圆的脑袋拖着长长的尾巴，人们通常称之为“鲁伯特之泪”（图 5-17）。神奇的是这种玻璃头部的强度异常高，甚至可以抵御子弹，可是当细小的尾巴受到弯曲而折断时，这个玻璃会突然剧烈崩溃，甚至碎成细粉。“鲁伯特之泪”的制作过程很像金属的淬火，都是利用了快速的冷却，因此钢化玻璃又叫淬火玻璃。

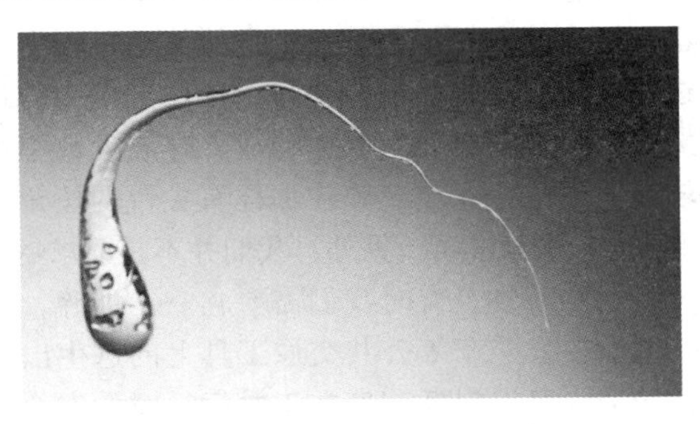

图 5-17　鲁伯特之泪

后来人们将这种现象运用到制作平板钢化玻璃，具体方法是将玻璃加热到接近软化温度后，立即投入一温度相对低的液体槽中。20 世纪 30 年代，法国的圣戈班公司和美国的特立普勒克斯公司，以及英国的皮尔金顿公司都开始生产供给汽车作挡风用的大面积平板钢化玻璃。日本在 20 世纪 30 年代也进行了钢化玻璃工业生产。从此世界开始了大规模生产钢化玻璃的时代。

将玻璃加热到软化温度，再快速冷却，在此过程中玻璃的成分并没有发生变化。那么到底是什么使得如此脆弱的玻璃具有了一定的抗冲击能力呢？要想回答这个问题，就要先探讨在玻璃淬火过程中到底发生了什么。软化后的玻璃在快速冷却时，外层冷得快，内层冷得慢，导致外层先收缩，内层后收缩，形成外层压应力，这样可以在受外加拉应力载荷时抵消一部分，使得强度提高 3~6 倍。不仅如此，钢化玻璃的弹性比普通玻璃好很多，受力后有较大的弹性变形，不易碎裂。有了它汽车玻璃就比较安全了。

钢化玻璃性能如此之强，那么它有什么缺点吗？答案是肯定的，正如鱼与熊掌不可兼得。玻璃的淬火使得玻璃的表面预留有压应力，但也使得其内部有很强的拉应力，当钢化玻璃出现裂纹时，整块玻璃就会快速碎裂。就像坚硬如鲁伯特之泪也会有脆弱的尾巴一样，钢化玻璃的弱点就是其边缘部分，如果用锤子敲打钢化玻璃的边缘，整块玻璃就会迅速崩溃。这是因为在敲击玻璃中间时，力量可以向四周扩散，而敲击边缘部位时，力量只能向一个方向扩散，因此容易碎。但是也不用为此太过担心，在正常的使用过程中，刚好撞击到钢化玻璃边缘的情况是很少的。并且由于内部应力的作用，当钢化玻璃局部发生破损，就会发生应力释放，碎成无数小颗粒，这些颗粒边缘比较钝，不像普通玻璃碎片那样有尖锐的棱角，因此对人的伤害也没那么大（图 5-18）。另外，我们并不是要求钢化玻璃在所有时候都保持坚韧的特性，有时我们需要它一击即碎，方便人们逃离危险空间。例如在公交车等公共交通工具上的逃生出口处安装的玻璃就是钢化玻璃，可以保证玻璃在正常运行时的安全强度，但是

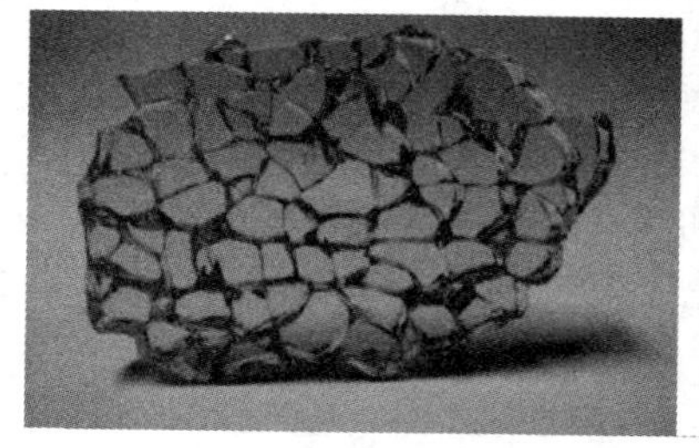

图 5-18 钢化玻璃碎裂和普通玻璃碎裂

在紧急情况下，就需要这种玻璃能够在安全的前提下快速地破裂，以保证人在第一时间破窗逃生。

前面的介绍中讲到钢化玻璃内部处于拉应力状态，因此如果有一股力量从内部进行破坏，钢化玻璃将变得非常脆弱。这其实就是钢化玻璃的自爆。钢化玻璃内部的杂质硫化镍的膨胀是导致钢化玻璃自爆的主要原因。那么硫化镍为什么会膨胀，并且为什么是在使用过程中膨胀，而不是在制作的过程中？这就涉及相变。众所周知一种物质有着不同的相态，不同相态之间可以发生转变，例如水结冰就是相变，并且相变一般也伴随着体积的变化，水变成冰后体积增大。当温度超过 1000 摄氏度时，硫化镍以液滴的形式随机缝补于熔融态玻璃中。当温度降至 797 摄氏度时，这些小液滴结晶固化，硫化镍处于高温态的 α-NiS 晶相（六方晶系）。当温度继续降低到 379 摄氏度时，发生晶相转变成为低温状态的 β-NiS（三方晶系），同时伴随着 2.38%的体积膨胀。在钢化玻璃制造的过程中，玻璃快速冷却，α-NiS 相向 β-NiS 相转变不能瞬间完成，这个相变过程就会在后来使用过程中缓慢地发生。在这个过程中，硫化镍的体积不断增大，对其周围玻璃的作用力随之增大。钢化玻璃板芯本身就是张应力层，位于张应力层内的硫化镍发生相变的体积膨胀也形成张应力，这两种张应力叠加在一起，足以引发钢化玻璃的破裂，即自爆。

国内外对此还进行了进一步的实验：对于表面压应力为 100 兆帕的钢化玻璃，其内部的张应力为 45 兆帕左右。此时张应力层中任何直径大于 0.06 毫米的硫化镍均可引发自爆。另外，根据自爆研究统计结果分析，95%以上的自爆是由粒径分布在 0.04~0.65 毫米之间的硫化镍引发。因此国内外玻璃加工行业一致认定硫化镍是钢化玻璃自爆的主要原因。

5.8 防爆玻璃——复合材料玻璃

钢化玻璃除了在汽车行业广泛应用外，也用作桥梁建筑用材。比如著名的张家界大峡谷玻璃桥，又名云天渡。云天渡采用透明玻璃材料，整座桥梁与周边环境相互融合。全桥具有跨度大、桥面窄、重量轻和梁高度低等特点，集人行道、游览、蹦极、溜索以及舞台等功能于一体，为全球首座空间索面大张开量悬索桥和以玻璃为主要受力结构的大型桥梁（图 5-19）。其独特的造型创新设计，体现了《老子》“大音希声，大象无形”的哲学思想和文化理念。

但是将钢化玻璃用于桥梁、栈道等建筑存在着一定的问题。上节中介绍钢化玻璃的弱点是边缘区域，并且还有自爆的可能，如果有落石等重物击中钢化玻璃的边缘，导致玻璃碎裂，将造成难以挽回的后果。为了解决这个问题，人们采用了复合材料的设计思路，用软性的胶质材料（PVB，即聚乙烯醇缩丁醛酯）将多块钢化玻璃粘在一起，就制成了防弹玻璃。PVB 在这之中起到了缓冲冲击力和粘合钢化玻璃的作用，这种玻璃受到冲击也会裂成无数的小块，但是在胶质材料的作用下还是会保持原样外形，且仍具有一定的承载能力，不会像普通钢化玻璃那样散落一地。用这种玻璃建造玻璃栈道、桥梁等就能大幅度地提高安全性。另外银行、运钞车等安全性要求较高的场所应用的玻璃也是这种防弹玻璃（图 5-20）。

图 5-19 玻璃栈道

在防弹玻璃的使用过程中，人们逐渐发现这种防弹玻璃虽然能够防弹，但是却不能防砸。这里，可能读者有这样的疑问：难道子弹的力量还比不上人抡大锤的力量？其实这并不是问题的关键，我们知道，子弹一般很难先后命中同一个位置，而人却可以用大锤连续击打同一个点。而粘合钢化玻璃的材料为软性的胶质材料，当这

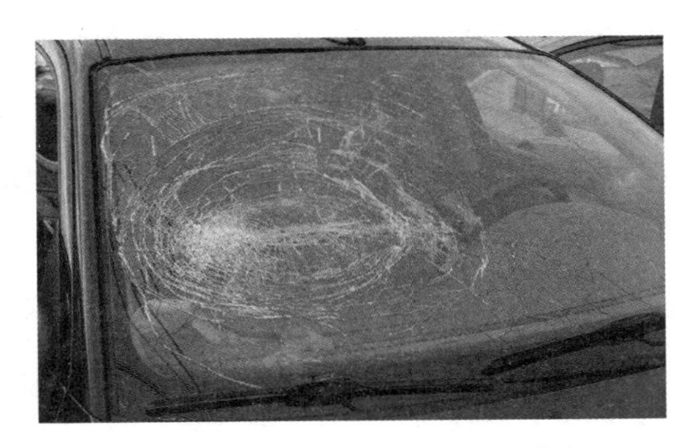

图 5-20　汽车玻璃——复合钢化玻璃

种玻璃受到反复的冲击时，就显得不那么坚固了。为了改善这种情况，人们在用软性的胶质材料做粘合剂的同时，还加入了如聚碳酸酯之类的硬质高分子材料。这就使得钢化玻璃在受到连续冲击时，不至于像软性胶质材料那样垮掉。至此，防弹防砸玻璃诞生。

即使人类已经造出了性能如此强大的玻璃，仍要继续攀登。在进一步的探索过程中，人们又制造出了防爆玻璃。不同于子弹的是，炸弹爆炸不仅能够产生数倍于子弹力量的冲击波，还会产生瞬间的高温，将玻璃熔化。不断的探索中，人们设计出了中空的防爆玻璃（图 5-21）。爆炸产生的冲击波经过钢化玻璃、高分子材料、空气三重的削减，到达最后一层玻璃时已经是强弩之末。这种结构的防爆玻璃抵御 TNT 炸药的能力超过 10 毫米钢板，可见其强度之高。

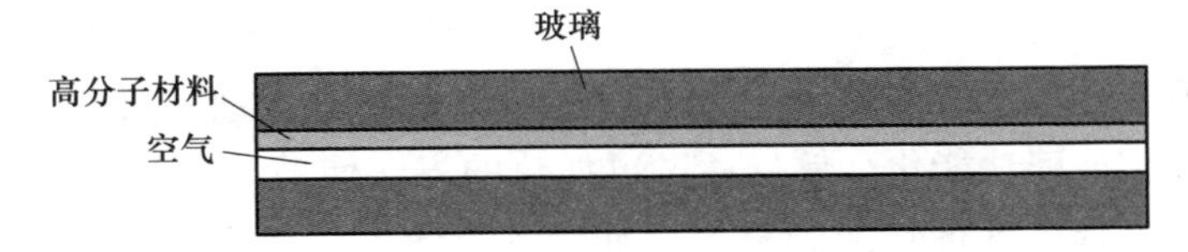

图 5-21　防爆玻璃结构示意图

在防爆玻璃的研发过程中，人们没有尝试通过改变玻璃的成分来增强玻璃，而是通过精心设计的多层结构使得原本脆弱的玻璃拥有超越钢铁的性能。其实这种复合材料的设计思路并不少见，例如被誉为工业牙齿的硬质合金，就是以高强度难熔的金属碳化物（碳化钨、碳化钛等）粉末为主要成分，用钴作为粘合剂，在真空炉中烧结而成。这里碳化钨、碳化钛就相当于防爆玻璃中的钢化玻璃，而钴相当于胶质材料。这就是材料设计的一种思路，将两种或多种材料按照精心设计的结构进行复合，就有可能得到性能远超其中任意一种材料的新型材料。

当然，之前所做的努力都是为了增强玻璃的性能。但如果玻璃能防弹却不透明，其实没什么意义，因此真正的难题不在夹层，而在让塑料和玻璃的折射系数吻合，好让光线穿透两者时不会弯折太多。这种安全玻璃需要精密技术，因此造价昂贵不少，但随着经济的发展，粘合玻璃开始随处可见，不仅装在车上，更出现在现代都市的各个角落，让都市越来越像玻璃宫殿。

5.9 功能玻璃——节能降耗

前两节提到的钢化玻璃和防弹玻璃都是在不改变玻璃本身成分的前提下，通过玻璃淬火或者通过结构设计来提升玻璃的力学性能。那么如果改变玻璃的成分，玻璃会发生那些变化呢？人们发现，往玻璃中加入氧化物、卤化物及硫化物，玻璃就会显示出一些其他的性能，如往玻璃中加入 10%的氧化钒（V_2O_5），就能让玻璃显示出半导体性质，而 V_2O_5的添加量在 1%时仅为一种颜色玻璃；用硫元素代替氧得到硫系化合物玻璃，这些玻璃显示出电子导电及显著的光传输功能。后来又出现了重金属氟化物玻璃及离子导电玻璃。

另外，除了改变化学成分，通过新型的制备方法或加工方法也能让传统玻璃功能化。例如通过再加热的方法使玻璃分相、结晶等，可制备出具有各种功能的材料，如微孔玻璃、生物微晶玻璃等，此外通过离子交换制备折射率分布镜头或光波导路。功能玻璃按照其表现出的功能可以分为：光功能玻璃、电磁功能玻璃、热功能玻璃、机械功能玻璃、化学功能玻璃以及生物功能玻璃。

光功能玻璃是功能玻璃中种类最丰富的一类，例如光致变色玻璃就是最常见的一种光功能玻璃。变色眼镜中用的就是这种玻璃，这种玻璃在光照射时就能变暗以保护眼睛，照射停止后又会褪色变成无色透明。光致变色玻璃大致有两种类型：一种是在玻璃中产生着色中心，另一种是含有感光性晶体的物质。前者是碱硅酸盐玻璃在强还原气氛下熔制获得含有大量的氧化镉（CdO）玻璃；后者是玻璃中含有微小的卤化银（AgX）、卤化钛（TiX）、氯化镉、氯化铜（CdCl、CuCl）晶体。我们以卤化银为例说明光致变色的原理：当光照到玻璃时，阳光中的紫外线引起 AgX 的光分解，生成的银原子（Ag）聚集在一起，形成直径大约为 1~5 纳米的微晶。结果使得玻璃变成灰色。但这个反应是不可逆反应，要想使反应变为可逆的，玻璃中还需要加入微量的氧化铜。当光撤去后，在铜离子的帮助下，银原子就会再次变为银离子，玻璃就又变透明了（图 5-22）。至于为什么铜离子有这样的作用，这是一个很专业并且很复杂的问题，这里就不深入探讨了。

图 5-22　光致变色眼镜

电磁功能玻璃也是一种常见的功能玻璃。液晶显示器就是其中的一种，液晶显示器是由两块玻璃基板中间封入液晶形成的，通过施加电压使液晶显示画面。基板有两方面的作用：第一是使液晶保持一定的厚度；第二是承载驱动所必需的透明电极和开关元件。高性能显示器制造工艺包括多次精密光刻，要求基板外形尺寸加工精度达到 0.1 毫米。最重要的是对表面平整度和厚度的要求是非常严格的，如果精度得不到保证，就会直接影响像素。

我们都知道玻璃易碎，无法像金属一样对其进行切削、钻孔等机械加工。如果在玻璃内形成片状的云母晶体，玻璃就奇迹般地拥有可加工性能。这种材料具有以下的性质：可用刀具进行机械加工、摩擦系数小、绝缘性能好、隔热性好、热膨胀系数与金属接近。由于以上的特点，这种含云母微晶的玻璃可以用于制备精密尺寸的筒管、高温下使用的绝缘元件、密封元件、高温下使用的无油轴承、集成电路基板、活塞等。

功能玻璃之所以有这么多种类，与玻璃的一个特性有关，元素周期表中约有 90 多种元素可溶入玻璃中，因此其化学组成范围较宽。利用这个特性，人们以玻璃为载体，将植物需要的营养成分，如磷、钾、钙、镁、硼、锌、铜、铁、锰等溶入玻璃，然后由玻璃中缓慢溶出，以达到施肥的目的，这就是玻璃肥料。玻璃肥料是一种缓释型肥料，这种肥料能够防止速溶型的钾肥、磷肥在几天内被水溶解，而后可能在雨水的冲刷下流失。这种肥料在 20 世纪 50 年代就出现了。有了这种肥料，就可以大幅度减少施肥的次数，同时还能保证肥料的充分利用。

回顾玻璃的发展历史，真是一个漫长而缓慢的过程。在欧亚大陆中部和东部地区，玻璃的历史基本千篇一律，玻璃和玻璃制造的知识在公元前 500 年左右从中东源头传播开来。玻璃的革命性制造技术——玻璃吹制术在公元 500 年也已传遍欧亚。印度除了用玻璃制造首饰外，玻璃技术几乎未能有其他发展。同样，中国和日本将玻璃看成贵重物品的低贱替代品，也未能得到发展。这其中的原因无法得知，我们只能猜测是因为就当时玻璃的用途而言，此地有更为优质的替代品。总而言之，玻璃技术在欧亚大陆中部和东部并没有得到真正的发展。

而在欧亚大陆西部，玻璃的历史迥然不同。南方的罗马文明极大地促进了玻璃制品走向生活，生产出了精美的日用玻璃器皿、镜子等。在北方，基督教与气候相结合，促使中世纪平板玻璃和彩色玻璃的发展。先进的玻璃制造技术使得眼镜成为可能，有了棱镜、透镜和眼镜，人们对光的兴趣大增。随后又发明了显微镜和望远镜，使得人类在天文学、生物学、化学、物理、医学等领域的认知得到了长足的发展。

我们不能片面地说玻璃导致了两地有如此大的差别，但是玻璃确实是不可或缺的。玻璃对人类的历史和生活如此重要，但长期以来都未能赢得我们足够的喜爱。我们很少讴歌玻璃，这也许是因为玻璃本质上是毫无特色的材质，易得也易碎。但是请想象一下，如果世界从来就不存在玻璃，那么那些从玻璃衍生的物体、技术和思想将不复存在。现在我们已经无法想象若少了玻璃，现代城市会是什么模样。相信随着玻璃家族的不断强大，人们将会把对水晶的赞美同等赋予玻璃，因为它虽出自于平凡的沙子，但经过无数努力，已经成为社会的栋梁。

第6章 柔韧的纤维

6.1 古老的漆器——生漆与麻

中华民族有着历史悠久的璀璨文化，孕育出了大量的精美绝伦、韵味深厚的传统工艺作品，其中最负盛名的就是陶瓷器，这在前面的章节已经详细地介绍了。此处要向大家展示的是另外一种与陶瓷同样光彩夺目的艺术瑰宝，那就是漆器。顾名思义，漆器是一种将“漆”涂在器物表面而制成的器具。虽然漆器这个名字或许会让人联想到是一种现代工艺品，但实际上，据我国考古发掘实物证明，我们的老祖宗在新石器时代就已经开始制造和使用漆器了，是世界上最早的。考古学家在七千年前的浙江余姚河姆渡原始文化遗址中就发掘出了古人制作的木胎涂漆碗（图6-1）。

图6-1 河姆渡出土的木胎涂漆碗

这些漆器使用的“漆”尚不是我们现在工业合成的油漆涂料，而是一种主要从漆树中汲取的天然汁液，可以说是最早的环保天然漆。与陶器一样，早期的漆器主要用于日常生活，在经过历代能工巧匠的改良和美化后，发展出了许多技艺高超、美轮美奂的漆器珍品。其中比较有名的是福州脱胎漆器（图6-2），它具有浓郁的地方特色和民族风格，与北京的景泰蓝、江西景德镇的瓷器并称为中国传统工艺“三宝”，还被郭沫若先生称赞为“天下谅无双，人间疑独绝”。

图 6-2 脱胎漆器

相对漆器而言，人们或许更了解青铜器，四羊方尊、后母戊鼎等国宝文物被世人所称赞。在古代，青铜器常被用于饮食、装饰和祭祀典礼中，多见于古代上层社会活动中。而以鼎为代表的青铜器在古代更是统治阶级的化身，具有极高的象征意义。据《周记·考工记》相关记载，漆器在当时的使用范围也相当广泛，几乎与青铜器的地位并驾齐驱。那到底是什么特别的原因，能够让漆器与宗法礼乐化身的青铜器并驾齐驱呢？答案就在于制作漆器原材料的特殊性。

漆器的原材料主要有两种：一是涂在表面的漆，二是用作内部支撑的胎身。这两种主要原材料具有一个共同特征，那就是轻盈。铜器往往分量重，不易搬运，而漆器正好具有轻盈的特点，使它具有青铜器不可替代的特征。正如郭沫若先生在诗中所言，“视之九鼎兀，举之一羽轻”，这正是对漆器拥有金属外表却轻巧异常的生动写照。因此相对青铜器雄伟稳重的形象，漆器更显现出高贵典雅的气质，也深受达官贵人的追捧。

图 6-3 在漆树上割取生漆

漆器的漆料主要是生漆，又称大漆、中国漆、天然漆，是从漆树上割取下来的浅灰白色液体树汁（图 6-3）。生漆的主要成分有漆酚、漆酶、树胶质和水等，其干燥后可用作涂料，具有抗热、耐酸、耐碱、耐潮、耐磨等天然优良特性，并且能够表现出韵味柔和的光泽，显得明润透体，可谓兼具耐用和耐看的特性。当然，仅用生漆是无法创作出精美的漆器工艺品的。人们通过不断地使用生漆，对其性能越来越了解，逐渐摸索出新的做漆工艺，可以在生漆的基础上加入其他成分以得到功能多样、色彩绚丽的漆料。据考证，夏、商、周三代的漆器已逐渐从单纯使用生漆到使用色料调漆，例如添加适量熟桐油和净水制成的罩漆，添加各种颜料而成的彩色漆等。

漆器另一个重要的原材料就是用作内部支撑的胎身，而上述的各种漆料就是用来涂抹在胎身表面的。胎身就相当于毛坯，而胎身材料一般用塑性好的材质制成，因为只有塑性好的材质才易被工匠制成形式各异的漆器雏形。古人常用的胎料有铜料、木料、麻布（图 6-4）。铜料和木料的塑性不用多说，从古人精雕细琢的铜像、木雕等艺术品就可见一斑。而第三种材料——麻布，就让人感到不可思议，因为麻布不同于铜料或木料，它是特别轻柔的，常规技艺根本无法使一张麻布保持我们想要的形状。那如何才能用一张轻柔的麻布制成坚实耐用的器皿呢？针对这个问题，古人创造性地发明了脱胎这种工艺。在脱胎工艺中，匠人首先用泥土或石膏捏塑成具有一定外形的毛坯，称为原胎。随后，匠人将麻布裁成合适大小，逐层裱在原胎上。为了使麻布与原胎、麻布层与层之间紧密地粘合在一起，匠人巧妙地利用生漆自身的粘合性，将其涂抹在原胎和麻布表面，以增加它们之间的紧密度。将涂漆后的原胎置于室内阴干后，剥去内部的泥土或石膏，只留下漆布雏形，再经过后序打磨等工艺就变成了一副坚实轻盈的胎体，最后上彩漆描画（图 6-5）。脱胎工艺相对复杂，往往需要技艺精湛的老工匠经年累月才能做出，因此脱胎漆器更具有欣赏和收藏价值，比如有名的福州脱胎漆器。漆艺大师郑益坤的巅峰之作《脱胎鱼缸》（图 6-6），其内壁所饰金鱼活灵活现，以假乱真，被戏赞为“气死猫”。

图 6-4　麻布

为何轻柔的麻布通过脱胎工艺就能制成坚实轻盈的胎体呢？这首先与麻布自身的特性相关。麻布其实是用亚麻、苎麻等各种麻类植物纤维制成的布料。所谓的植物纤维在微观上表现为植物中的一

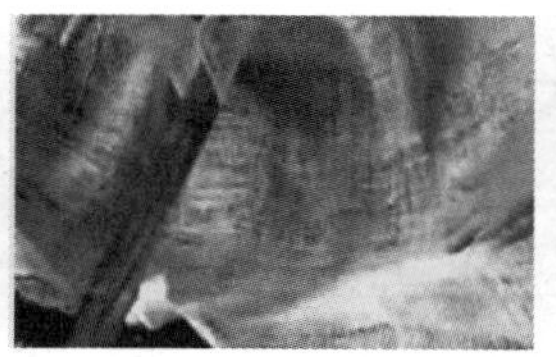

图 6-5　制作麻布胎身流程（石膏底模、裱麻布、涂漆）

种厚壁组织细胞，对于植物具有支撑、连接、包裹、充填的作用（图 6-7）。就像荷花细细的茎秆却能撑起硕大的花朵，正是由于其茎秆中的植物纤维发挥了重大的作用。纤维往往示人以纤细柔软的形象，实在难以想象如此纤细的物质却能表现出异于表象的坚韧性。通俗地讲，这其实就是团结的力量。我们生活中肉眼看见的纤维状物质，如麻布中的麻丝，往往是由一根根极细绵长的植物纤维纺织集束而成的（图 6-8），因此我们生活中的这些纤维制品实际上包含了难以计数的纤维物质，由此就具备了不一般的坚韧特性。当然，纤维种类繁多，有植物纤维，也有动物纤维，它们都属于天然纤维的范畴，这将在下节中详细介绍。

图 6-6　脱胎漆器

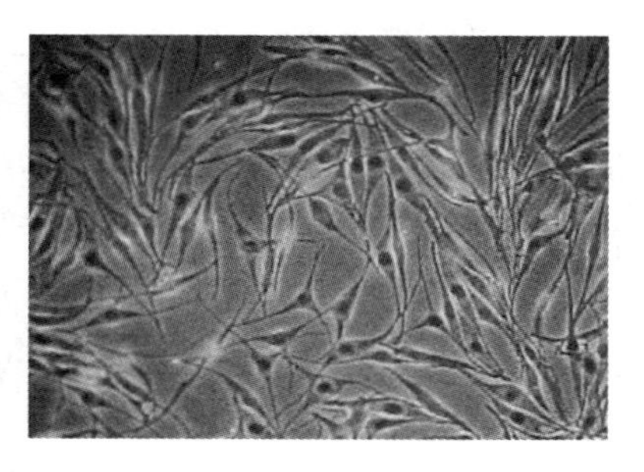

图 6-7　苎麻茎的韧皮纤维细胞

当然，脱胎漆器之所以能够形成胎体，还离不开涂抹在麻布上的生漆。生漆在脱胎漆器成形过程中，起到了粘合剂和隔离剂的作用。生漆中的漆酚和树胶质成分具有黏度大的特性，而生漆中 80% 以上的成分都是漆酚和树胶质，因此生漆是天然的粘合剂；生漆中的水分蒸发后，剩下的成分会形成漆膜，覆盖在麻布胎体表面，变

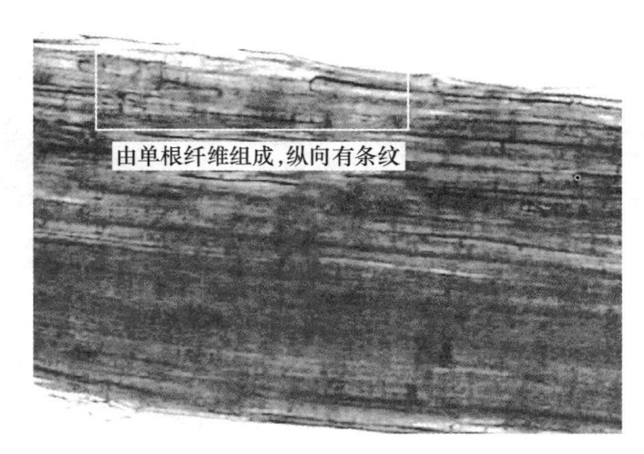

图 6-8 单根纤维组成的纤维束

成了一层保护膜，可以隔绝水或其他腐蚀物质对麻布胎体的影响，因此脱胎漆器就具有耐潮、耐酸、耐油等优点。例如，在长沙马王堆出土的漆器距今已有 2000 多年，但它的漆膜仍旧光泽鲜艳、器形完整，也充分佐证了生漆漆膜的保护作用。

实际上，脱胎漆器的技术成功需要生漆与纤维麻布之间的巧妙配合。纤维麻布赋予漆器以轻盈坚韧，生漆赋予漆器以经久耐用。正是这两种原材料的相互配合才造就了漆器的与众不同。类似脱胎漆器这种结合两种材料各自优势的做法，实际上就是我们现代复合材料的制造思路，这将在后续章节中详细介绍。

6.2 天然纤维——纺织原材

南宋绍兴年间画家楼璹（shú）所绘的《耕织图》充满田园气息（图 6-9），生动地描绘了中国古代小农经济的图景。元代诗人萨都剌在《过居庸关》中写道“男耕女织天下平，千古万古无战争”。由此可见，纺织一直都是人类重要的经济生产活动。早期纺织业的原材料主要是麻、丝、毛、棉等，这些都是从自然界原有的动植物身上取得的纺织原材料，属于天然纤维。到了 19 世纪，人类逐渐探索出了化学纤维的生产工艺，并不断发展完善，研制出了许多功能各异的合成纤维，丰富了纤维大家族的种类。但在纺织用纤维中，天然纤维仍占据了半壁江山，可见天然纤维在人类发展历程上的重要贡献。天然纤维根据来源不同，又可分为植物纤维和动物纤维。棉和麻就属于植物纤维，其分子成分主要是纤维素；毛和丝则属于动物纤维，分子成分主要是蛋白质。

图 6-9 南宋绍兴年间画家楼璹所绘《耕织图》局部

史册有云："古者先布以苎始，棉花无始入中国，古者无是也。所为布，皆是苎，上自端冕，下讫草服。"这里的苎就是指苎麻，是最早被古人使用的天然纤维纺织材料。麻布可以说是中国最古老的布料，堪称纺织品里的活化石，因其舒爽透气，常用于夏季衣着，也称为夏布。我们知道，要做一件衣服首先是要想办法得到线，然后用线织布，最后将布裁缝成衣。而麻之所以是最早的纺织材料，就在于它的线是相对容易获得的。以苎麻为例，苎麻的韧皮纤维可以持续生长数个月，长度可以达到几十厘米，这就相当于现成的线，我们只要想法将这些线提取出来，就可直接纺布制衣。麻布大致的制作流程有剥麻、绩纱、纺布等工艺（图 6-10）。而在原始社会中，人类最早学会的纺织技术也就是种麻索缕。即通过采集种植麻类植物，收获后用石器敲打，使其变得相对柔软（剥麻），然后再撕扯成细长状的麻缕（绩纱），用手搓成麻绳或编织成布（纺布）。麻布做的衣物有着轻便透气、经穿耐用的特点，但其表面比较粗糙，穿在身上不柔软，御寒的效果也不理想。为了满足更多的穿着需求，人类又继续寻找新的纺织原材料，于是就发现了蚕丝。

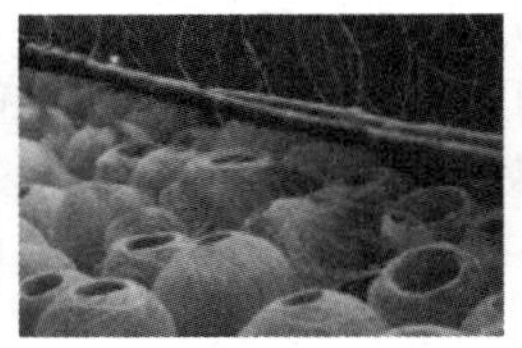

图 6-10　制作麻布的流程（剥麻、绩纱、纺布）

关于蚕丝，在古代有黄帝之妃嫘（léi）祖创造养蚕缫（sāo）丝的传说，也有古人以蚕茧为食，置于口中化而为丝的说法。小小的蚕为人类的生活奉献了一生，“春蚕到死丝方尽，蜡炬成灰泪始干”是对其无私奉献精神的最佳歌颂。与麻不同的是，蚕丝属于动物纤维，也是相对较早被人类使用的天然纤维。在考古发掘中，就出现了五千年前丝的痕迹，在商周时期就有用蚕丝织成的绫、纱、锦等丝织品。中国古代的丝织品闻名中外，在汉代以前就已经远销中西亚地区。西汉时，张骞出使西域，开辟了一条意义非凡的跨国贸易通道，由于其主要运输中国古代的丝绸，故而命名为“丝绸之路”。古代的丝绸制品能远销海外，其独到珍贵之处，关键就在于蚕丝这种原材料（图 6-11）。

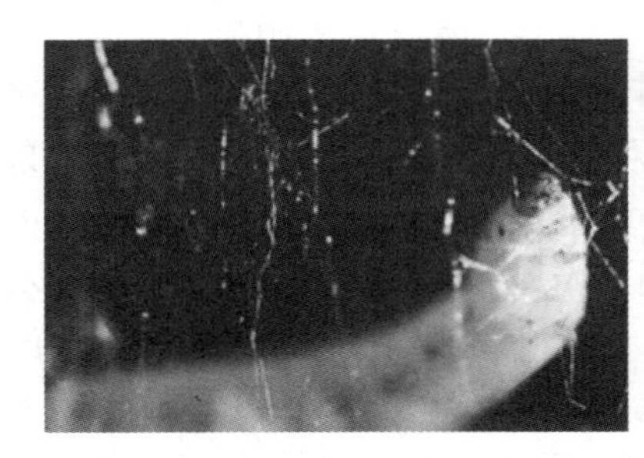
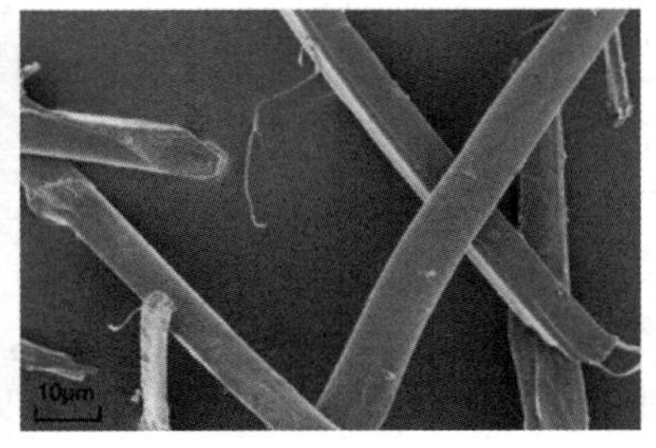

图 6-11　蚕丝纤维（引自魏子凯《蛋白短纤维的制备方法》）

蚕丝是熟蚕结茧时所分泌丝液凝固而成的连续长纤维。蚕丝的单纤维非常细，这是由于蚕吐丝的口器非常小，吐出来的丝缕直径最小只有几微米，称得上是自然界最细最轻最柔软的天然纤维。正因如此，蚕丝制品具有轻而柔软、光泽细腻、手感滑爽、贴身舒适的特点，同时兼具透湿、透气的优点。此外，也有学者认为，蚕丝主要成分是蛋白质，富含氨基酸，有促进皮肤细胞活力，防止出现皮肤病的功效。由此可见，蚕丝从古至今都是深受人们喜爱的上等纺织原材料。

要获得蚕丝，首先需要养蚕，待蚕成熟结茧得到蚕茧，才能从蚕茧中获得蚕丝，正所谓抽丝剥茧。蚕茧在合适的水温中浸煮，可以脱去其中的胶质成分，剩下的丝缕就会浮在水面，从而达到抽丝的目的。从单个蚕茧抽出的丝称为茧丝，其长度可达数百米。茧丝强度较低，无法直接使用，还须将多根茧丝集合绕成一根，方能用于织作。就得到丝线来说，蚕丝须经过养殖和缫丝（图 6-12），技术上比麻更复杂，这也使得丝绸制品更加珍贵。

图 6-12 《耕织图》所示蚕丝纺织工艺（养蚕、缫丝等）

毛是可用于纺织的另一种动物纤维，它直接来源于动物毛发，而蚕丝则从动物腺体的分泌物中获得。我国的毛纺织是和麻纺织、丝纺织相互交融发展的，主要是由游牧地区的少数民族贡献而来。早在四千年前的新疆地区就已经开始将羊毛用于纺织。秦汉以后，毛纺织技术已相当成熟，有了精细美观的毛毯等毛织品。羊毛纤维在纺织前，需要经过采毛、洗毛、弹毛等步骤。采毛最初是收集落在地上的羊毛，后来又发现可在合适的季节进行人工剪毛而获得大量的羊毛，同时又不伤害羊的正常生长。采到的羊毛往往带有油脂等污渍，还须用水、酥油等洗净。部分边疆地区水资源稀缺，当地的游牧民族就用黄沙代替水来洗去羊毛中的油脂，充满了因地制宜的民族智慧。洗净晒干后的羊毛大多是粘连在一起的，还须用弓弦来弹松羊毛，将其分离成松散状态。弹松后的羊毛纤维再经理顺、搓成丝缕就可用来纺织了（图 6-13）。羊毛是用量最多的毛纺织原材料，此外，古代也用牦牛毛、骆驼毛、兔毛、羽毛等作为毛纺织的原材料。

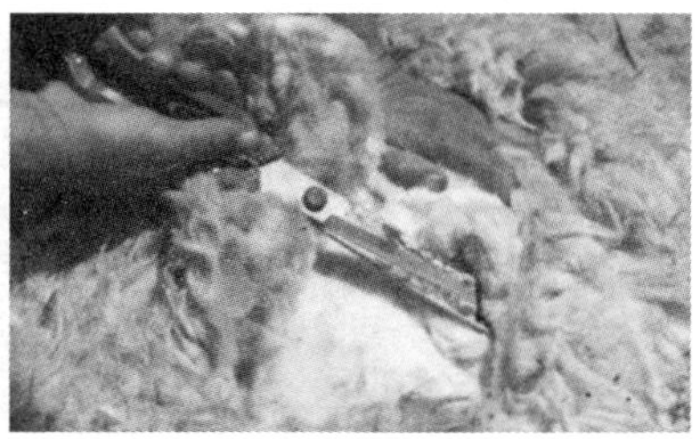

图 6-13 羊毛地毯、剪羊毛

我国边疆地区不仅对毛纤维的利用较早，对棉花的种植和利用也是世界上较早的地区。棉与麻同属植物纤维，但其在植物中存在的部位却有所不同。棉是生长在植物种子表面的纤维，称为种子纤维。而麻类植物，如苎麻、大麻、亚麻等，它们的纤维集中在草本茎的韧皮中，称为韧皮纤维。此外植物中的叶子，果实等都可存在纤维，如剑麻、蕉麻，它们的纤维就集中在叶子的叶脉中。与麻布相比，棉布的普及应用稍晚一点，从宋代到明代，以棉为主的纺织原材料才逐渐取代麻，成为纺织业的主要原料。这一方面是因为中原地区种植棉花的优势不够突出，另一方面就是从棉中得到纺线的工艺相对复杂，当时相关技术尚不成熟。在这里有一位关键人物，对棉纺业在长江流域的发展起到了重要作用，她就是宋末元初的棉纺织家黄道婆（图 6-14）。她曾向海南黎族妇女学习了棉纺织技术，并做了改进总结后，返回故里，教会了乡民新的棉纺织技术，促进了棉花种植和纺织技术在内地的推广应用，福泽后世。

图 6-14 黄道婆纺棉

棉纤维是棉花胚珠上表皮细胞伸长的部分，最开始棉纤维是管状的纤维细胞，但当棉花种子快成熟时，这些纤维管就会干瘪，并且发生扭曲（图 6-15），这就使人们很难便捷地利用棉纤维进行纺织。织棉的流程大致为：首先将采摘的棉花扎去棉籽，然后用弓弦等工具将其弹松，再用专门的工具将其纺成纱线，如此才能进行织造。正是由于织造棉布的技术较为复杂，直到汉代，中原地区的棉织品都是比较稀少的。到宋代时，由于边疆与内地的交往增多，种棉和棉纺织技术才逐渐在中原地区普及开来。棉花较之麻，减少了手工获得丝缕的劳动，与蚕丝相比，更容易获得，因此古人称棉花是“不麻而布，不茧而絮”。到明代后，棉花就已经超过麻、丝、毛，成为主要的纺织原料（图 6-16）。

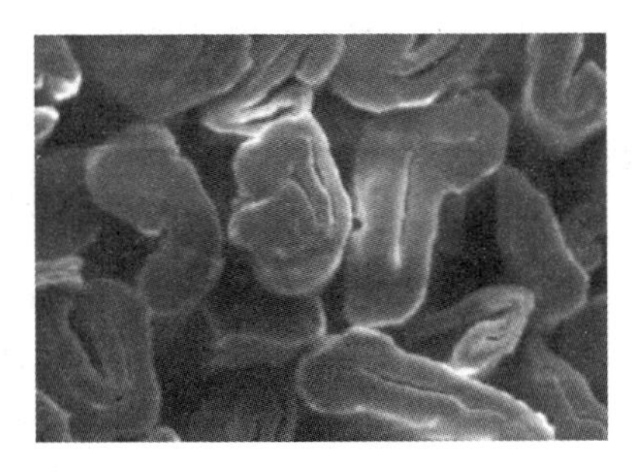

图 6-15 扭曲的棉纤维

将麻、丝、毛等天然纤维纺成线的技术较为容易，因而很早就

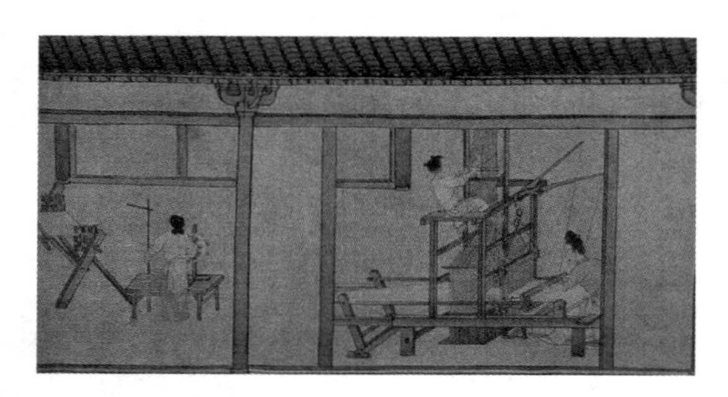

图 6-16　古代棉纺织作业

被人类使用，棉作为后起之秀，随着纺织技术的发展，逐渐克服了纺线的难题，最终成为纺织作业的主要原料。其实，自然界中存在很多性能优越，却不能被人们便捷使用的原材料，人们常常面临着有宝不能用的窘境。后来，得益于机械技术的发展，人们渐渐克服了这些困难，丰富了可利用的材料宝库。

以鸭绒为例，鸭绒是长在鸭腹部，成芦花状的绒毛，属于动物纤维。这种纤维呈球状，上面密布了千万量级的细小气孔，这些气孔能随气温变化而收缩膨胀，有自动调温功能，起到吸收人体散发流动的热气，隔绝外界冷空气入侵的效果，是完美的保温材料。同时，鸭绒的密度小，质量轻，不仅能达到很好的御寒保暖效果，还减少了人们在冬季的穿着负重。但就是如此高效保温的材料，人们却一直无法完美利用，仅能简单地将其作为衣物、被子的填充物。这种局面其实是鸭绒的缺点造成的，因为单支的鸭绒纤维非常短，无法用纺棉的方法纺成纱线，从而也不能织成布匹（图 6-17）。但方法总比困难多，面对这个难题，我国纺织企业和高校联合攻关发明了一种“嵌入式系统定位新型纺纱技术”（图 6-18），突破了原有纺纱技术对纤维长度、细度等性能的要求，使鸭绒这种短纤维原料也实现了纺纱应用。这种技术简单地说就是先给鸭绒这种短纤维做一个支撑，让它附着在这个支撑上，再进行搓捻，纺成纱，制成面料，最后再把支撑拿掉，鸭绒留下，如此就能将这些短纤维材料织成可以裁剪的面料，以便做成衣物。

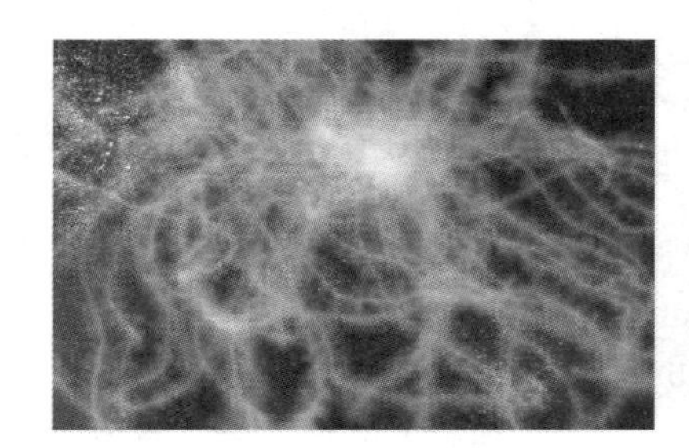

图 6-17　鸭绒纤维

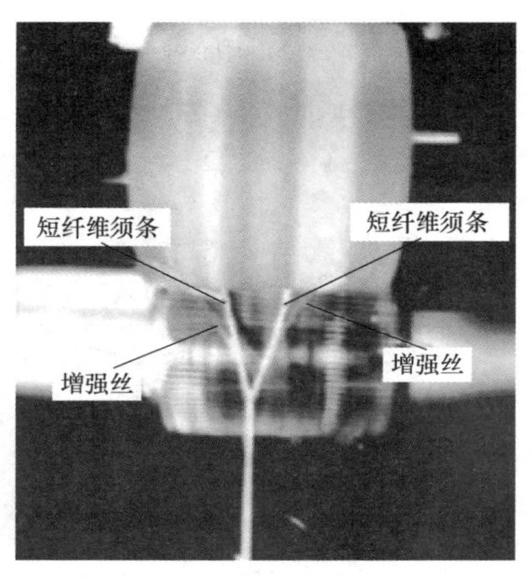

图 6-18　攻关团队发明的新型短纤维纺织技术

天然纤维作为纺织作业的最佳原料，可谓是真正的身边的材料，无处不在。通过对天然纤维材料的介绍，我们已经了解了纤维柔软的一面，但纤维材料还具有意想不到的性能。

6.3　藤甲与防弹衣——纤维的力量

上节说到，古人常用麻、棉等天然纤维作为纺织的主要原料，这其实是利用了纤维的柔软特性。但纤维其实也有充满力量，坚韧的一面，藤甲就是展现纤维坚韧力量的杰出作品。人们对藤甲的认识大多源于三国演义中的藤甲军（图 6-19），其所穿戴的藤甲是一种用藤蔓编织而成，经过特殊处理的铠甲。小说中的藤甲具有刀枪不入、渡江不沉、经水不湿的特点，与金属铠甲相比，更具有重量轻、方便战士在山林间穿越行动的优势。后来，有据称是藤甲军后裔的村民，复原了藤甲，果真如小说所言，刀枪不入。

相传制作藤甲的秘法是首先将青藤编织成铠甲外形，用油浸泡，半年后取出暴晒，晒干后继续在油中浸泡，如此数遍，方能得到这

图 6-19 藤甲军

种青滕宝甲。经过如此秘法，柔软的青藤竟能变成刀枪不入的盔甲，不得不让人感叹古人的智慧，同时，也让人们产生了好奇，这种秘法是怎样“化滕为甲”的呢？从材料学的角度来解释，就很容易理解了。

藤甲的主材是青藤，属于藤本植物，特点是茎干细长，但自身不能直立，须依附他物才能向上攀缘生长。藤蔓系植物一般都具有发达的茎干结构，很早就被人类拧成绳索，编织成箩、筐等器物（图 6-20）。这些用途都是利用了藤蔓柔韧的特性，这是由藤蔓中大量的纤维物质赋予的。

图 6-20 藤编用品

青藤中的水分较多，因而显得柔韧十足，倘若将青藤直接置于阳光下暴晒，其中的水分将会蒸发殆尽，青藤迅速干瘪变硬，此时的干藤蔓就失去了柔韧的特性。失去水分的藤蔓虽然变硬了，貌似可以用做盔甲，但实际上是存在致命缺陷的。因为这种简单粗暴地晒干的藤蔓，在变硬的同时，其内部的纤维受暴晒等因素影响会发生局部断裂，相当于原本的长纤维变短了，在宏观上就会表现出局部脆性，韧性不足。用这样的青藤做成的盔甲就会硬而不韧，倘若在战场上受到重刀的劈砍，很可能就会碎裂，严重影响士兵的安全。所谓的藤甲秘法，就是巧妙地解决了青藤在变硬的同时仍保持一定韧性的难题。青藤在油中浸泡的时候，油脂分子会浸入青藤内部，当青藤再进行暴晒的时候，这些油脂分子就会保护青藤内部的纤维的结构，避免其过快失去水分。通过反复的浸油和暴晒，既让青藤变硬，又使其保持了足够的韧性，因而这样的藤甲（图 6-21）才能达到刀劈不碎，剑刺不破的效果。

图 6-21　藤甲

在冷兵器时代，古人充分利用了青藤中大量纤维的柔韧特性，通过特殊处理，制成了藤甲这样的防护利器；而在热兵器时代，面对枪弹这些杀伤力更强的武器，人类又创造出了防弹衣这种现代盔甲。

防弹衣主要由衣罩、防弹层、缓冲层、防弹插板等组成。其中主要依靠防弹层来弹开或嵌住高速飞来的子弹或爆炸碎片。防弹层的材料早期是普通钢片、合金钢等金属，这些材料虽然强度高，能防弹，但重量也不轻，不便于士兵活动（图 6-22）。后来陆续又出现了玻璃钢、陶瓷片、尼龙等材质的防弹衣，其防弹效果较好，但依然存在重量较重和穿戴舒适性不足等缺点。直到 20 世纪六七十年代，美国杜邦公司研制出了一种新型合成芳纶纤维，名为凯夫拉纤维，该纤维具有超高强度、超高模量、耐高温的显著特点。相比尼龙和玻璃纤维防弹衣，用凯夫拉纤维制作的防弹衣，其重量能减轻50%左右；在单位面积质量相同的情况下，其防弹能力至少可增加一倍；同时，由于凯夫拉防弹衣是纤维纺织产品，也具有很好的柔韧度，增加了穿戴舒适性（图 6-23）。

图 6-22　钢铁防弹衣

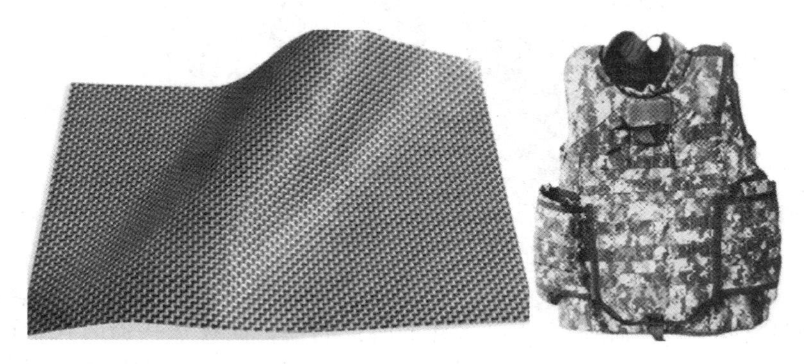

图 6-23　凯夫拉纤维及其防弹衣

那为何这些令人感觉柔软的纤维制品能够抵抗子弹或炸弹碎片的杀伤力呢？首先，我们需要了解防弹衣的防弹原理。子弹或炸弹碎片之所以有巨大的威力，是因为其在高速运动时，携带有巨大的动能；人们怕的就是这些巨大的动能，而不是子弹或碎片本身。根据能量守恒原理，我们只要想办法消耗掉这些动能，那子弹或碎片就不会对人体造成严重伤害。防弹衣的原理就是在子弹或碎片击中防弹衣时，让防弹材料来吸收转移它们的动能。因此防弹材料必须有足够的能力来吸收这些巨大的动能。如果防弹材料吸收能力不强，子弹或碎片还保留了一定的动能，那它们就仍会对人体造成伤害。那防弹材料到底是怎么来吸收这些巨大的动能的呢？这需要根据防弹衣的材质种类来分别介绍。

防弹衣根据材质不同，可以分为硬体防弹衣和软体防弹衣。以特种金属、玻璃钢、特种陶瓷为主材的防弹衣属于硬体防弹衣。如果是采用特种金属材料的防弹层，主要通过金属材料变形、碎裂来消耗弹体动能；如果是采用特种陶瓷来做防弹层，当高速弹体与陶瓷层碰撞时，陶瓷层碎裂或产生扩散裂纹来消耗弹体的动能（图6-24）。硬体防弹衣的防弹过程类似"硬碰硬"的较量，而软体防弹衣的防弹过程就有所差异。软体防弹衣的防弹层一般采用多层高强度高模量的纤维织物缝合而成，比如凯夫拉纤维、超高分子量聚乙烯纤维、碳纳米管纤维等。当子弹或碎片撞击到纤维防弹层时，纤维材料会产生多个方向的剪切、拉伸破坏和分层破坏，以此来耗尽它们的动能（图6-25）。软体防弹衣的防弹过程更接近于"以柔克刚"，其成功的关键在于防弹层的纤维应具有高强度、高模量的性能。

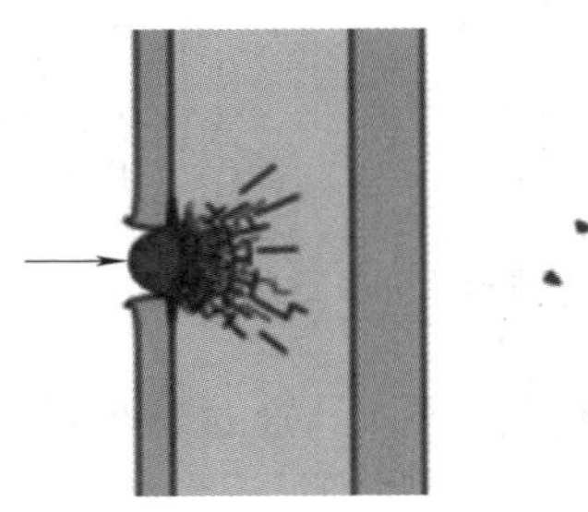
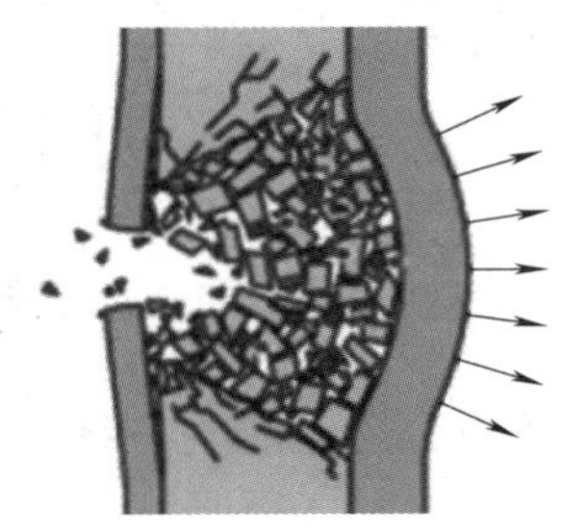

图6-24 硬体防弹衣的防弹过程

以凯夫拉纤维为例，它的实际材质是聚对苯二甲酰对苯二胺，这是一种液态结晶性棒状分子。这种液态结晶性棒状分子结构遇到

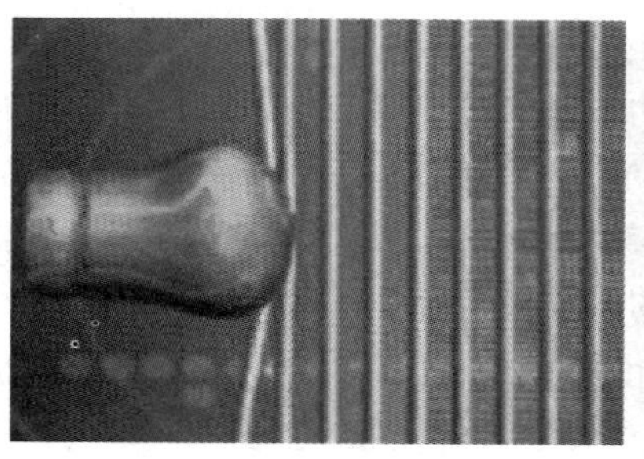
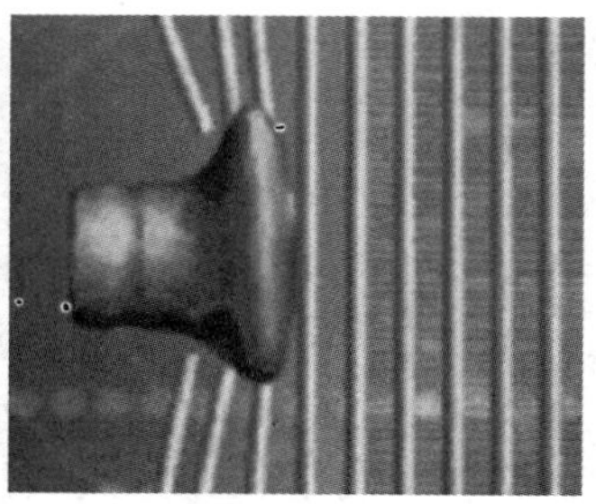

图 6-25 软体防弹衣的防弹过程

浓溶液时，某个区域的所有棒状分子都会朝同一个方向分布，形成一种叫相畴的区域，从而整个材质就会分成大大小小的相畴区。当其再进行纺制拉伸时，众多的相畴就会再次沿着同一个特定的方向分布，这个特定的方向一般就是纤维的方向（图 6-26）。我们在拉扯纤维时，就像是与这些棒状分子拔河，由于几乎所有棒状分子的方向一致，且恰好都是对着我们拉扯的方向，它们各自的力量就可以集中在一起来抵抗我们拉扯的力量，导致我们很难拉断纤维，因此我们可以说凯夫拉纤维具有高强度、高模量的性能。

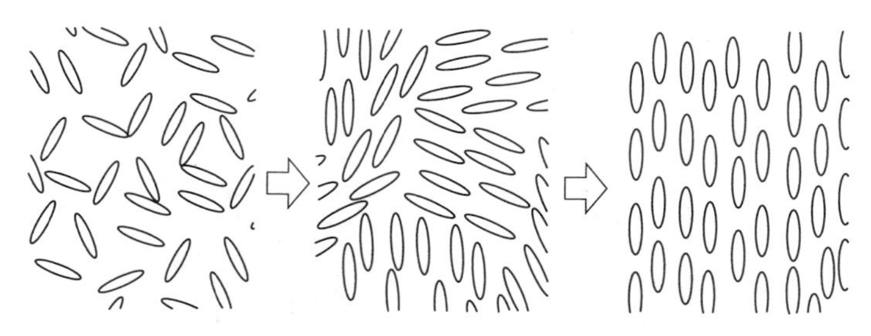

图 6-26 凯夫拉纤维棒状分子纺制过程

无论是藤甲，还是凯夫拉纤维防弹衣，通过特殊的工艺，都能将看似柔软的纤维，变得坚韧有力，让我们见识到纤维力量的一面。

6.4 皇家神弓——牛筋与竹子的复合

在冷兵器时代，弓箭一直都是战场决定性的武器。恩格斯说：

"弓箭对于蒙昧时代，正如铁剑对于野蛮时代和火器对于文明时代一样，乃是决定性的武器。"弓箭的起源非常早，远在旧石器时代，人类就已经开始使用弓箭了。随着历史的发展，人类制作弓箭的技术越来越成熟，弓箭的威力也越来越大，其中具有代表意义的一种弓弩就是牛角弓（皇家神弓）。牛角弓可谓我国古代弓箭的巅峰之作，丝毫不亚于现代材料制作的弓。牛角弓是由牛角、竹木胎、牛筋、动物胶等材料经过近百道工序加工而成，技术难度高，制作周期长。由于牛角弓的制作工艺复杂，技术要求高，如今会制作这种牛角弓的匠人已经不多了，恐怕仅有北京聚元号的大师才会制作。由于过去聚元号的弓箭是专为皇家定制的，因此也称此弓为皇家神弓（图 6-27），而现在的聚元号弓箭制作技艺也早被列入了国家非物质文化遗产名录。

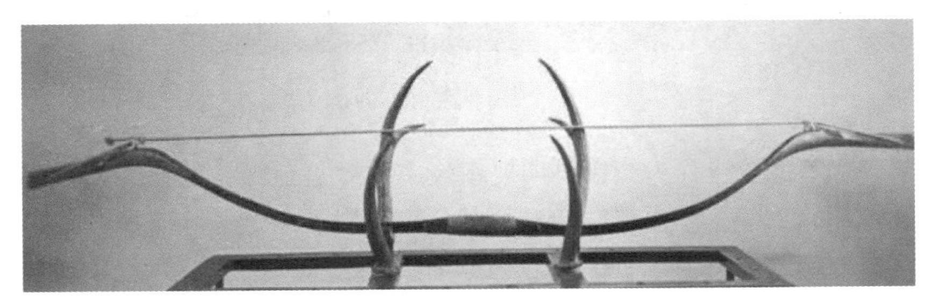

图 6-27　聚元号牛角弓（皇家神弓）

对于弓的制作工艺，在春秋战国时期的《考工记》中就有专门的记载。《考工记·弓人为弓》篇对弓的材料、加工方法、部件组合，都有详细的记载。关于弓箭的材料，《考工记》中认为最重要的材料包含干、角、筋、胶、丝、漆六种，合称"六材"。"干"是用以制作弓臂主体的材料，以木材和竹材为主。干材要求坚实，不易折断，较好的有拓木、檍木、柞木等，竹材相对较次。"角"是薄片状的动物角，以牛角为主，贴于弓弩的内侧。"筋"是动物的肌腱，常用牛筋，主要作用是增加弓的弹力。"胶"为动物胶，起粘合干材和角筋的作用，早期以黄鱼鳔的鱼胶最好。"丝"为丝线，用于加固弓体。"漆"用于保护弓体，防止湿气的侵蚀。对于牛角弓而言，"干""筋""胶"是相对更重要的材料。

牛角弓的干材为竹材（图 6-28），没有选用更加坚实的木材，主要是考虑到竹材的纤维更加丰富，弹性更好。牛角弓的干材多选用粗壮耐用的竹子，并且仅选用一根竹子中间平直完整的一段。有经验的老师傅在选用竹子时，会根据敲打竹片的声音清脆度来判断竹材是否合适。牛角弓的其他附件，例如望把可以选用榆木等木材。在组合干材和附件的时候就需要用到胶。

图 6-28 干材——竹

做弓的胶也称为鳔，早期使用较多的鳔是鱼鳔，现在的师傅逐渐改用猪皮鳔。鳔是很好的粘合剂，也常用于做家具，往往一整套家具需用的鳔不多，但小小的一张牛角弓使用的鳔却是做一套家具的好几倍。鳔的原料是猪皮，这是因为猪皮中含有大量的胶原蛋白，其在蒸煮过程中会转化为明胶，适合做粘合剂使用。做鳔时，先将处理好的猪皮煮熟，放在铁桶里，用木槌反复捶打数千次，目的是将猪皮中的胶质都砸出来，然后再经过蒸煮过滤，最后才能得到做弓用的鳔（图 6-29）。

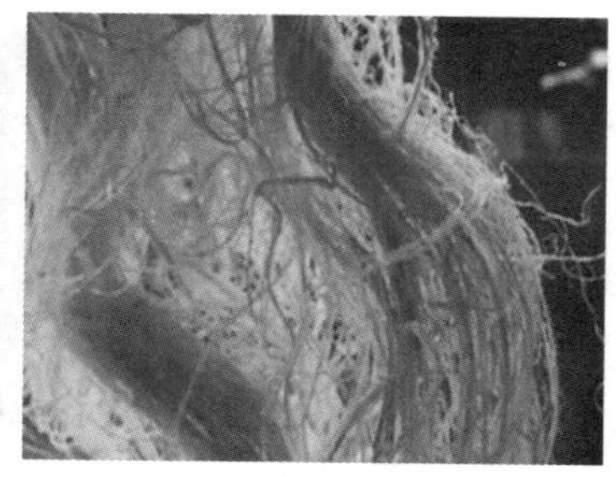

图 6-29 猪皮鳔与牛筋

为了增加牛角弓的弹力，往往还需要在干材上用鳔附上牛角和牛筋。做弓的牛筋只取用牛背上靠近脊骨两侧的那部分筋。取下的牛筋在大致晾干后，裹上米糠，再包上粗布，在碾盘上进行轧制，以便将牛筋丝分离开。但此时仍有油脂裹在牛筋上，还需要人工撸掉这些油脂，最后才能得到可以做弓的牛筋丝。将处理好的牛筋丝理顺，再用鳔一层层地贴在弓胎内表面，根据弓需要的力量，选择需要贴丝的层数，一般至少贴三层。这道工序是制作牛角弓的关键步骤，也是所谓的制弓秘方。

从皇家神弓的制造材料来看，有三种材料十分重要，分别是竹材、猪皮鳔和牛筋丝。其中竹材和牛筋丝非常有意思，它们都是天然纤维。我们知道，纤维材料的制品往往具有坚韧的特点，对应到宏观体验上就是弹力大。通过猪皮鳔这种粘合剂，将竹材和牛筋丝结合在一起，极大地提高了弓弩的弹力，保证了弓箭的杀伤力。从这点来看，皇家神弓不愧为弓弩家族中的佼佼者。通过对皇家神弓的介绍，我们进一步体会到了古代能工巧匠的智慧。像皇家神弓这样，利用合适的粘合剂，将多种材料组合在一起，以获得更加优异的性能，这与现代复合材料的思路不谋而合。

6.5　不怕摔的陶瓷——纤维增韧陶瓷

上一节讲到牛角弓的做法在某种程度上是契合了复合材料的思路。现代的复合材料可谓“刚柔并济”的集大成者，其不仅能够保持原材料各自的优异性能，而且还可以获得单一原料所不及的综合性能。复合材料一般包含基体材料和增强材料，基体材料赋予物件宏观外形，增强材料用以提高基体材料性能。基体材料有铝、镁、铜等金属，也有橡胶、石墨、合成树脂、陶瓷等非金属；增强材料包括纤维类、颗粒类和晶须类等，如碳纤维、玻璃纤维、石墨、碳化硅等。在众多的增强材料里，纤维材料是应用最广，使用最多的，例如纤维增韧陶瓷。

陶瓷作为生活用品和工艺美术品，相信大家都不陌生。我国具有悠久的陶瓷文化，传统的陶瓷作品艺术价值极高，世界闻名

(图6-30)。在现代工业生产中，人们又发展出了特种陶瓷(图6-30)，使陶瓷具有高强度、高硬度、耐高温、耐腐蚀等优异性能，例如以氮化硅、碳化硅为基体的高温陶瓷。无论是传统陶瓷，还是特种陶瓷，其共有的致命缺陷就是脆性大，怕摔易碎，因此如何提高陶瓷的韧性一直是科学家探索的重要内容。纤维材料的特点就是韧性好，于是，人们开始探索将纤维材料“添加”到陶瓷基体中，以增加陶瓷的韧性，并最终成功地研制出了纤维增韧陶瓷基复合材料。这种复合材料简单地说就是以原本的陶瓷成分为基体，通过先进的制备手段，将纤维材料“镶嵌”在陶瓷基体中，最终不仅保留了陶瓷耐高温、高强度、高硬度等优势，还大大改善了陶瓷材料的韧性，克服了易碎的缺陷，可谓不怕摔的陶瓷。

图6-30　陶瓷艺术品与汽车中的特种陶瓷零件

那纤维是如何增韧陶瓷的呢？这要从陶瓷的断裂行为说起。首先，材料的断裂大致可分为韧性断裂和脆性断裂。韧性断裂一般是韧性材料在完全断裂前，能够观察到先期的宏观变形，比如橡胶材料；脆性断裂就是材料，往往是突然发生断裂，几乎观察不到前兆，危害最大，比如传统陶瓷材料。纤维增韧陶瓷的原理，简单地说就是纤维的加入使陶瓷本应发生的脆性断裂变为非脆性断裂。传统陶瓷材料出现裂纹时，这些裂纹会迅速地、毫无阻碍地扩展贯穿整个材料构件，造成脆性断裂。现在呢？我们不妨想象一下，如果将纤维加入陶瓷后，这些裂纹还能毫无阻碍地贯穿整个材料吗？答案显然是不能的。在陶瓷中加入纤维后，这些纤维就会成为裂纹扩展的拦路虎，尤其是当这些纤维的断裂难度比陶瓷大的时候。裂纹扩展碰到了纤维这个“拦路索”，只能选择绕路走，所以裂纹在陶瓷基体中走的路就变多了，花的时间也会变多，自然而然，陶瓷完全断裂受到阻止或延滞，就不再是脆性断裂了。因此纤维实际上是起到了阻碍裂纹扩展的作用，变相地增加了陶瓷的韧性。

随着人们对纤维增韧陶瓷的研究不断深入，又进一步揭示了纤维增韧陶瓷的主要机制是纤维拔出。正如上述的解释，裂纹在陶瓷基体中遇到纤维时会绕路，但纤维毕竟只是“镶嵌”在陶瓷基体中的，与基体的结合力是有限的。当陶瓷复合材料受力持续增大时，纤维会逐渐从基体中脱离开来。这个脱离过程，就会消耗裂纹扩展的能量，削弱裂纹向前扩展的动力（图 6-31）。就像拔萝卜一样，人需要用劲，消耗人体能量，才能拔出萝卜。纤维拔出也是一样的，需要消耗能量，而恰好这里的能量就是裂纹扩展的动力，这算是一招釜底抽薪。通过这样的方式，小小的纤维竟能在陶瓷中发挥意想不到的作用，让我们见识到了复合材料的神奇之处。

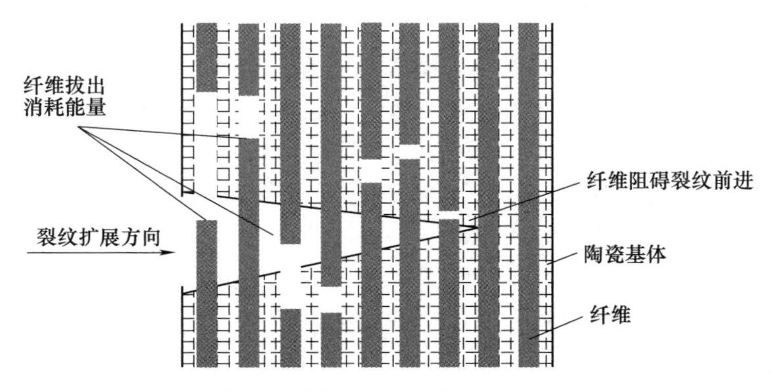

图 6-31　纤维增韧陶瓷基体示意图

纤维增韧陶瓷基复合材料的韧性得到了很好的改良，其在工业中的应用就不再受陶瓷脆性缺点的掣肘，陶瓷本身的高强度、高硬度、耐高温、耐磨损等优异特性就有了更多的用武之地。截至目前，各种陶瓷基复合材料已经应用于先进机加工的切削刀片、火箭发动机喷管、航天器外壳以及飞机制动部件等（图 6-32）。随着科技发展，复合材料在尖端行业的应用逐渐增多，在关键技术领域发挥了至关重要的作用，成了行业发展和突破的关键对象。《中国制造2025》是我国实施制造强国战略的第一个十年行动纲领，其中涵盖了十大领域，而以先进复合材料等为发展重点的新材料领域就是其中的一大板块。复合材料的重要性不言而喻。

图 6-32 飞机发动机陶瓷部件与航天飞机陶瓷外壁

6.6 飞机制动盘——碳/碳复合材料

在上一节中，我们初步领略了复合材料的神奇之处，如果说纤维增韧陶瓷是优势互补的典型，那碳/碳复合材料就是强强联手的杰作。碳/碳复合材料实际上就是碳纤维（图 6-33）增强碳复合材料，是以碳或石墨纤维为增强体，碳或石墨为基体复合而成的新型材料。其实，人类对碳从来就不陌生，地球上包括人类自身在内的所有生物都是碳基生物，而远在史前时代，人类就已经学会了使用木炭、煤等含碳物质。碳这种元素的熔点和沸点极高，而碳/碳复合材料几乎都是碳元素组成，因而这种材料的天然优势就是耐高温。除此之外，碳/碳复合材料还具有抗烧蚀、密度低、耐摩擦、生物相容性好

图 6-33 碳纤维材料

等特点。因其拥有如此优异的性能，早在 20 世纪 60 年代初就已经引起了人们的广泛关注，并逐步应用于工业科技领域。其中典型的应用代表就是飞机制动盘。

飞机制动盘是飞机实现安全有效制动的关键部件。飞机在制动时，液压机构推动制动盘，使其压紧运动部件产生摩擦力来制动飞机。由于飞机的速度极快，在着陆制动过程中，制动盘与运动部件之间会产生高速的相对摩擦，而飞机的动能就会转变为热能扩展出去，从而降低飞机动能，达到制动的目的（图 6-34）。早期的制动盘多用金属材料制作，但金属制动盘磨损严重，使用寿命短，无法满足现代飞机高速度高负荷的发展需要。而碳/碳复合材料的出现给飞机制动盘性能的突破提供了契机，并于 20 世纪 60 年代成功应用于一家英国公司研制的新型制动装置。

图 6-34 飞机制动系统以及其中的制动盘

碳/碳复合材料可谓当前最好的高速制动部件材料，碳制动盘在多方面的性能都比金属制动盘优异。首先是重量方面，碳/碳复合材料的密度大概只有钢铁的三分之一，采用碳/碳复合材料的制动盘能减轻飞机的结构重量，提高飞机的负载能力。其次，飞机刹车盘寿命有限的主要原因是热磨损，这是制动过程中制动盘所承受的高摩擦热和高应力造成的。而碳/碳复合材料基本都是由碳原子构成，并且碳原子之间的亲和力极强，加之碳元素高熔点的本性，使该材料在高温环境中也能保持原有强度，加上石墨材料本身的固体润滑特性，因而碳/碳复合材料在高温下也具有优异的耐磨性，这是许多其他材料所不及的（图 6-35）。

飞机在着陆制动的过程中会产生大量的摩擦热，使制动盘的表

图 6-35 耐高温耐摩擦的碳/碳复合材料制动盘

面温度达到 1200 摄氏度，而此时制动盘心部的温度尚未升高，从而造成制动盘从表面到心部出现极大的温度差，倘若温度不能及时扩散，就会导致制动盘温差极大，进而发生变形，甚至碎裂，因此制动盘应具有高的热导率。碳/碳复合材料就具有优异的导热性能，满足制动盘的快速散热要求。这是由于碳/碳复合材料的微观结构单元大多还是石墨片层结构，而石墨片层结构是有利于导热的，因为片层结构的散热面积相对较大，热量通过片层的速率就快，所以其导热效果好。对于碳/碳复合材料而言，其中纤维的方向也影响了该材料的热导率。纤维在碳基体中的分布是存在一定方向的，而热量往往在顺着纤维的方向扩展较快，这些纤维就像在基体中搭建起了热传导通道，加速了热的通过，因此碳/碳复合材料的热导性能也表现出各向异性，就是说在某些方向，热量传导得快，在另一些方向，热量传导得较慢。总的来说，通过特定的工艺，碳/碳复合材料制动盘可以有效传导其局部的高温，避免出现制动盘因高的温差而碎裂的恶果。

从以上几个方面来看，碳/碳复合材料用作飞机制动盘，数倍延长了制动盘的寿命，突破了飞机制动技术的材料壁垒。因此碳/碳复合材料在航空制动系统的应用日益广泛，当今几乎所有的民用和军用飞机的制动系统中，都使用了碳/碳复合材料。

6.7　大风车——纤维增强树脂

风车玩具是我们很多人的童年印象，每逢新春佳节，满大街都能瞧着这种用纸折成的玩具。在古代民间，风车代表着喜庆和吉祥，有着“风吹风车转，风吹幸福来”的民俗说法。其实，风车不仅仅寓意了美好的精神寄托，也是一种人们巧用大自然力量的生产工具。作为生产工具的风车是一种以风作为能源的动力机械，早期，人们利用风车提水灌溉或碾磨谷物，节省了人力，促进当时的农业发展。而今天，风车已经不再用于研磨粮食，而是有了新的使命，那就是风力发电。

电能是我们现代生活中必不可少的能源，而电能是需要利用其他能源转换而来的。早期使用最多的是煤炭等可燃烧能源，但燃煤发电的污染相对严重，对化石能源的依赖较大，易引发气候变化，不符合可持续发展的观念。因此，人们开始关注自然界的其他可以用于发电的资源，比如水力、风力等。其中风力资源是一种清洁的可再生能源，因此发展风电成为开发新能源的重要规划。目前，风力发电已经在我国的西部地区进行了广泛的应用。如果大家乘坐高铁经过西部的草原或戈壁滩，就能望见一座座“大风车”拔地而起，其巨大的叶片或缓或快地呜呜转动，犹如在述说风的力量。这已成为西部大开发的一道靓丽风景线（图 6-36）。

图 6-36　西部风力发电场

远远望去，徐徐转动的“大风车”似乎也不大，但这些风车的叶片实际上足有几十米长，最长的已经接近一百米，如此庞然大物实在是令人惊叹。庞大的风机叶片是风力发电机的核心部件，关系到风机的发电效果。要制造如此巨大的风机叶片，那它对材料的要求就非常高了。首先要满足密度小、重量轻，如果叶片太重，那就很难顺利地安装，而且还需要加粗承重的立柱，无疑增加了技术难度和施工成本。同时，由于叶片是直接捕获风力的部件，要经受大自然的风吹雨打，因此还要求它具有较高的强度、耐蚀性以及抗疲劳能力。

早期小型的风机叶片是用麻布蒙着木板制成的，虽然比较轻，但强度不足，难以承受强风的冲击（图 6-37）。后来人们用钢材来做叶片的骨架，解决了叶片强度的问题，但由于钢材较重，限制了叶片的长度，利用风力的效率也有限。铝合金相对钢材的强度差不多，但重量更轻，因此钢材叶片陆续被铝合金叶片取代，但铝合金仍存在部分工艺难题尚未解决，限制了它的进一步应用。而且金属的风机叶片在平地上，就是一根极好的引雷针，一旦遇上雷雨天气，就极易被闪电击中而损坏。

图 6-37　早期的风力发电机

直到近现代，复合材料开始大显身手，首先登场的是玻璃钢。它是以环氧树脂、不饱和树脂与酚醛树脂为基体，以玻璃纤维为增强体的复合材料，全称为玻璃纤维增强塑料，简称玻璃钢。在这里值得一提的是，玻璃钢仍是一种增强塑料，非金属非玻璃，也不同于钢化玻璃，因为钢化玻璃仍是玻璃范畴。玻璃钢这种材料有许多优点可以让它用于风机叶片（图 6-38）。首先就是重量轻，它的密度大概只有钢材的四分之一，而强度却比一般的钢材都要高；其次就是耐腐蚀，这是由于其中的树脂基体比较稳定，不易发生化学作用；此外，玻璃钢的工艺相对简单，易于成形，经济效益更好。但玻璃钢作为风机叶片也是存在缺点的，首先是发生老化，这是塑料类材质的通病。在野外长期的紫外线、风沙雨雪等影响下，玻璃钢构件的各方面性能都会有不同程度的降低；其次就是它的刚度不足，容易变形，不过可以通过结构设计，例如加筋板、填充泡沫塑料等方式来增加玻璃钢叶片的刚度。

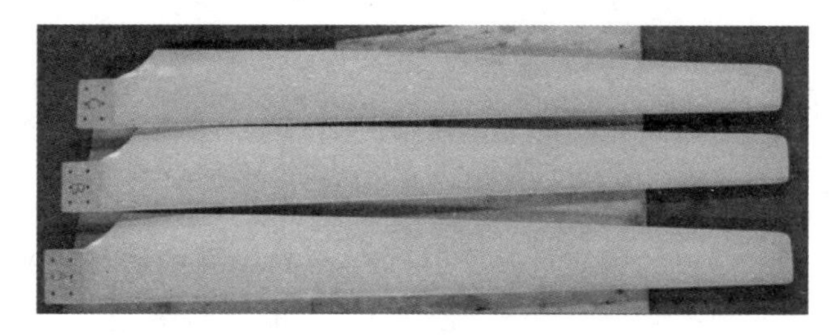

图 6-38　20 千瓦风力发电机的玻璃钢叶片

如果要提高风力发电机的效率，就必须尽可能地增大风机捕风面积，因此就需要制造超长型叶片。此时，风机叶片材料对刚度指标的要求就变得更高。继玻璃钢问世后，人们陆续研制成功了碳纤维、陶瓷纤维等复合材料。其中的碳纤维复合材料的重量也轻，但刚度能达到玻璃钢的两倍以上，是比较理想的玻璃钢替代材料。这里的碳纤维复合材料是指碳纤维增强环氧树脂复合材料，具有密度小、刚度好、强度高的优点，是一种先进的航空航天材料。碳纤维增强环氧树脂比玻璃纤维增强树脂性能更加优异的原因在于碳纤维。碳纤维是一种新型无机非金属材料，是先进复合材料中最为重要的增强体。碳纤维的性能非常出色，它是碳元素组成的纤维材料，碳含量达 95%（质量分数）以上。这种材质首先具有碳材料的固有特性，即耐高温、耐摩擦、耐腐蚀、导热性好等，同时，由于其具有纤维排列结构特点，因此也具有纤维的柔软性和可编织加工能力。但由于碳纤维复合材料的造价昂贵，限制了它在风机叶片中的广泛应用。因此，制造商只能选择性地使用这两种材料，例如在叶片外壳中用玻璃纤维复合材料，在叶片极端、承载主梁处使用碳纤维复合材料，再配以巧妙的夹层机构设计，在保证稳定性的同时，尽量降低叶片重量（图 6-39）。

图 6-39　90 米长碳纤维风机叶片

看似粗笨简单的风机叶片，其实也具有很高的科技水平。使用风电，不仅能节省煤炭等可燃烧资源，还能实现绿色可持续发展，以风电为代表的绿色能源技术彰显了人类希望与自然共存、协同发展的美好愿景。我们欣喜地看到，在低碳经济的大背景下，我们的国家一直在积极谋划，加速努力实现经济发展和环境保护的协调，政府相关部门也制定了我国关于新能源产业发展的战略规划。作为人类个体的我们，也应该积极投入其中，适时改变生活行为方式，做低碳生活的践行者。

纤维，纤细绵长而显柔软，聚丝成束而示坚韧。纤维材料在人类发展过程中，一直都是重要的参与者。原始社会，人类利用葛麻纤维解决了衣以蔽体的问题；丝、毛、棉等天然纤维陆续地加入，帮助人类抵御寒冬，提高了穿着舒适性。青藤改造成甲，展现了纤维坚韧的一面。牛筋与竹材的巧妙复合，体现了纤维增强基材的作用。从最早的利用自然纤维到如今利用现代技术生产人造纤维，从单纯利用纤维的柔顺来编织衣物到利用纤维的特性来增强基材的性能，纤维材料的来源在增多，使用方式在扩大，其担纲人类发展的重要角色从未变化。期待纤维材料在人类发展中发挥更大更广的作用！

第 7 章
千里传书

在自然界，信息传递无处不在，而沟通、记录所需要的语言和文字使人类的信息交流效率与众不同。由此，人类的个体之间，人类与自然，古今人类之间得以实现信息的奇妙碰撞，这些碰撞造就了我们如今的科技、文化与社会生活的方方面面。在漫长的信息传递演化中，每一次信息载体的变化与信息传递方式的演变都离不开材料的进步。本章，我们将凭借一些典型的材料进步案例一窥这部波澜壮阔的信息发展史。

7.1 文字的萌芽——彩陶纹饰与刻画符号

在中国史前文化中，造型各异、纹饰优美的陶器具有非凡的魅力。从出土的陶器来看，大多为早期人类的生活用品。陶器制作技术的掌握是人类文明中的关键进程，在本书的此前篇章中，我们对陶器本身的制作有所介绍。而随着制作技术的不断成熟以及审美的觉醒，人们开始将对自然的理解融入其中。由此出现了陶器上两个重要的信息要素：纹饰和符号。

以马家窑类型彩陶为例，其彩绘纹饰以黑彩为主，有时与白彩相配合，突出明暗的对比，形态上除了有旋涡纹、水波纹、同心圆纹、网格纹、平行线纹等，还有蛙、鸟等象生性纹样（图 7-1）。充分体现了当时人们取之自然的艺术灵感与创造力。同时，马家窑类型的彩陶几乎每件都绘制有河水翻腾的纹样，体现了母亲河对先民物质精神文化生活的影响。

陶器上刻画的符号引起了现代人的极大好奇，这些符号形态规整，又自成体系，有些具有象形特征，有些又能在之后的甲骨文以

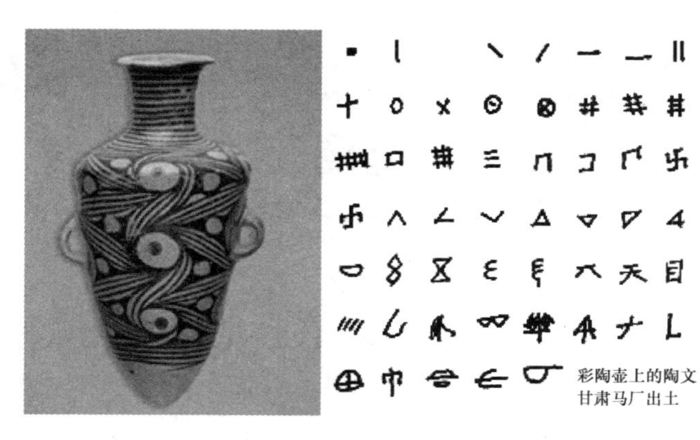

图 7-1 旋纹尖底彩陶瓶与彩陶上的刻画符号
（来自甘肃省博物馆及李荆林《女书与史前陶文研究》）

及很多地区独特文字中找到继承，因此有学者认为新石器时代仰韶文化时期至商代甲骨文以前这段漫长历史阶段中所出土的刻画符号就是“文字符号”，由于其刻画在陶器上，因此称之为陶文。

此处我们简要回顾一下彩陶的制备工艺。大致有四个步骤：泥土加工、陶坯成形、器物装饰及入窑烧制。以马家窑类型彩陶为例，原料主要采用红黏土。红黏土经过杂质挑拣之后会放入水中粗略地淘洗、沉淀去除颗粒。而想要制备精致的彩陶，泥土需要非常细腻，可见时人已经掌握了成熟的泥土加工方法。

在陶器塑形成功后可以绘制彩色纹饰。纹饰的出现伴随着古人对天然矿物颜料认识的加深。彩陶的颜料是绘制在未干的陶坯之上，用工具将陶器表面打磨光滑，可以使彩绘和陶坯结合紧密，之后在700~1000 摄氏度的温度下烧成，颜料与陶器表面牢固结合，不易脱落。通过现代分析可知，白色颜料主要为石膏（$CaSO_4$）或方解石（$CaCO_3$），而黑色颜料以锌铁尖晶石、磁铁矿与黑锰矿为主，红色颜料则以赤铁矿为主。

通过陶器上的记录，人类祖先对美的理解，对自然环境的认知以及对社会生活的记录得以传承至今。文字之说虽尚存争议，但不可否认的是这些符号的演变承载着古人信息交流需求的变迁：日益复杂的社会生产生活方式催生了文字交流与记载的需要，并在漫长的历史实践中逐渐孕育了美妙的中国汉字。

7.2 沟通天与人——甲骨文与占卜

甲骨占卜在中国古代先民中具有悠久的历史并在商代达到顶峰。商王朝近乎一切大小之事，都需要占卜来决定，也因此形成了完善的流程与精细分工。而甲骨文大多是占卜过程中的卜辞，通过对出土的甲骨卜辞研究使今人得以一窥几千年前先人的社会与生活。甲骨作为先民用来尝试与神明沟通的媒介，也沟通了古今，将中华民族悠久的历史传承至今。

现在我们来跟随占卜的流程，看看甲骨占卜是如何进行的。

7.2.1 原料的选取

甲骨两个字分别指占卜所用的龟甲和兽骨。从河南安阳殷墟出土的龟甲来看，以腹甲居多，背甲亦可。而骨则以牛肩胛骨最多，同时还有羊、鹿等的肩胛骨。此外在其他地区的考古发掘中，牛头骨、鳖背甲和蚌壳等也可使用。不过骨头可不是乱选的，更多是为了配合占卜活动的需要。有学者认为，先民进行占卜是想达成天人的沟通，而作为沟通的“媒介”，占卜之物大多要上传“天意”下达“人意”，因此人们常选用具有一定灵性的动物。《礼记·礼运》中说“何谓之四灵？麟、凤、龟、龙，谓之四灵。……龟以为畜，故人情不失。”所以，龟作为通晓人意的四灵之一，其甲被先民选为理想的占卜物是合乎情理的。

7.2.2 甲骨的整治

刚刚获得的甲骨还不能直接被应用于占卜，需要进行一系列的预处理。比如牛肩胛骨要先进行脱脂，之后将骨臼切割成特定的形状，以及去掉隆起的骨脊，并将表面打磨平整。龟甲空壳需要从背甲和腹甲的连接处锯开，去除油脂后，再削去腹甲的甲桥边缘使之平整。而背甲由于凸起程度较大，需要从中间一分为二，去掉边角，锯为椭圆形。之后还需再对甲进行刮、锉、磨等步骤，使之平整光滑，这样才有利于占卜时对兆象的显现。

7.2.3 甲骨的钻凿

占卜时所看的兆象其实是甲骨经过烧灼时产生的裂纹。不过各位读者可曾想过这些甲骨在烧灼过程中为什么会产生裂纹呢?

骨骼是一种具有层状纤维结构的复合材料，而且层状分布的方向还各有不同。其中的胶原蛋白提供弹性和延展性，羟基磷灰石提供硬度，这样的结构使骨骼既有强度又有韧性。2017 年 Science 杂志还报道，有研究者仿照骨骼结构开发的超级钢铁具有出色的抵抗裂纹能力。不过，占卜所用的甲骨从动物身上取得之后，大多会放置一段时间使之风干。而在风干的过程中，由于水分的流失和胶原蛋白的降解，骨骼会变得更硬也更脆。这种性能的变化为灼烧中受热膨胀产生裂纹打下基础。但这还不够，因为甲骨本身较厚，如果要想更加容易地获得兆象裂纹，以及控制裂纹合理地分布，还需要经过重要的一步——钻凿。

大家常见的甲骨图片中，多是带有裂纹以及文字的正面（图 7-2）。如果观察甲骨的背面，会发现其上有很多排布规则的坑洞，这就是

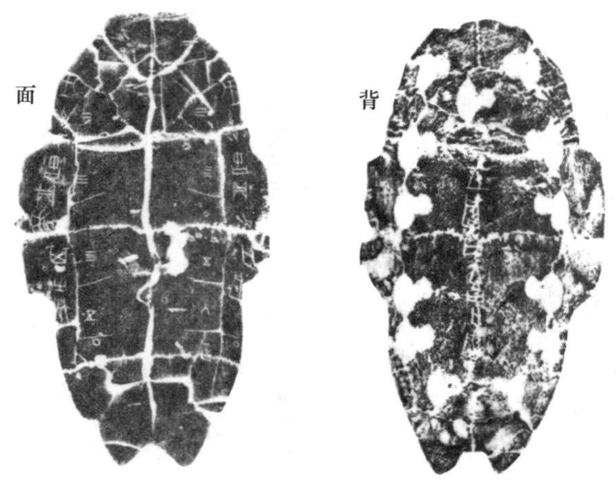

图 7-2 武丁时代完整龟甲正反面
（来自《殷墟卜辞综述》）

钻凿留下的。其中圆形的称为钻，长形的称为凿。凿底部大多会从两侧斜切进去，并在中间最深处形成一条直线，而且钻和凿都不会挖穿（图 7-3）。经此加工后，直线处的甲骨就会成为最薄弱的区域，容易产生裂纹。经过与烧灼后的裂纹比较，凿处会形成竖向的裂纹，而钻会形成横向的裂纹。从力学的角度，钻凿的作用就如包装带上锯齿形的易撕口一般，通过改变局部结构，创造了应力集中，使得裂纹更易形成。先人借此工艺，既降低了裂纹获得的难度，又巧妙地控制了兆象裂纹产生的区域，实现合理的“布局”“排版”。

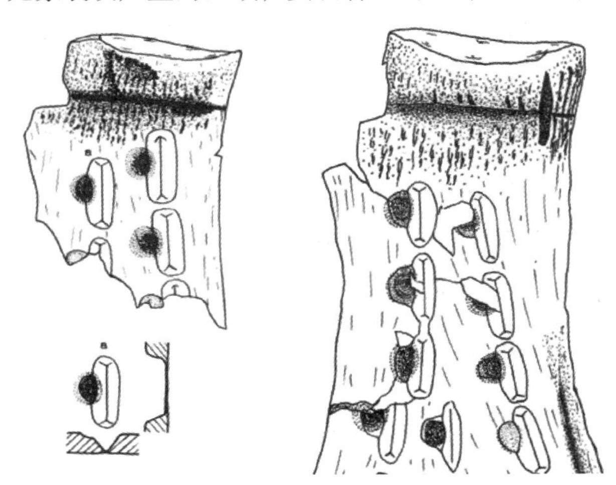

图 7-3 牛肩胛骨上的钻凿示意图
（来自《小屯南地甲骨》）

7. 2. 4 甲骨的烧灼

经过了前述一系列准备工作，占卜之事终于正式开始。用烧热的圆形木棒烧灼上边提到的“钻”处，这就是所谓的“灼钻”。裂纹也随之形成，竖直方向较粗的裂纹叫“兆干”，横向的较细的裂纹称为“卜枝”。一横一竖的裂纹则构成了“卜”形的结构，这也是汉字“卜”的来源。而“卜”字的发音来源则是裂纹产生之时爆裂的声响。这些裂纹即为“兆”，之后人们会根据兆的形状来判断所问之事的凶吉，这一步称为占龟。

7.2.5 甲骨的书契

占卜结束后，人们会把占卜的内容记录在甲骨上。大部分的文字记录是刻上去的，称之为契，也有少部分是用朱砂或墨书写在甲骨上。甲骨上通常会记录占卜的时间、占卜人、所问的内容、根据兆纹的吉凶判断以及是否应验等。

占卜之后的甲骨会由专人保管封存，就如今天的档案一般，既可以留日后总结占卜经验，考核卜官的业务能力等，也被视为神圣之物传承后世，至此整个占卜过程告一段落。

借由甲骨我们得知，几千年前国家大小事情、天子行止，都会占卜一番。以如今的视角，我们会认为这是一种不科学的盲目膜拜，但其实掌握占卜解释权的王、天子与占卜机构则借“上天的旨意”实现对国家的治理。由此可以认为，占卜是一种在特定历史时期的统治需要，是统治者与神，统治者与民众之间的一种沟通的需要。

7.3 国之重器——青铜与铭文

青铜器是中国悠久历史中又一重要的信息载体。从夏到周，严密的等级制度逐渐形成。青铜器逐渐作为权力和地位的象征，备受王公贵族重视。“国之大事，在祀与戎”，在日渐完善的祭祀仪式中，催生了各种类型的祭器。祭器的材质也随着技术不断提高，从原始陶器、玉器逐渐发展为青铜器。铸刻在青铜器上的文字称为铭文，能够展现当时社会生活的诸多方面，具有重要的史料价值，并被中国书史研究者视为中国书籍的初期形式之一。陶器上的刻画符号大多为单个，甲骨卜辞多为一两个句子，而到了青铜铭文开始出现大段文字篇章。如西周大盂鼎内的铭文有 19 行 291 字，记录了西周康王对铸鼎者盂的“册命”，康王向盂讲述了文王、武王立国的勤勉，以及商内外之臣因沉溺于酒以致亡国的教训，并教诲盂效法祖先，竭诚辅佐王室，勉励其忠于职守，以及对他进行赏赐等诸多细节（图 7-4、图 7-5）。

图 7-4　西周大盂鼎
（来自中国国家博物馆网站）

图 7-5　大盂鼎铭文拓片

那么青铜器物上精美的纹饰与铭文是如何制作的呢？这要从青铜器的铸造工艺说起。青铜器的制备有几个关键的技术基础：成熟的采矿技术、青铜冶炼技术以及铸造技术。

中国古代的采矿技术在商周时期已经达到较高的水平，能够出色地解决通风、排水、提升等技术问题，而且矿井深度、规模，选矿技术等在当时世界也都十分先进。从湖北大冶铜绿山发现的炼铜竖炉来看，先人对于青铜冶炼技术的掌握也日渐完善。此外人们还掌握了合理的合金成分配比。战国时代《周礼·考工记》中对六种不同用途的青铜器物所采用的锡含量占比做了详细介绍。如“六分其金而锡居一，谓之钟鼎之齐”“五分其金而锡居二，谓之削杀矢之齐”等。常见青铜器的材料主要是铜-锡-铅合金，不同器物中的合金比例不同，也显示了人们已经掌握了不同成分的用途，可按需设计。加入了适量锡、铅之后的铜合金可以被降低熔点，并增加液态合金的流动性。因此这种成分可以改善在铸造过程中的成形能力，使得复杂的纹饰和铭文得以实现。

接下来我们以使用较多的范铸法来介绍青铜器的主要过程。

1. 制模

先用泥按照想要得到的器物造型塑成泥模，之后在室温干燥到合适的硬度时雕刻纹饰和文字。制成之后需要入窑焙烧成陶模，之后用来翻范。

2. 制范

将调和好的泥土在模上用力拍压，模上的纹饰被反印在泥片上，这样就可以脱出来“外范”。在制范的泥料中，通常还会混入草料、炭末或其他有机物。其目的在于提高范的形态稳定性，同时可以增加透气性，以及有利于铸造后对器物和范的分离等。这些辅料添加所体现的技术原理在当今金属铸造工艺中仍发挥着重要的作用。外范一般会按照器物的对称结构分割成若干块。并留好榫接结构，以方便后续的拼接合范。除了显示器物外围结构纹饰的外范，还需要一个内范，合范后内外范之间留用的空隙叫作型腔，也就是后续铸造液体流动、凝固的腔体，因此内外范的间距就代表着所铸器物的厚度。内范也叫芯，其制作可以是将模直接削去一层，削去的部分形成的空隙就是型腔；也可以从空心的模具中翻内范。具体的工艺还是取决于所铸器物的造型。对于纹饰、铭文要求较为精细的，还会在范上进一步修饰（图 7-6）。

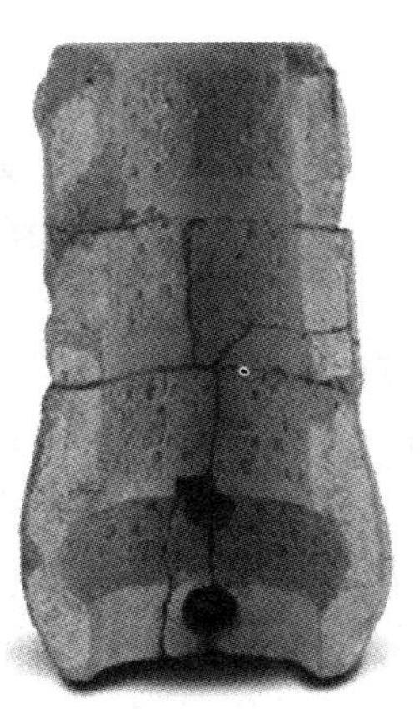

图 7-6　举手人物范和蟠虺（huī）纹钟甬范
（山西博物院藏侯马陶范）

3. 浇注

范芯装配成套之后，为了防止高温合金液体使范崩坏，会将范捆紧，再以泥沙糊实或放置于沙坑中。之后将范预热后从预留的浇注孔浇注。浇注时一般采用倒置浇注，因为在压力的作用下，气泡、杂质等会上浮，而这些缺陷形成于器物的底座或腿上会更容易进行处理。待青铜液体冷却凝固后，打碎范取出器物。因此一套模、范通常只会制作一套青铜器物，这也是所谓的“一模一样”。

4. 修整

去除陶范之后的铸件还要经过一系列的修饰工艺以去除铸造形成的毛刺、飞边等。只有打磨光滑、整齐之后才算最终制备完成。

除了这里提到的范铸法，古人还开发了失蜡法等用于更加精细的纹饰制备。正是这些在当时极其先进、精湛的技艺使得庄严、华美的青铜器得以流传于世。其上极富想象、精美绝伦的纹饰以及铭文更是将古老的文化、思想传承至今。

7.4 变轻的文字——纸的出现

文字、信息的记载工具，除了前文提到的陶器、甲骨、青铜等，在世界范围内，还有如苏美尔人用来刻写楔形文字的泥板。不过这些载体都有一个共同的特征，那就是不便携。而文字载体的便携性与可获得的难易程度都极大地影响了文字所承载的信息和文化的传播效率。

在我国的春秋战国时期，竹简的使用变得广泛，新鲜的竹管被分割成条状，将外层的绿皮刮掉，再用竹条将其拥在一起。到了秦朝，一些民众的私人信息传递也会通过木片。此外有些读者通过一些文学作品可能了解到有名的战国帛书，就是用丝织成的。中国古代丝织业历史悠久，但帛毕竟昂贵，只有贵族才用得起，所以直到纸张出现，一些宫廷贵族仍然习惯用缣帛。

在纸出现之前，世界范围内还有两种重要的书写媒介影响深远，一种是莎草纸，一种是羊皮纸。

莎草纸是由一种叫作纸莎草（图 7-7）的植物制备而成的，这种植物是多层结构，去掉绿色表皮之后，将其层层剥开，然后并排铺开，第二层与第一层呈 90 度排开，然后捶打几个小时，新鲜的汁液会像胶水一样，发挥着黏合剂的作用。之后再把表面打磨光滑。莎草纸（图 7-8）的出现，使得埃及图书存量猛增，并在公元三世纪，建立起了当时世界上最大的图书馆。追随着知识，顶尖的人才也汇聚于此。但这种原料的获得比较苛刻，只有尼罗河三角洲流域的纸莎草才适合制备莎草纸。古埃及人的垄断使之价格居高不下。

图 7-7 纸莎草

图 7-8 古埃及莎草纸

为在材料封锁中另谋出路，希腊城市帕加蒙的人们将兽皮浸在石灰中，放置几天后用刀子刮净直至皮表面变得光滑无毛，晾干后用石头进行打磨制成羊皮纸。羊皮纸的发明使得纸的制备不再受制于地域，任何地区都可以获得。但是羊皮纸制作成本较高，一般幼小的动物皮为优，有人估算想要用羊皮纸写一部《圣经》需要两百多只羊。

以上这些书写媒介的出现，都与文化的繁荣相伴而生，竹简等的广泛使用与春秋战国时期百家争鸣关系紧密，而莎草纸伴随着古埃及文明，羊皮纸则促进了古希腊、古罗马文明。

纸的出现以及大规模应用使信息的记录、传递效率剧增，甚至一定程度上改变了社会结构。以中国为例，以纸为载体的高效、低成本的文化传播，让底层民众可以获得知识，可以通过诸如科举制度实现阶级改变，统治者也可以借此实现人才选拔，建立管理体系，从而对抗贵族势力，加强中央集权等。

蔡伦改进造纸术是使纸获得广泛应用的重要基础，时至今日，仍然保留着这套基本的造纸工艺步骤。造纸的材料来源广泛：木材、树皮、桑皮、藤皮、草叶、棉花、竹、檀皮、麦秆、稻秆等。工艺上首先是原料分离，通过在碱液中沤浸或蒸煮分散成纤维，然后通过切割或者锤捣的方法使之成为纸浆，之后把纸浆加入水中制成浆液，使用竹筛边舀边摇晃过滤，使纸浆均匀覆盖在竹筛上成为薄片状的湿纸，这一步骤也叫抄纸（图 7-9），是所有工序中最考验技巧的步骤。最后再经干燥，揭下就成为纸张了。

图 7-9　抄纸

在此之后，人们又根据纸张的功用进行了一些改良，比如诏书用的藤纸，画家常用桑皮、竹子做的纸以提高吸水性，使作画容易产生柔边和模糊效果。还有的加入一些植物提取物以防止虫鼠。

中国的造纸技艺逐渐传入越南、印度、朝鲜、日本还有欧洲各地，更携带着中国繁荣的文化，深刻地改变、影响了传入地的社会经济与文化发展。

7.5 知识爆发——从雕版印刷到激光照排

“印刷术的发明是最重大的历史事件，它是革命之母，它是人类完全革新了的表现方式”“在印刷的形式下，思想比任何时候都更易于流传，它是飞翔的，逮不住的，不能毁坏的，它和空气溶合在一起。”雨果在《巴黎圣母院》中这样评价。

在承载信息的载体成本逐渐降低之后，昂贵的手抄本等仍然不是中下层人民所能负担得起的，而印刷术的出现打破了知识的垄断和思想的禁锢。人类再次迎来信息爆发的重要节点。

印刷的出现由来已久，早在先秦时期就有印章的出现，之后的碑石拓印技术更是雕版印刷方式的重要基础。在唐朝出现了雕版印刷技术，并在中后期获得广泛使用。雕版印刷选用的材料，多为木材，用刀一笔一笔雕刻成凸起的阳文，就可以印书了。雕版印刷工艺在今后的几百年时间应用广泛，即使在活字印刷出现的宋代，大规模使用的仍然是雕版印刷。任何一种书稿，只要按照一定格式雕刻一套版，便可以随需印刷，不过想要修改就不太可能了。而且木质的雕版经过几千次的印刷后，木材会在压力作用下破坏，导致图像文字开始变得模糊。后来也演变出一些金属雕版，不过相较而言，制作的成本和周期就会大幅增加。

因此在宋代出现了活字印刷的思路，毕昇居住在雕版印书最发达、雕印工艺最高的杭州。毕昇开发印刷工艺之时，发现木质材料沾水后容易产生高低起伏，且与底部固定的蜡灰相粘不易脱字，因而改用泥块。他将活字泥块烧制成陶，之后在铁板上铺上融化的蜡，将活字排列好之后，用平板压平，以保证印刷的平整性，因为一毫米的高度差异都会导致字迹不清。

在毕昇之后，泥活字工艺被广泛继承，还有很多人继续钻研改进木活字的使用。比如从乾隆三十八年（1773）至乾隆五十九年（1794），进行了中国历史上最大规模的一次木活字印刷工程。1773 年，乾隆皇帝命四库馆副总裁金简使用雕版方法刻印《永乐大典》中收录的一些佚书，金简尝试后认为所用板片数量极其庞大，不如改用枣木活字，获准之后制备了大小木活字二十五万余个（单个汉字需要多个以应对单面重复需要），还有摆字木槽、字盘、格子、板箱、大柜、木凳等附带工具，总共用银二千三百三十九两七钱五分，获得了事半功倍的效果。

虽然我们创造性地发明了活字印刷方法，但面对现代印刷技术的发展，中国汉字遭遇了前所未有的挑战，甚至是去与留的讨论危机。外国学者认为，汉字属于表意文字，字数众多，在进行活字排版中工程量巨大，几乎与刻板所耗费的精力一致，因而使用受限，此外在机械打字机以及电子计算机出现的时候，都有人妄言中国汉字不适合现代印刷技术，而且无法输入电子计算机，应该改用表音的文字。而经过对历史的回顾，我们看到，在实现汉字印刷这项浩瀚工程面前，中国人从不曾退缩。

想要对汉字实现良好的印刷需要解决两个问题，一个是字的检索，一个是字块的排版。

7.5.1　汉字的检索

虽然汉字表意，从字符数量上比表音文字更庞大。不过古人对汉字的理解早已形成表音的分类。押韵是诗歌不可缺少的要素，南宋时期山西平水人刘源就依据人们写诗用韵的情况，将汉字按照平韵、仄韵，以及平、上、去、入四声共划分成 107 个韵部，这就是比较有名的平水韵。因此在乾隆年间的这次巨大工程的活字排版中，就先将木活字按照清朝的《佩文韵府》中规定的诗韵分组，各放置在十个大木箱里，每个木箱放置八层抽屉，每屉又有多个小格，来放置每韵中各声字。依据书稿内容唱取，之后排版印刷。现在来看，这个流程可以被粗略地理解为拼音输入法的原型，依据汉字的发音进行分组、检索。

20 世纪，在打字机出现的时代，汉字的输入仍然是一大困难，在几千个汉字中选取对应的字块进行键入效率极低。早期的中文打字机如图 7-10 所示。林语堂曾开发一款汉字打字机，以上下字形进行检索（图 7-11）。由于其很多部件是手工制作，造价高昂，未得到推广使用，不过其打字思路开创了汉字的输入法雏形。20 世纪 80 年代，王永民依据汉字的笔画和字形开发了五笔输入法，将在计算机上输入汉字的效率极大提升，直到智能拼音的出现与广泛普及，才使这种重要的输入法逐渐走下历史舞台。

图 7-10 早期的中文打字机

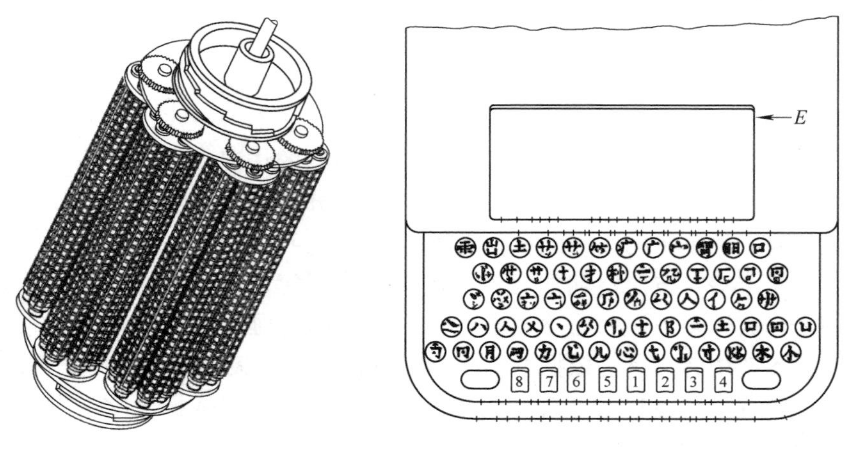

图 7-11 林语堂打字机的字块分组机构与键盘

7.5.2 汉字的排版

在木活字、泥活字之后，又出现了铜活字、锡活字、铅活字以及铁活字等。其中以铅字使用得最为广泛和普遍。现代通用的铅活字以铅为主并添加锑、锡元素，这种合金熔点低、流动性好，凝固时收缩小，使得铸造的活字块饱满、清晰。材料的改进使得活字的耐用度、印刷质量都大幅提升。

想成为高效的印刷现代工艺，光有活字块还不够，十五世纪来自德国古腾堡改进的活字印刷系统得以广泛传播，这个活字印刷系统形成了一套高效印刷的机器（图 7-12）。不过其活字块排版部分仍然是手工操作。直到 19 世纪末，一种名为铸排机（Linotype）的设备被发明（图 7-13）。操作者通过键盘敲击（90 个按键包含大小写字母与符号），对应键位上的字母模具就会从模具库中掉落，并按照正确的顺序排列。之后以铅、锑、锡为成分的合金进行实时的铸造形成字条，再把这些获得的字条组合起来进行排版。这台机器设计非常巧妙，发明家爱迪生见到之后称赞“这是世界第八大奇迹”，有兴趣的读者可以深入了解一下它的运作原理。在此之后，直到 20 世纪中后期照排系统以及电子印刷的出现，这种铸排机才逐渐退出历

图 7-12　古腾堡印刷系统

图 7-13　早期铸排机

史舞台。这种机器的出现使得出版效率提高了六倍，西方世界的印刷量爆炸式增长，并且由此孕育了新闻出版行业，在很长一段时间内成为报纸印刷的重要基础。

不过，这样一种选字铸造的方法明显不适用于中国汉字，因此直到20世纪80年代，中国大多数印刷厂还是采用手工排字的铅字印刷技术。一个四开报纸版面需要约24小时，效率非常低下。而在当时西方世界已经开始采用照排技术，当代印刷技术已经发生革命性变化，而我们还停留在铅字印刷时代。当时计算机已进入中国，全球正处于信息爆炸的时代，信息出版物激增，但汉字仍无法进入西方的计算机系统。

1974年8月，经周总理批准，我国开始了一项被命名为“748工程”的科研，分三个子项目：汉字通信、汉字情报检索和汉字精密照排。王选院士从1975年开始从事汉字精密照排的研究，首先发明了“轮廓加参数”的汉字信息高倍率压缩和高速复原技术。使得汉字字形信息能够被存入计算机，之后王选带领团队直接跳过当时日本、欧美采用的第二代机械照排机和第三代阴极射线管照排机，开始研制当时尚无商品化设备的第四代激光照排系统。照排，即照相排版，先将要印刷的文字印在底片上，然后再用底片去做大规模印刷，由于所用的光源为激光，所以称为激光照排系统。1979年，经过辛苦的研究，汉字激光照排系统成功输出一张八开报纸样张，1985年，汉字激光照排系统已在新华社投入运行。

汉字激光照排系统的研制成功使我国汉字印刷，告别铅与火，走向了光与电，被誉为毕昇发明活字印刷术之后中国印刷技术的第二次革命。

王选院士不止步于科技进步上的成就，立志于整个产业的改造。在开发之初，就极其强调产业化的重要性，他说“应用性研究结果应该经得起市场的考验，才能对社会有实际作用。”经过一代一代的技术改进，中文激光照排系统的稳定性和效率大大提高。1991—1993年，王选又先后设计出TC91、TC93等第五、六代照排控制器，完成了“北大方正电子出版系统”。

方正一词取自《汉书·晁错传》："察身而不敢诬，奉法令不容私，尽心力不敢矜，遭患难不避死，见贤不居其上，受禄不过其量，不以无能居尊显之位，自行若此，可谓方正之士矣。"王选院士献身科学、敢为人先、提携后学、甘为人梯，立足产业实际需要，执着探索的精神，将永远为后世所学习。

7.6 信息动脉——电报与跨海电缆

信息不单要有承载的介质，还要有碰撞交流与传递。人类对信息传递速度的追求不曾停歇，在中国古代，击鼓鸣金、旌旗狼烟就是借声、光来实现信息的快速传递，或者通过快马驿站、飞鸽传书来拓宽信息的传递范围。

7.6.1 电报与电缆

工业革命开始之后，随着人类交通工具速度的提升，信息传递又有了新的提速要求。

英国在 19 世纪中期之前，各个城镇的时间还没有统一，都是依据各自对太阳的测算来定时间。因此在铁路开始运行时，想要获得准确的列车时刻表成了问题。当时的时刻表会以伦敦时间作标记，同时还要说明各个城镇与伦敦之间的时间差。而没有统一的时间会对旅客按时乘车以及列车之间的调度带来巨大挑战。因此人们尝试建立统一时间来解决这类问题，不过地区之间的时间校准始终受限于通信的速率，直到电报的应用。1852 年，格林尼治的计时员通过电报网络实现了向全国传递准确时间。铁路时间也逐渐成为几乎英国所有公共机构的时间依照。并最终在 1884 年国际电报联盟会议上，人们将全球划分为 24 个时区，全球化的交流和合作逐渐有了确定的时间参照。而使之成为现实的电报也逐渐走向商业化，并一直到 20 世纪下半叶始终在新闻、个人通信、军事、商业等信息传递中承担着至关重要的作用。

这一切得益于人类对电认知的逐步加深，从电荷间的相互作用到化学电池，并进一步发现了电磁感应现象。在此基础上，电报产生并迅速获得广泛应用。不过早期的有线电报属于单线式，依靠架在地面上的电线并通过地面形成回路。因此在各个陆地上迅速组建起来的电报网络到海边就戛然而止，世界仍然是分割的，人们开始尝试可以跨海的电缆。1851 年跨越英吉利海峡的电缆完成铺设，并直到经过 1857 年、1858 年、1865 年多次艰难的尝试后，第一条跨大洋电缆——大西洋电缆终于在 1866 年稳定连通，在此之后各大陆之间的跨海电缆相继建立，全球化的通信网络逐渐形成。

电缆想要下水最重要的就是绝缘材料。古塔胶——一种使海底电缆得以实现的重要材料，如今已经少有听闻。它是一种来自东南亚雨林的野生天然橡胶，室温下较硬，不过稍微加热到 60 摄氏度左右就可以软化，降温冷却后又可以变硬，因此具有极好的可塑性。而且它的绝缘性特别好，很快就被应用为电缆的绝缘材料，紧接着可以持续挤压制造绝缘线材的机器也被制造出来。我们来观察一下最初的海底电缆的结构，最内部的铜芯被古塔胶包裹着，再缠上浸了油的麻绳，外边用多股铁丝缠绕保护，这种电缆每千米重量达到 1.1 吨（图 7-14）。想要跨越大西洋，总长要在 3200 千米左右。因此这项巨大工程中所涉及的电缆运输、收放电缆的机械装置、电缆制备和连接、电流信号的监测、故障区域检测等问题都极大地推进了当时的科技发展。

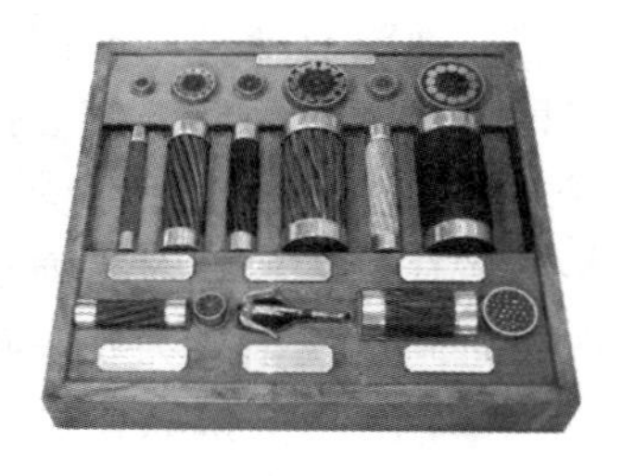

图 7-14　伦敦科学博物馆藏大西洋电缆及内部构造

7.6.2　大西洋电缆的铺设

跨大西洋电缆的闻名正是由于其超长的长度导致的各种铺设困难，这里我们稍加笔墨介绍一下整个过程中的跌宕起伏。

在 1858 年之前，人们已经尝试了各种水下电缆，跨过湖泊、海湾，甚至海峡。这些尝试都为跨大洋电缆的成功铺设打下基础。赛勒斯·菲尔德作为这个项目的主持者，是一个极其坚韧、不服输的人。靠着造纸发家的他 30 多岁就实现了财务自由并退休，大胆的冒险精神、既往的良好口碑、极强的资源组织能力使得他很快获得了民众、富商、科学家、英美政府等多方面的支持，然而这些并不会降低电缆铺设的难度。

1857 年，他开始了第一次尝试铺设。按计划，两艘船各自承载一半的电缆从大洋的两岸开始铺设，并最终在大洋中部汇合，然而由于海上天气的多变以及铺设机械的原因，电缆几次发生断裂导致铺设计划不得不终止。1858 年夏天，第二次铺设开始，这一次的铺设改为两船先汇合完成电缆的拼接，再分别驶向大洋两岸。但开始铺设之后不久，断线的事故再次发生，第二次铺设又以失败告终。

每次失败无疑都会造成巨大的损失，并受到强烈的质疑，但菲尔德仍说服董事会再次尝试。1858 年 7 月，两船再次出发，并终于在 8 月完成了最终的铺设。8 月 16 日，英国女王与美国总统布坎南通信成功。难得的成功使得整个世界为之沸腾，铺天盖地的赞扬与报道随之而来，蒂芙尼公司更是买断了大量电缆制作成纪念品。但现实是残酷的，在之后不到一个月的时间内，通信质量越来越弱并最终消失，这意味着大西洋电缆再次失败了。数不清的嘲讽扑面而来，欺骗、愚弄、怀疑、阴谋论，每个时代都不缺这般口诛笔伐。

电缆失效的原因可能有两个方面：有的人认为是某些部分的电缆质量差；还有人认为是总工程师怀特豪斯错误地尝试用 2000 伏的高电压来增强信号。概括地说，材料质量与人们对电信号传输的理解不深入共同造成了失败。

此般失败仍然没有打倒菲尔德，但是南北战争打响，丧失支持的他也很难筹措到足够的资金，因此重启电缆铺设的计划只能被搁置。直到 1865 年，菲尔德又找到了新的金主，还获得了新设计的电缆：更纯净的铜芯，包裹更加厚实的绝缘层，以及高强度钢的外壳保护，因此新的电缆重量几乎是旧电缆的两倍。在几年前的第一次铺设中，由于找不到可以顺利承载所有长度电缆的船只所以才采用两船共同铺设的方案，而此时电缆重量又翻倍，铺设困难可想而知。

此时一艘重要的船登上舞台，这就是当时最长的铁壳蒸汽游轮——大东方号，长 211 米，排水量 32160 吨。这艘游轮建设之初是为了实现英国到澳大利亚的 4000 人载客航行而无须中途补给。但由于船身过大无法通过苏伊士运河，其他路线航程遥远造成运营成本过高，使得经营十分惨淡，还几次发生事故，导致其不得不停航，但巧合的是，它也因此成为当时唯一可以承载跨海电缆的船只，并很快进行了相关的机械改造，成为专门布置电缆的船只。到此，大西洋电缆铺设重启工程准备就绪。

1865 年 7 月，大东方号载着电缆出发，但是 8 月 2 日在已经完成 1968 千米之后，工人发现了由于电缆铠甲断裂导致的信号异常，在回收电缆进行切割更换的时候，电缆滑入水底不知所踪。经历过这么多次失败后，菲尔德更加相信曙光就在前方。他又重新改进了电缆材料，使用铁锌合金制备铠甲以进一步增加电缆的抗拉强度；同时在工艺上做出改进，减少杂质；并规范工人着装，避免引入异物；还对收放电缆的机器进行改良；并准备了更多的更高强度的钢丝绳备用；电缆公司还发明了可以快速检测电缆绝缘性的设备。就这样，1866 年 7 月 13 日，船队再次出发，大家信心满满斗志昂扬，终于 7 月 27 日，船队在一片薄雾中抵达纽芬兰岛上的哈茨康坦特港口，如潮的祝贺也随之而来，至此北美洲和欧洲终于正式联通。之后越来越多的海底电缆相继铺设，其中的大多数都是在英国的主导下完成，英国借助海底电缆与电报业务主导了海上运输的格局，并进一步加强了对世界的经济政治影响。

无论是资本逐利，还是政治需要，不可否认的是这项巨大工程的参与者们所体现的持续探索与冒险精神，以及资本界、科学界、政府之间的紧密组织合作是那个生产力爆发年代的重要缩影，正是在这样一种强大力量的驱使下，西方文明接过了科技发展的接力棒，帮助人类在通信以及更多领域攀上了一个又一个科技高峰。

7.7 电光跃动——新型电缆与光纤

通信电缆是用于传输电信号的，由于信号传输容量的限制，导致传输速率很低，直到人们对导线内电容电感等原理有了更加深入的了解之后，通信质量、速度、带宽等才逐渐提高，电缆也随之发生了演变。

其主要变化在两个方面：材料方面，聚乙烯逐渐取代古塔胶成为主流绝缘材料，导体部分铜的地位一直稳固，只是随着对传输质量的要求，铜导体的纯净度、表面质量、内径公差稳定度等都逐渐有了更高的要求，外部的盾层材料则取决于导线的使用环境，根据抗拉、防生物攻击或者防火等需要做了对应的改良与设计。为了获得更好的信号质量，人们设计了诸如双绞线、同轴电缆（图 7-15）等线缆结构，以有效调配内部电磁场的分布。这些改进都极大地提高了线缆的传输能力，越来越多的电报、声音、视频、数据等在全球的电缆网络中高速传输着，支撑起人类飞速提高的信息沟通需求。

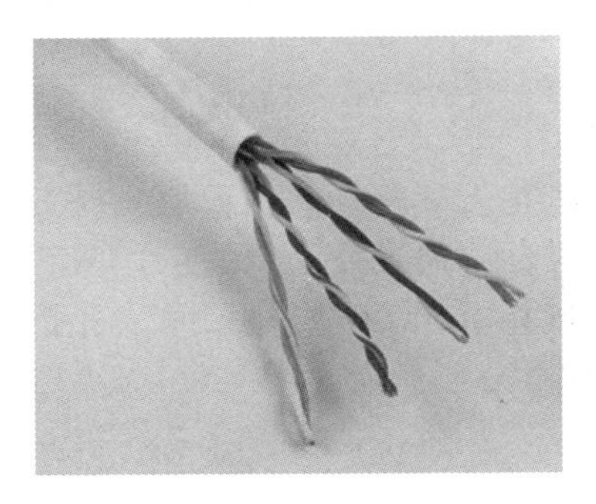

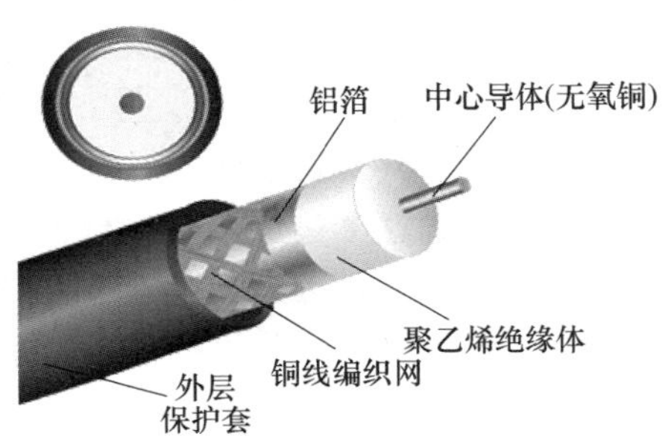

图 7-15 双绞线与同轴电缆

长久以来，人们一直通过电信号进行信息传输，也因为电缆内的信号容易发生衰减或者受到干扰，始终在通信带宽和速率上无法获得较大的飞跃。直到光纤的开发，使用光信号传输就不会因为电磁等环境的干扰影响信号质量，在传输速率以及带宽上也都获得了极大的突破。光纤更加轻便，不过安装维护上的成本更高，因此如今光纤和电缆还是会在不同的场景下配合使用，共同作为信息社会的通信动脉。

概括地说，光纤是一条多层的玻璃纤维（图 7-16）。由于内芯和包层对光的折射率不同，光会发生全反射，这样光就会被限制在内芯里传输。那么这样的多层结构是如何制造出来的呢？

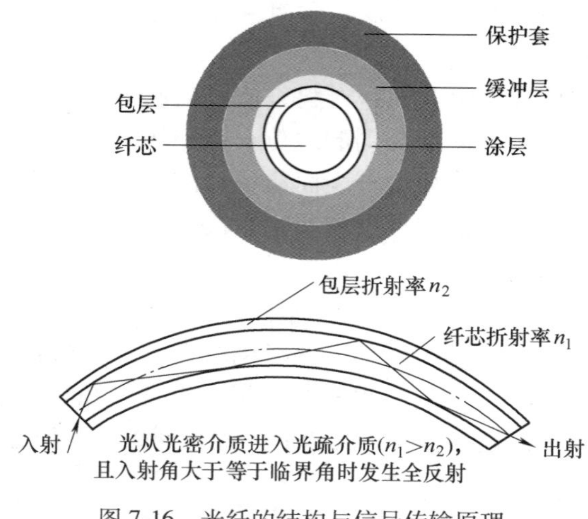

图 7-16　光纤的结构与信号传输原理

其实光纤（纤芯、包层）是从一个预先准备好的粗玻璃光棒上拉丝出来的，这个过程与拉糖丝有些类似。但光纤是双层的，两层的成分略有不同，因此人们会先通过气相沉积工艺，将用来改变折射率和光纤性能的成分添加进玻璃棒中并分层排列（图 7-17）。

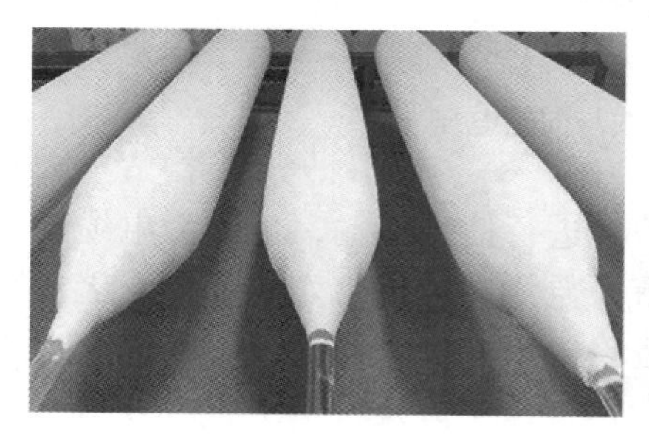

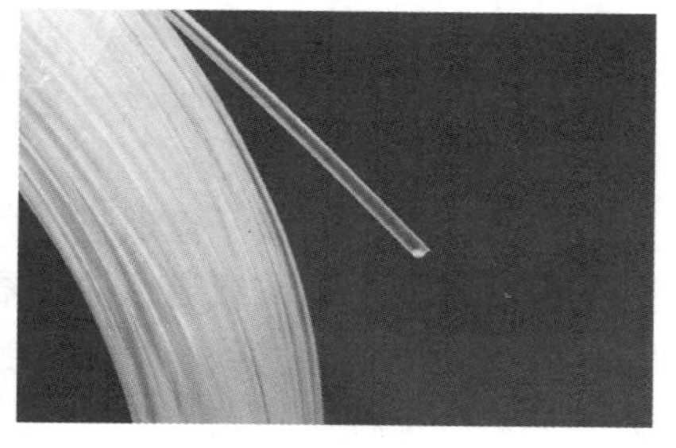

图 7-17　光纤预制棒与光纤

为了说明气相沉积工艺，举一个粗略的例子——国家级非物质文化遗产徽墨制作中的桐油炼烟工艺。如图 7-18 所示，下边燃烧桐油时，在上面扣上一个碗，这样燃烧产生的油烟就会累积在碗上，清理下来之后就可以得到墨的重要原料（图 7-18）。而这与我们正谈到的光纤制备中的气相沉积有相似之处，将添加成分变为气态氛围，然后通过物理或者化学反应的方法使之沉积在玻璃上，通过控制工艺，实现均匀的分层。光纤拉丝机构如图 7-19 所示。

图 7-18　徽墨制作中的桐油炼烟

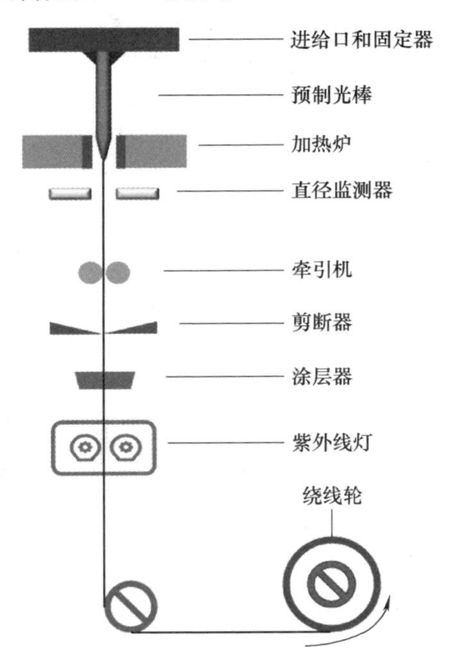

图 7-19　光纤拉丝机构

预制光棒制作好后，就会放进拉丝炉中加热，将软化的玻璃拉成丝，光纤就制作出来了。之后会在其表面制作涂层以保护光纤，防止被污染。这一拉丝过程听起来简单，但是由于对光纤直径稳定性有非常高的要求，因此需要随时动态监督光纤的直径并选择与光棒温度、黏度相适应的拉丝速度和拉力。

光纤的高效制备、海底光缆的编织以及铺设是一整套非常具有科技含量的工程，目前，全球约 95% 的国际通信都依赖海底光缆，而中国企业正不断突破技术瓶颈，将尖端技术做到世界领先。

7.8 电波不休——收音机与半导体

7.8.1 半导体

19世纪末，特斯拉首次公开展示了无线电通信，无线通信逐渐登上历史舞台。变化的电场会在周围空间激发变化的磁场，而变化的磁场又会激发出变化的电场，电场、磁场的交替产生所形成的电磁波，就是无线通信的主要原理。以收音机为例，通过天线接收到的无线电信号经过调谐、检波、放大等一系列处理，再经扬声器，就能听到想听的节目了。

所谓检波就是将包含在波动中的有效信号分离出来，图7-20所示为电子元件一种常见的检波处理过程。从天线接收到的信号是一个高频振动的波形图，有效信号以波的高度作为表现，也就是边缘的深色波形，从中提取出这种深色的波形就是检波的目的。但是原始的信号波形是在正负两个方向振动的，而有效信号只需要单侧的振动，这时就需要半导体元件。

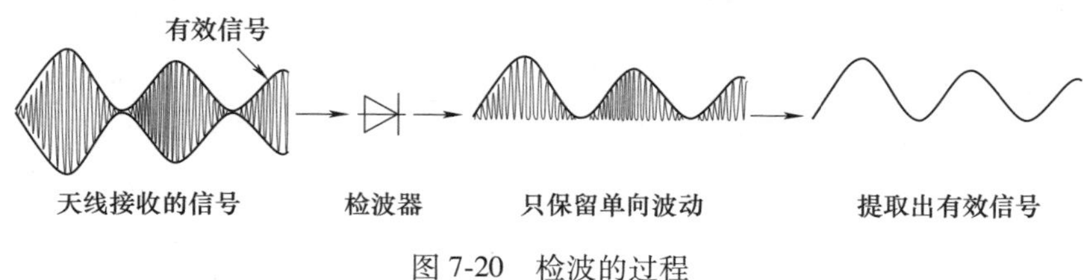

图7-20 检波的过程

日常所用的金属中，电流双向流动是没有差异的，可以从左向右，也可以从右向左。而半导体只允许电流向一个方向流动，这个特性被用来分离出单侧的电流波动。

半导体的单向导电特点其实是一种接触电效应：当导电性质不同的两种材料接触时会引起与它们独立未接触时不同的电效应。这样的效应广泛存在于金属-金属、金属-半导体、半导体-半导体、金属-氧化物-半导体等接触间。其本质就是两种材料中会由于内部导电性能的差异形成一个内部的电动势，由于材料种类的不同，产生的电动势效果也不同。

比如金属-金属接触的热电效应就被用来做热电偶，用于测量温度。其原理就是两种金属接触在一起，两个接触点如果所处的温度不同，导线内部就会产生电动势从而产生电流（图 7-21）。

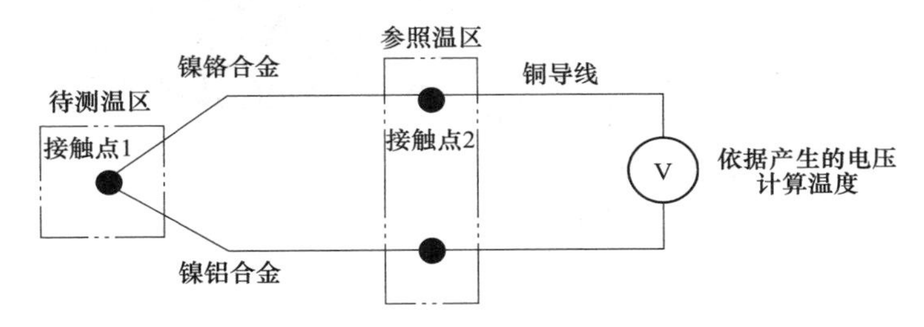

图 7-21 热电偶测温原理

7.8.2 收音机的演变

收音机的演变就经历了检波元器件的变化，从矿石收音机，到电子管收音机，再到半导体收音机。下面我们分别介绍收音机所采用的主要材料和其中的原理。

1. 矿石收音机

在 20 世纪的前 20 年，矿石收音机是当时最流行的收音机类型。在当时，这种收音机结构简单又造价便宜，在那个刚刚感受到广播美妙的年代广受欢迎。矿石收音机不需要额外的电源，基本只包含信号接收最必要的结构，可利用接收到的无线电信号驱动产生声音，因此只能接受有限范围内的无线信号，而且产生的声音较弱，一般通过灵敏的耳机来监听（图 7-22）。

图 7-22 矿石收音机

其中所使用的检波元件，就是通过一根细金属针接触矿石材料（方铅矿，一种硫化铅矿石）所形成的金属-半导体接触面，并且由于接触电效应产生了单向导电性。这是最早的可用半导体装置（图 7-23）。

图 7-23　一种矿石检波器

2. 电子管收音机

矿石收音机辉煌了 20 年，也把收听广播的生活方式带入社会。在第一次世界大战的助推下，新出现的电子管收音机很快取代了矿石收音机，电子管收音机（图 7-24）增加了外部供电，音质更好，通过电子管对信号进行处理，所需要的信号强度比矿石收音机低得多。在此基础上，电台迅速普及，数量增长，欧美大街小巷的杂货铺都排满了抢购电子管收音机的顾客。

图 7-24　电子管收音机

电子管中的电效应现象最早是爱迪生在研究灯泡的时候发现的。在其基础上，弗莱明开发了一种可以把交流电转为直流电的二极管。这种二极管本质上是电灯丝再加上一块额外的极板。电子会从加热的灯丝上溢出，然后向极板运动，这样就形成了通路。然而如果想让电流反向流动，就需要极板产生电子向灯丝流动。而未经加热的极板是无法产生电子的，这样电流就只能往一个方向流动，单向导电的特性就由此而来（图 7-25）。

之后人们又对其进行改进，首先将灯丝从阴极改为加热源，在灯丝上方加一个产生电子的极板作为阴极。这种改进就从直热式阴极变为了旁热式阴极，电子的产生会更加稳定。直接加热的阴极材料多为碳化钍钨材料，而旁热阴极多涂有氧化钡。

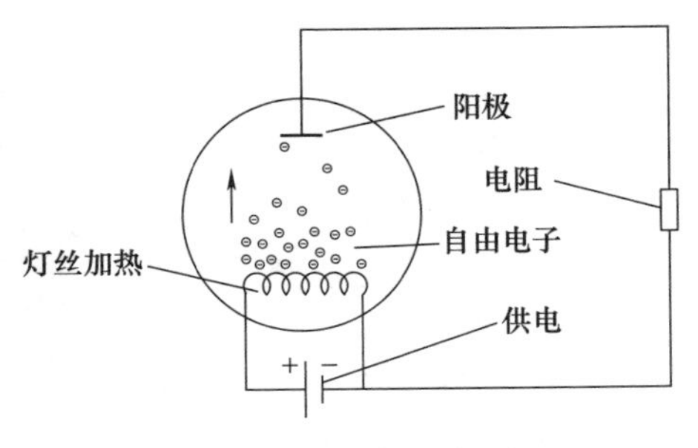

图 7-25 电子管基本原理

此外在产生电子的阴极和接收电子的阳极之间又增加了一个电极，将之称为栅级，这样就成了三极管（图 7-26）。栅级就像一个栅栏一样，可以对阴极流出的电子量进行控制。在实际的信号处理中，将接收到的信号以电压的形式施加在栅极上，就可以借助其对阴极和阳极之间的电流流动进行相应的控制。从而实现对信号的检波、放大等处理。

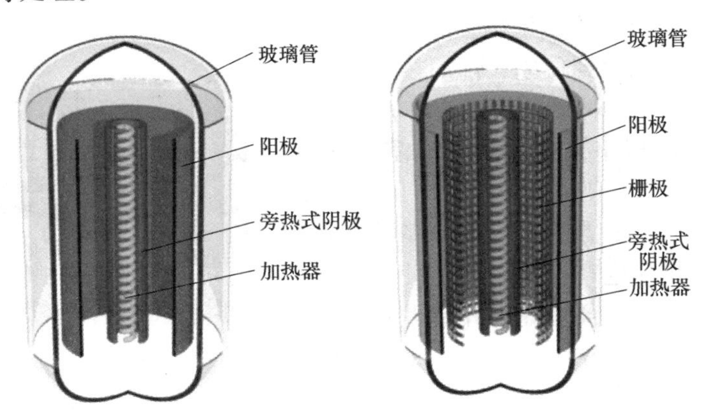

图 7-26 二极管与三极管

一般用玻璃管将其工作部分密封并抽真空，以减少空气对电子流动的影响，外形呈管状，因此称为“电子管”。在电子工业迅猛发展的过程中，有更多极、更多用途的电子管被开发出来，并在广播、电视、雷达、电话以及早期的数字电脑上发挥了重要的作用。即使在今天，在一些特殊领域，其仍然有超过晶体管的使用优势。由于很多电子管都是以热激发产生电子的原理工作，所以就像电灯一样，电子管工作时会发出充满魅力的光芒（图 7-27），在信息贫瘠的年代照亮着无数人的生活。因此很多电子爱好者至今仍然坚持着对电子管的热爱。

图 7-27 电子管工作时发光

电子管虽然比矿石探测器先进了不少，但是也只辉煌到 20 世纪中期。以世界上第一台电子计算机为例，18000 个电子管，重约 30 吨，占地大约 170 平方米。但其几乎从未发挥过全部的性能，因为电子管在运算过程中经常被烧坏。体积庞大、耗电量大、散热困难，稳定性低，价格昂贵等原因都加速了晶体管对其的替代。

3. 晶体管收音机

就如当今的娱乐设备一样，人们希望将收音机做到便携，随时随地收听喜爱的节目，晶体管的出现使之成为可能。晶体管体积小，重量轻，不需要加热，所以功耗低，普通的电池就可以支持其工作。而且成熟的半导体制备技术使之可以大规模生产。种种优点使其一经发明就很快得以商业化应用，并迅速取代了电子管。半导体收音机如图 7-28 所示。

图 7-28 半导体收音机

晶体管出现在 20 世纪中期，由于电子管的诸多问题，人们把目光再次投回最初矿石收音机中所采用的半导体结构。随着材料制备工艺的提升，所用半导体材料的纯净度逐渐上升。通过对众多材料的试验和测试，锗以及硅等材料逐渐进入人们的视野。这里简要介绍一下半导体元器件中最基础的 PN 结。

想理解半导体的导电原理，需要看一下原子外的电子结构，概括地说，Si 原子的电子结构没有足够多自由活跃的电子，所以导电性较差。而通过添加如硼原子（P 型）、磷原子（N 型）使得电子结构发生改变，增加了可以自由运动导电的微观粒子，这样就形成了 P 型和 N 型半导体。当两者接触到一起时，会出现前文提到的接触电效应。P、N 交界的区域会由于两者内部导电性质的差异形成一个特殊的交界区域。这个交界区域只让一个方向的电流流过，从而实现了单向导电的特性（图 7-29）。

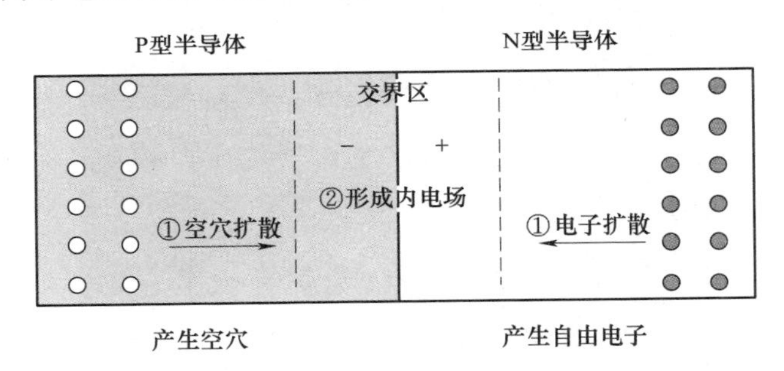

图 7-29 PN 结基本原理

利用这样的 PN 结，人们又组合出了双极晶体管和场效应晶体管。具体的内部电路原理这里暂不做深入展开，有兴趣的读者可以继续查阅更多资料。这些晶体管具有开关、放大等各类处理功能。从 20 世纪中期晶体管的出现开始，电子行业仿佛按下了加速键，狂奔着发展了起来。

7.9 信息大脑——集成电路与芯片

7.9.1 集成电路

随着电子行业的飞速发展，电路也随着功能的增加越来越复杂。如果是一个个装配晶体管，不但生产复杂，而且众多数量的针脚也会增加失效的可能。随着半导体技术的不断发展，元件可以做得越来越细小。在此基础上集成电路得以产生，这是电子行业又一发展的里程碑。

集成电路的生产，不再采用单个装配，而是在纯净的硅片上直接一次性规模化生成各类元件。而且元件的聚合，减少了信号的干扰，小型化的元件与紧密的排布还降低了功耗，并减少了生产材料，从而降低了成本，同时将特定功能的电路集成化做成特定模块（图7-30），并组成芯片，可以大大规范化电路生产设计，通过组配不同功能的集成电路实现更加复杂的功能。

图 7-30 集成电路

7.9.2 芯片制备流程

由于部分发达国家的封锁，国人逐渐意识到中国在芯片行业的窘境。在相关政策的重点扶持下，中国芯片行业也开始了奋起直追。在此我们简要介绍一下芯片制备中的重点流程。

1. 晶圆的获得

为了获得最优质的半导体基材，主要采用超高纯度的单晶硅材料（图7-31）。将目标晶体取向的小块籽晶放入熔融的硅中，然后边旋转边提拉，动态控制拉伸的速率和温度以保证单晶的稳定形成。将制备的硅晶棒（单晶）在经过切片、抛光以及表面生成氧化层等工艺处理后，才成为集成电路加工的基本原料——晶圆。目前晶圆的直径有 6 英寸（1 英寸=25.4 毫米）、8 英寸、12 英寸等，较大的晶圆结合更小

图 7-31 基材获得

的芯片尺寸，可以一次切割出更多的芯片，从而降低单片芯片的价格。

2. 光刻

光刻可以理解为在晶圆上开槽前的准备过程。首先在晶圆上涂满一层光刻胶，这种胶的特性是会在接受光的照射后改变性质，从而容易被溶解去除。然后研究人员将设计好的电路结构制备成一个掩模，可以将其理解成一个光的挡板，决定哪些区域透光，哪些区域不透光。掩模上的图案尺寸会比实际晶圆上的大一些，比如放大4倍，然后在光刻时通过透镜将其缩小到目标尺寸。曝光之后，经光照射后的胶区就变得可以溶解。然后对晶圆进行显影漂洗去胶，这样晶片上就产生了有胶区和无胶区（图7-32）。

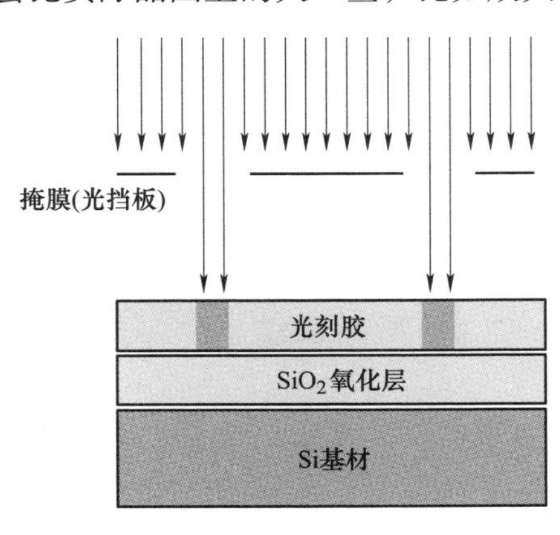

图7-32 光刻

3. 刻蚀

无胶区在特定的刻蚀液下就会被腐蚀，有胶区会受到保护。至此研究人员设计的电路图案就被转移到晶圆之上了（图7-33）。

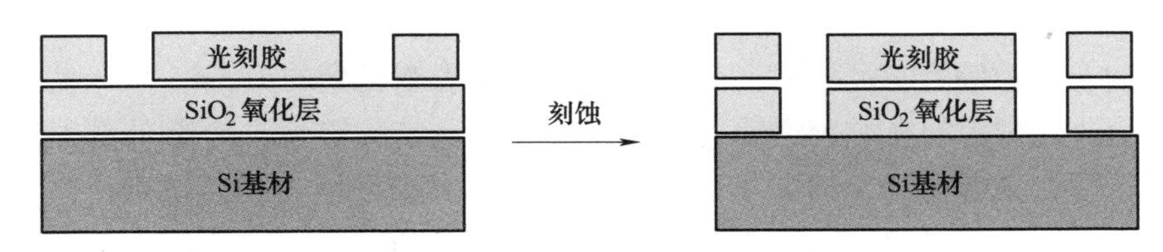

图7-33 刻蚀前后

4. 离子注入

在之前的步骤中，虽然获得了目标的电路结构，但是材料还是基材，还没有赋予元件的特性。前文说到最常见的P型半导体和N

型半导体都是通过添加其他元素而改变特性的，因此在这一步骤中，使用高速的离子实现注入（图 7-34），从而获得半导体特性。

之后还会通过气相沉积的方法，将各个半导体元件用金属层连接起来，复杂的芯片会有几十层结构，包含晶体管层以及各类结构连线等，这样此前的流程就会不断重复直到完成整体制造。制备好之后还要经历打磨、测试、切割、封装等多道同样重要且复杂的工序。一种常用的场效应晶体管结构如图 7-35 所示。

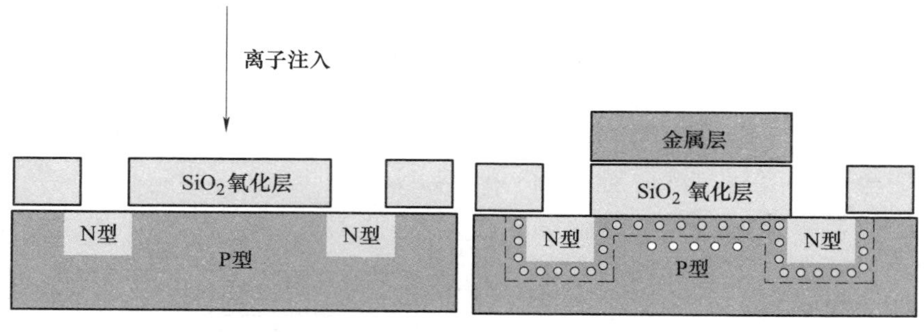

图 7-34　离子注入　　图 7-35　一种常用的场效应晶体管结构

以上只是芯片制备流程的概述，实际生产中远非概述这般简洁，因为每个步骤中都涉及诸多技术细节。比如听起来简单的光刻胶涂抹部分，就需要先对硅片进行清洗、前烘干、前处理、冷却、旋转硅片匀胶，并控制胶的泵给，还要去边、后烘干、冷却，然后才能进入曝光环节。光刻等环节又对精度要求极高，光刻的分辨率就影响了芯片最后的尺寸工艺，比如 CPU 厂家喜欢提到的 14nm、7nm 制程。光刻中的光源、透镜、光刻系统、机械结构等每一个部件都对精度有着极其苛刻的要求。此外光刻胶、去胶溶液、刻蚀试剂、高纯晶圆等材料的性能与工艺都会对芯片制备质量有很大影响，整个制备环节中涉及的清洗机、刻蚀机、离子注入机、减薄机、切割机等都涵盖着众多学科与行业。可以说芯片制造真的是当今电子行业的集大成领域，涉及上百学科、上千道工艺，而我们国家在诸多领域都相对落后，好在已经在部分领域实现国产化，相信再过一段时间，我们被人卡脖子的芯片制造行业一定可以独立自主。

7.10 光影变换——LCD还是OLED?

跃动的光影展示着世界的五彩斑斓，从古至今，人类对呈现影像的追求不曾停歇。在我国古代，有皮影戏这一文化宝藏，到了近代，电影的出现更是丰富了人们的生活与娱乐。当远程的信号传输逐渐成熟之后，出现了电视这一深度介入人类社会居家生活的神奇电器。

老式的电视显示器可能有些读者有印象，就是“大屁股”的那种。其中最重要的结构就是用来现象的部分——阴极显像管（图7-36）。阴极显像管其实也是一类电子管，和之前提到的电子管原理类似，只是在这里，栅极控制电子偏移运动，使电子撞击到荧屏上。在屏幕上涂敷排列规则、微小的荧光粉点，比如发蓝光的荧光粉ZnS。三原色的颜色点相互混合后就成了彩色图像。

图7-36 阴极显像管电视机

7.10.1 液晶显示器（LCD）

其实早在19世纪末，液晶这一特殊的物质就已经被发现，到20世纪七八十年代，液晶开始被广泛使用，成为制备显示器的主要材料。作为一个显示器，想要实现彩色的图像，就要靠三原色像素点的混合。位于屏幕最底部的LED（发光二极管）产生白光。当这束白光穿过红、绿、蓝的彩色滤光片之后就会呈现出对应的颜色。

有色彩知识的读者可能知道，在电脑上想要用 RGB 模式选取一种特定的颜色时，是需要输入三个数字的，比如纯黑是 0，0，0，白色是 255，255，255，而想要获得某种紫色可能需要输入 153，0，255。这三个数字分别对应了红色、绿色、蓝色的混合比例。那么在显示屏幕上，要想获得丰富、精细、还原度高的色彩，就需要精细地控制穿过红、绿、蓝的光的多少。

液晶即液态晶体，既有液体的流动性，又有晶体的各相异性，是一种特殊的物质相态，既具有光学性质，又对电磁场敏感。液晶显示的基本原理为：通过外加电场改变液晶分子的排列状态，从而调整光在其中的传输。大家可以粗略的将其理解成百叶窗一般的结构，在外加电场的作用下，百叶窗开合的大小发生改变，也就影响了照射到彩色滤光片上的光的多少，影响了像素点的颜色混合度。众多三原色子像素点都各自受到控制，并一同组合成我们在显示器上看到的画面（图 7-37）。

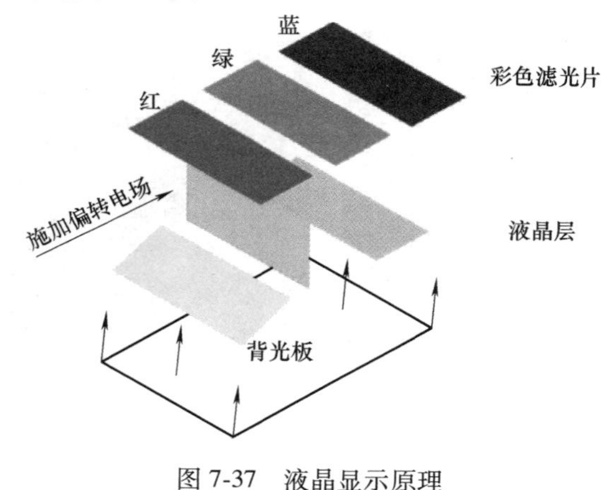

图 7-37　液晶显示原理

7.10.2　OLED——有机激光显示

随着手机的迅猛发展，OLED 这个词想必大家已经不再陌生，各个手机厂家都将其作为自己的卖点之一。那么 OLED 屏幕的显示原理和前面说到的 LCD 有何差异呢。OLED 采用的其实是一种有机自发光二极管，通过控制通电电压就可以控制亮度，通过掺杂不同的成分实现红绿蓝三原色的发光(图 7-38)。

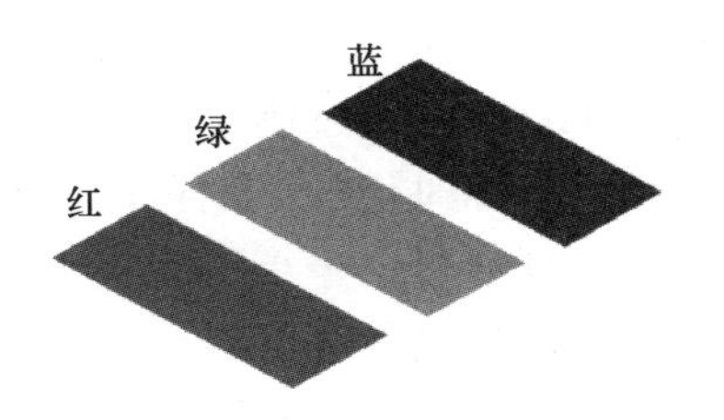

图 7-38 OLED 有机自发光二极管

了解了两种屏幕的结构与显像原理后，就大概可以理解各自的优缺点。

比如 LCD 屏幕的背光层是一整块的，亮就是一起亮，那此时想要显示黑色，只能依靠液晶分子的遮挡，然而这种遮挡很难说达到对光的完全遮蔽，所以这也就是大家常说的，LCD 的黑不是真实的黑。而 OLED 每个像素点的点亮及控制都是单独的，所以其屏幕的对比度会更好一些。由于是像素单独点亮，所以 OLED 屏幕的功耗会更低一些，也可以依据这个特性实现息屏显示。此外 LCD 屏幕边缘还容易出现背光板漏光的现象。

LCD 屏幕对光强度的控制是依靠液晶分子的偏转，这必然需要时间，所以在动态响应速度上，OLED 更快一些。而且由于 OLED 不需要背光板、液晶层等结构，屏幕也可以做得更薄，还可以弯折做成曲面屏。

不过 OLED 也有其自身的问题，由于发光材料是有机物，在频繁的电子迁移下容易老化，所以 OLED 屏幕的寿命要短，而且由此引发的调光方式的限制会使眼睛更容易疲劳。这也是一些朋友喊出“LCD 永不为奴”的原因。

为了解决 OLED 的不足，一些厂家正在开发名为 Micro-LED 的屏幕显示技术，就是将有机发光二极管换成无机的，以提高屏幕寿命。目前这项技术还不够成熟，且成本较高，不过人类对光影显示的追求不会停歇，甚至不再满足于单纯的观看，沉浸感、交互性等创新的呈现方法正在不断涌现，相信不远的未来，新的显示技术会再次改变我们欣赏世界的方式。

7.11 展望

至此，我们简要地领略了信息技术翻天覆地的发展。从几千年前远古祖先在陶器上写下对母亲河的浓厚感情，到如今我们手持精巧的电子器材，透过绚烂艳丽的屏幕，感受着偌大世界的精彩。生活在信息爆炸时代的我们可能对周遭的一切便利感到理所当然，但回望却发现，每一个小小的进步都来之不易。信息技术的进步很难一蹴而就，那些具有里程碑意义的材料不但要出现在恰到好处的历史时机，还要具有顺应时代的制备工艺，这样才能在过往科技、产业链，甚至成熟的资本与资源组织方式上，迸发出力量，并深刻地融入、改变我们的生活。不过，也正是得益于人类能够沟通与记录，我们才能在继承前人成就的基础上，继续推动着历史的车轮，滚滚向前。

第 8 章
高分子无处不在

世间万物都是由原子组成的，原子按照一定的次序和排列方式结合成分子。分子是能保持物质物理化学性能的最小单元。在相当长的一段时间内，科学家都认为分子是仅仅比原子大一点的微粒，可以称之为小分子。但在 1920 年，德国科学家赫尔曼·施陶丁格测出了橡胶的相对分子质量可以高达 10 万，首次提出了大分子的概念。所谓大分子就是我们现在所说的高分子，是一类由相对分子质量较大的分子聚集而成的化合物，也称为聚合物。人类其实很早就接触到了高分子，例如前面所提到的蚕丝、棉花、皮毛以及橡胶等，它们都是天然高分子材料。直到施陶丁格对链状大分子的发现，人们才真正完全了解到它们的本质结构，他也因此获得了 1953 年的诺贝尔化学奖（图 8-1）。

图 8-1　施陶丁格

人们利用高分子材料大概经历了三个阶段，首先是直接利用自然界的天然高分子材料，如棉、麻等；进而为满足更高的使用要求，开始对天然高分子材料进行改性研究，这是第二个阶段；最后一个阶段就是进行完全的人工合成高分子材料研究。从古至今，高分子材料一直都在为人类的发展出力，其相关制品一直围绕在我们的生活中。

8.1 轮胎——橡胶的硫化

汽车是我们现代人出行的重要交通工具，汽车行业也是现在市场上的热门领域，其相关技术和创新发展，影响着人们的出行生活。轮胎是汽车的重要组成部件，直接与地面接触，支撑着上部车身，缓冲了路面不平带来的冲击，影响着汽车行驶的安全性、舒适性以及运输效率等。轮胎的主要材料是橡胶，可以说是橡胶工业最重要的产品。轮胎看上去只是一个简单的圆环形橡胶制品，但它所要求的性能指标却不简单。轮胎在行驶时的路况环境复杂，承受着各种变形、负载和磨损的作用，还要经受夏热冬寒的考验，因此轮胎材料必须具有较高的承载性能、缓冲能力、耐磨性等综合性能。

轮胎最开始使用的原材料是天然橡胶。天然橡胶是由天然橡胶树的乳胶制取而得的。人们用特殊的刀具将橡胶树的表皮割开，并将树皮内的乳管割断，乳胶就会从树上流出，将其收集之后，再经过稀释、加酸凝固、洗涤、压片、干燥、打包等流程后，就可得到天然橡胶块（图 8-2）。通过现代分析测试手段，人们已经证明天然橡胶主要是以聚异戊二烯为结构单元聚合而成的线型高分子化合物。它的相对分子质量为 3 万～3000 万，一般而言相对分子质量越大，强度和弹性也越好。因此天然橡胶在常温下具有较高的弹性和一定的塑性，具有非常好的机械强度。尽管早在哥伦布发现美洲大陆之前，当地居民就已经开始利用天然橡胶，而且在 16 世纪，橡胶也被西方国家报道出了相关的使用情况，引起了人们的关注，但直到 17 世纪 30 年代，才被人们发掘出真正的使用价值，成为一类重要的工业原料。这主要是由于天然橡胶容易老化的缺陷，因为其高分子链中具有不饱和双键，化学反应能力强，容易受光、热、臭氧等影响，暴露在空气中时，可以与氧进行自动反应，使分子链断裂或过度交联，从而使橡胶发生龟裂或黏化等老化现象。

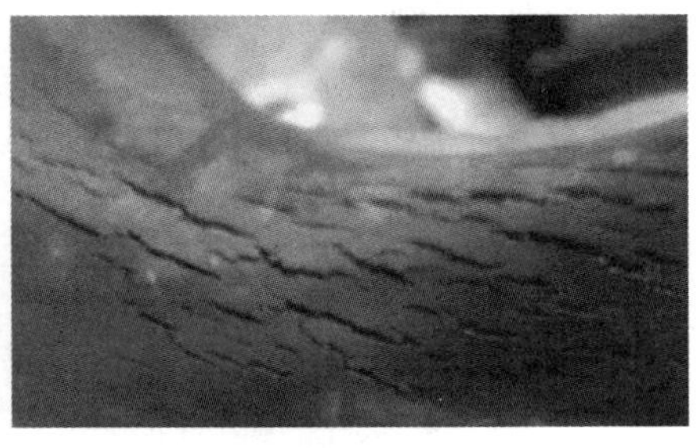

图 8-2 天然橡胶块、橡胶老化

天然橡胶老化的问题一直阻碍着它的应用，但正所谓“山重水复疑无路，柳暗花明又一村”，天然橡胶易发生化学反应的缺陷也正是它反败为胜的出路。天然橡胶易发生的系列化学反应都暗藏了可以进化完善的潜力，例如利用氧化裂解反应可以对橡胶进行塑炼加工，即借助外界力、热的作用，使橡胶中的长链分子断裂，相对分子质量下降，黏度降低，以增加橡胶原料的可塑性，方便加工成形；利用结构化反应可以进行硫化处理，以完善橡胶的物理化学性能，开启橡胶工业的大门。天然橡胶大规模应用的转机就在此中，静待有缘之人。在 1839 年，一名侨居美国的英国人偶然发现了橡胶硫化的奥秘，从而一举奠定了橡胶工业大发展的基础。

这名英国人叫查尔斯·固特异，是一名创业失败，身负债务的小发明家。当时有许多研究学者都试图消除橡胶的缺陷，增加它的使用价值，固特异就是其中之一。他不断把各种材料拿来与橡胶一起试验，经过持之以恒的工作，终于在 1839 年的 1 月取得了重大突破。他偶然将硫黄加入正在燃烧的橡胶中，发生了激烈的化学反应，发出了大量有毒气体，在收拾“残局”的时候，他发现了留在试验台上发黑的橡胶。他将其进行加热，却发现与原来的橡胶不同，这些橡胶并不会发生分解，仍然具有一定的弹性和强度。这令他十分振奋，在经过后续不断的改良优化后，固特异最终成功发明了橡胶硫化技术，顺利稳定了天然橡胶的性能。但造化弄人，固特异并没有幸运地因为发明了橡胶硫化的突破性技术而翻身，其依旧一贫如洗。直到生命的尽头，固特异都一直致力于橡胶的改进和推广。为了纪念他对橡胶工业的卓越贡献，1898 年，弗兰克·克伯林将自己的轮胎工厂命名为“固特异”，也就是发展至今依旧行业领先的知名轮胎品牌“固特异”（图 8-3）。

图 8-3 查尔斯·固特异、固特异轮胎

天然橡胶硫化技术的发明过程充满重重困难，但它的原理是容易理解的。橡胶经过硫化处理（添加硫化剂）后，其中的生胶与硫化剂发生化学反应，使其由线型结构的大分子交联成为三维网状结构的大分子（图 8-4），从而使橡胶具备高强度、高弹性、高耐磨、耐腐蚀等优良性能。

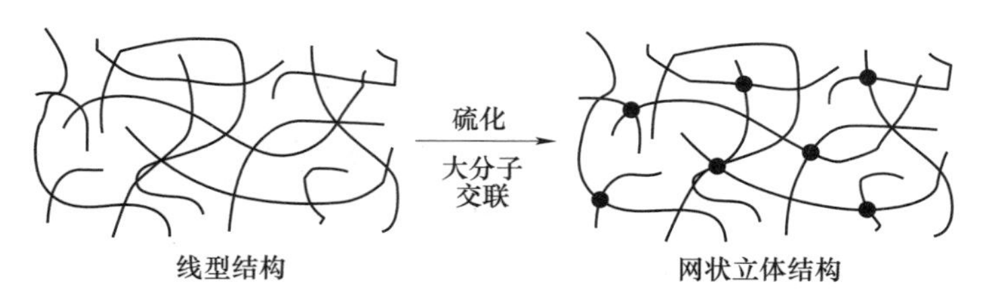

图 8-4 硫化过程

在轮胎的生产过程中，像硫化剂这样的添加剂还有很多。因为从橡胶树中获得的橡胶还无法完全满足轮胎的使用需求，因此还需添加各种化学试剂，以便全面改进橡胶的性能，更好地符合制作轮胎等产品的性能要求。除硫化剂以外，人们也陆续发明了补强剂、软化剂、防老剂等添加剂。比如加入补强剂后，可以增强橡胶的使用强度；加入软化剂后，可以方便橡胶产品的成形。

逐步弥补了橡胶的缺陷后，人们开始进一步发掘硫化橡胶的使用价值。在 1888 年，邓禄普将橡胶做成管状，再包裹在木制车轮边缘，然后充入气体，创造出了世界上第一条自行车充气轮胎（图 8-5）。此后，一对叫爱德华·米其林和安德鲁·米其林的兄弟创立了一家叫米其林的公司，从事橡胶产品生产。在 1895 年，两兄弟首先开发出了适用于汽车的充气轮胎并装备在自己设计的赛车上。在一场赛车比赛中，两兄弟亲自上阵，出色地跑完了全程，在巴黎轰动一时（图 8-6）。凭借其充气轮胎的技术优势，米其林轮胎在市场上得到了迅速发展。他们创建的米其林公司不断创新技术，经过百年的发展，早已是全球轮胎科技的领导者。充气轮胎的出现，可以说是促使橡胶工业开始了真正的腾飞。但由于天然橡胶树是典型的热带雨林树种，对自然环境要求极高，种植面积十分有限，导致天然橡胶资源相对稀缺，难以满足日益增长的天然橡胶需求量，一定程度上限制了橡胶工业的发展，因此自橡胶硫化技术诞生以来，人们也一直致力于研究合成橡胶。

图 8-5　邓禄普与装有充气轮胎的自行车

图 8-6　米其林兄弟驾驶装有充气轮胎的汽车

20世纪初，霍夫曼发明了甲基橡胶，获得了世界上第一例合成橡胶专利。甲基橡胶在一战期间进行了少量生产使用，但由于性能与天然橡胶相差太大，在战后就停止了生产。一战结束后到二战期间，科学家们陆续合成了聚硫橡胶、氯丁橡胶、丁钠橡胶、丁苯橡胶和丁腈橡胶等。其中以丁二烯与聚乙烯共聚制得的丁苯橡胶较为出色（图8-7）。

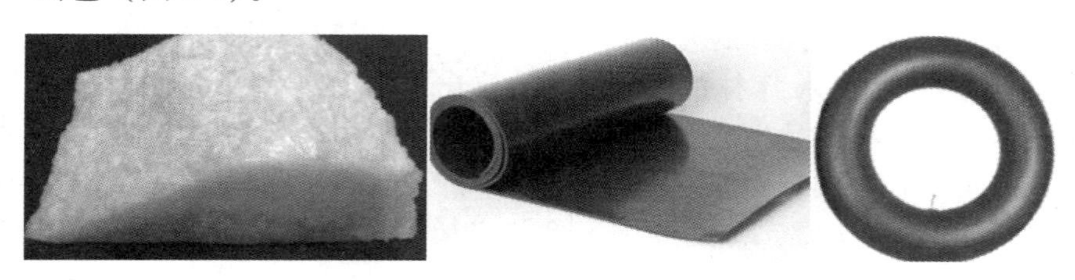

图8-7 块状丁苯橡胶、板状丁基橡胶、丁基橡胶内胎

在丁苯橡胶的合成过程中，加入了炭黑这类物质。炭黑是作为补强剂使用的，可以增强橡胶的强度等性能。这是由于碳元素具有较好的亲和性和吸附性，能够与橡胶紧密地黏附在一起，增加了橡胶的耐磨性。同时，由于碳粒子的尺寸较小，能够均匀地分散在橡胶中，得到性能更稳定的均质橡胶。丁苯橡胶的很多性能都接近甚至强于天然橡胶，比如耐磨损、耐老化、耐热等方面。但与天然橡胶相比，丁苯橡胶更易发热，不耐低温。总的来说，丁苯橡胶是比较好的，是可以替代天然橡胶来制作轮胎的合成橡胶。后来随着合成化学的发展，又研制出了新的橡胶类型。例如以异丁烯和异戊二烯合成的丁基橡胶，这种橡胶的气密性非常好，更适宜用来制作内胎，在二战期间也得到了极大的发展。自20世纪70年代后，合成橡胶已基本可以取代天然橡胶进行各种橡胶制品的生产。

进入现代化高速发展以来，众多行业对橡胶制品的性能要求进一步提高，人们又陆续研制出了热塑性弹性体橡胶、茂金属乙丙橡胶、液体橡胶、粉末橡胶等新型高技术橡胶，使新型橡胶研究向着高性能化、功能化、特种化发展。这类高技术橡胶材料虽然用量尚小，但其附加值极高。

以轮胎为代表的橡胶工业已发展了160多年，是世界最重要的传统工业之一。但无论是天然橡胶，还是合成橡胶，它们对原材的依赖性都极高。天然橡胶依赖于橡胶树的种植，而众多橡胶树种类中，属巴西的三叶橡胶树的使用价值最高。合成橡胶则对石油资源的依赖度较高，约有 70%的合成原料都来自于石油、天然气等石化资源。其次，在橡胶工业的生产过程中，也需要消耗大量的煤炭、电力等能源，进一步消耗了庞大的石化能源。

我们应该感谢前人在新材料研制方面的努力探索，让我们的生活变得更加舒适美好。作为后继者的我们，也需感悟前人努力奋斗，探索未知的精神。同时，作为前人成果的享受者，我们也应放眼未来，为我们的子子孙孙考虑谋划，更合理地利用自然资源，坚持可持续发展理念，勿图一时之乐，留后患于无穷。

8.2　乒乓球——赛璐珞

乒乓球是一种人们喜闻乐见、世界流行的球类体育项目，被称为中国的“国球”。乒乓球起源于英国，其英文名为 table tennis，直译为桌子上的网球。这是因为在 19 世纪末期，网球在欧洲十分盛行，但由于受到场地和漫长雨季的限制，英国有些大学生就把网球运动搬到室内，用餐桌为球台，书本摞起作球网，这就是所谓的桌子上的网球，也是后来乒乓球的原型。早期的乒乓球是用弹性较大的材料制成，比如实心橡胶球、空心小皮球等（图 8-8）。在 1900 年左右，随着轻化工行业的发展，乒乓球运动才开始改用赛璐珞空心球，并且持续使用了一百多年。直到 2014 年，乒乓球赛事逐渐开始使用以新型高分子聚合物为原料的乒乓球，赛璐珞乒乓球渐渐退出历史舞台。

乒乓球的材料赛璐珞可谓塑料行业的老祖宗，是一种在硝化纤维素中加入樟脑后得到的材料，也称为硝化纤维塑料（图 8-9）。硝化纤维素是用硝酸处理洁净的棉花得到的纤维状聚合物，特点是无色易燃、不易加工。19 世纪六七十年代，美国人海厄特发现将樟脑加入硝酸纤维素后，能够增加它的塑性，使其易于加工成各种形状的用品，并将这种易成形的新材料命名为“赛璐珞”。对于“赛璐

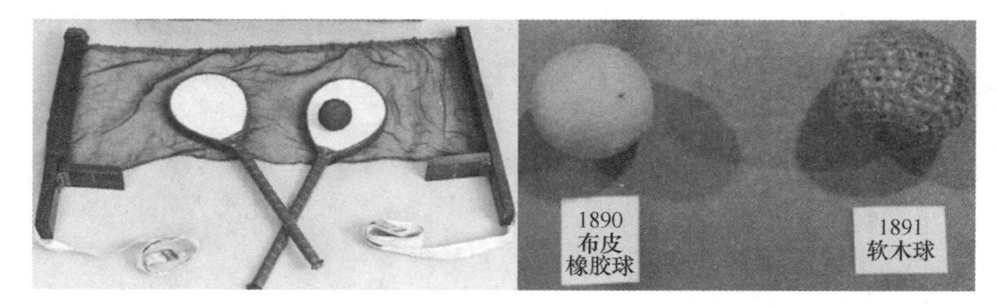

图 8-8 早期乒乓球运动设备

珞”的发明，其实还有一些相关的历史背景，这里略作扩充。赛璐珞英文名为“celluloid”，有电影胶片的意思，但它原来还有另一个有深刻背景的意思，即假象牙。

图 8-9 赛璐珞乒乓球

19 世纪，美国流行台球运动，当时的台球可是用象牙做成的，不得不说是奢侈至极。当时的殖民者到非洲开疆拓土，疯狂掠夺殖民地的自然资源，而象牙正是其中之一。每一根象牙的背后都预示着一头大象的哀鸣，疯狂的猎杀，让大象的数量骤减，使象牙成了稀缺材料。因此后来的美国台球制造商几乎无法获得象牙来制作台球，他们只得另谋他法。于是，他们发布悬赏启事，希望有人能够发明替代象牙来制作台球的材料，并愿意付出巨额的酬劳。

这个时候，一名叫海厄特的美国印刷工人决定来尝试一番（图 8-10）。但这个事并不简单，因为台球的材料要求相对轻巧、坚硬不易碎。海厄特最开始尝试将天然树脂虫胶与木屑混合在一起并搓成球。虽然这个球的样子蛮像台球，但不坚硬，一碰就碎。海厄特尝试了许多方法，直到有一天，他发现将硝化纤维溶于酒精后，可以涂在物体表面形成一层透明而结实的膜。于是，他想将这种膜

图 8-10　象牙台球、海厄特

做成球形，经过反复的试验，最终他发现可以在硝化纤维中加入樟脑，再通过热压的方法制成各种形状的物品，并且能够达到硬而不脆的效果。至此，通过不懈努力，海厄特终于找到了替代象牙的材料，于是，他将这种新材料命名为“celluloid”（假象牙）。后来，海厄特也建立了自己的工厂，并开始生产赛璐珞，用于制造台球、电影胶片、汽车挡风板、儿童玩具以及乒乓球等产品。赛璐珞的发明和成功商业化也开创了塑料工业的先河，从此各种类型的塑料层出不穷，塑料制品也遍及我们生活中的方方面面（图 8-11）。

图 8-11　老式电影胶片、赛璐珞玩具

赛璐珞的优点就是易成形，它能够在 100 摄氏度以下进行模塑成形，也可以在常温环境中进行切割、钻孔等切削加工；它可以做成坚硬的块体，也可以制成柔软的薄片。例如将其制成韧性良好的薄片时，就可以用作电影胶片。但其也有致命的缺点，比如易燃，这是由于它成分中的硝化纤维造成的。硝化纤维是用浓硝酸处理棉花得到的纤维素硝酸酯，也被称作火棉，常用于炸药行业。这就导致它不能应用于高温环境和需要严格禁火的场所。其次，就是赛璐珞有毒，因其主要成分中包含硝酸根，燃烧后易产生氧化氮等有毒气体。鉴于这种隐患，欧盟在2006年就禁止使用赛璐珞来制作儿童玩具。

回顾赛璐珞的发明历程，在19世纪70年代的人们，无论如何也不会想到樟脑这种物质竟然可以增加硝化纤维的塑性，使之变成家喻户晓的“塑料”。我们可以说这是历史的偶然，但其实也是必然的结果。因为在赛璐珞成功之前，已经有无数的发明家进行了许多“不算成功”的尝试。“站在巨人的肩膀上”，我们才能看得更远。

赛璐珞作为塑料的鼻祖，也曾辉煌一时，但人们努力创新和追求更好生活的步伐从未停止，赛璐珞因其易燃的致命缺陷也逐渐退出了历史舞台，被其他更安全的塑料取代。赛璐珞作为最早的塑料产品，主要是对天然高分子（纤维素）进行改性和加工得到的，尚不完全是人工合成的高分子。它其实是一种混合物，并没有确定的化学式，主要是以硝化纤维为主材，配以樟脑作为增塑剂增加硝化纤维的塑性。而人类目前所使用的塑料其实都是以合成树脂为主要成分，适当加入添加剂（增塑剂、稳定剂、发泡剂、颜料等），再经过一定的温度和压力下塑化成形的，早已不是赛璐珞的相关体系了。

8.3 从绝缘漆到电木——树脂的合成

正如上一节所言，现代塑料是以合成树脂为主要成分的，因此在介绍现代塑料之前，有必要先介绍一下树脂。树脂是一类受热后可以软化流动，常温下成固态、半固态或液态的有机聚合物。按照来源可以分为天然树脂和合成树脂。天然树脂是来源于自然界动植物所产生的一种无定形有机物质，比如松香、虫胶、明胶、琥珀（树脂化石）等（图8-12）。合成树脂是人工合成的一类高分子聚合物。

人类早期利用天然树脂虫胶制成虫胶漆，可以用作防腐剂使用。后来随着电力行业的发展，急需能够避免人体触电的绝缘材料。人们就发现将虫胶漆涂在绝缘区域，能够达到比较好的绝缘效果，因

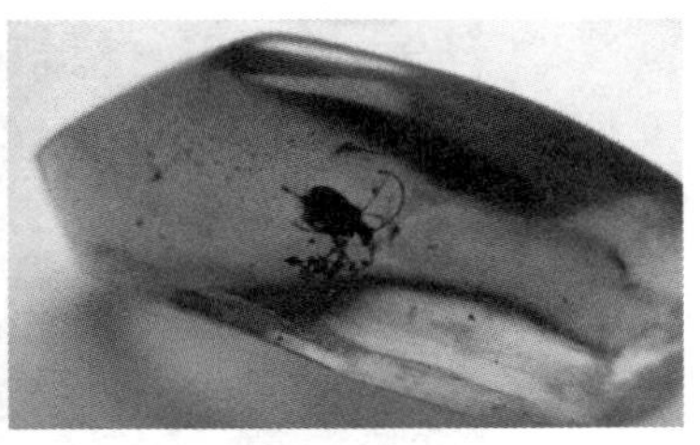

图 8-12　天然树脂：松香与琥珀

此虫胶漆就又成了最早的绝缘漆。与天然橡胶的发展一样，天然树脂的产量逐渐无法满足电气行业的大规模发展。人们不得不寻找天然树脂的替代品，开始进行人工合成树脂的尝试。早在 1872 年，德国化学家拜耳首先发现了苯酚与甲醛在酸性条件下加热，可以得到黏稠的胶状物质，具备天然树脂的外部特征。后来人们陆续对苯酚和甲醛的反应物进行研究，希望得到有用的产品，但一直不得要领。

在 20 世纪初，美国人贝克兰也开始了这项研究（图 8-13），希望找到可以替代天然树脂的绝缘材料。终于，在 1907 年，他在人工合成树脂方面取得了突破性的进展，研制出了第一个合成树脂——酚醛树脂，也就是人们常说的电木。这种树脂具有较高的机械强度、良好的绝缘性、耐热、耐腐蚀，适合被用于制造电器材料，这就是"电木"一词的由来（图 8-14）。贝克兰作为酚醛树脂的创始人，于 1909 年获得了酚醛树脂的专利权，并随后建立了公司进行生产，实现了酚醛树脂的工业化。酚醛树脂的原料主要是苯酚和甲醛，这两种材料相对容易获得，价格也比较低廉，因此酚醛树脂得到了很快的发展应用，成为炙热一时的明星材料。在当时，生活中就出现了至少上千种以酚醛树脂为原料的日用品，甚至爱迪生都用酚醛树脂来制造唱片。

合成树脂为高分子化合物，是由许多小分子原料（单体）通过聚合反应结合而成的。合成树脂的原料（单体）有乙烯、丙烯、氯乙烯、苯乙烯等。这些单体原料早期是从煤焦油产品中得到的，现在大部分也可从石油产品中获得。不仅是合成树脂，其他很多人工高分子材料都是通过聚合而成的。而在工业上常用的聚合方法就有

图 8-13 贝克兰

图 8-14 电木灯头、电木开关

本体聚合、悬浮聚合、乳液聚合、溶液聚合、气相聚合等。以酚醛树脂为例，其生产过程包括缩聚和脱水两步。将两类原料（酚类原料为苯酚、间苯二酚、间甲酚和二甲酚等，醛类原料为甲醛、糠醛等）按配方投入反应器并混合均匀，加入催化剂，搅拌，加热至55~65摄氏度，随后这些物料发生反应并放出热量，使物料自动升温至沸腾。此后继续加热保持微沸腾（96~98摄氏度）至终点，再经减压脱水后，就可制得酚醛树脂。

从酚醛树脂成功问世开始，合成树脂的技术开始逐渐发展，陆续出现了脲醛树脂（第一个无色树脂）、聚苯乙烯、聚甲基丙烯酸酯（有机玻璃）、聚氯乙烯、聚乙烯、三聚氰胺甲醛树脂（密胺甲醛树脂）等树脂种类。合成树脂种类繁多，分类也不同，比较重要的一类是根据工艺性能，可分为热塑性树脂和热固性树脂。热塑性树脂分子链结构为线型，受热后可塑化和流动，并可多次反复塑化成形。缺点就是反复成形后，其性能会有所降低。聚乙烯、聚丙烯和聚苯乙烯都是典型的热塑性树脂。热固性树脂分子链为三维空间结构，含有官能团大分子，其在有固化剂和受热加压作用下才可熔化，熔化后就会立即固化，成为不溶不熔的聚合物，无法再次成形（图 8-15）。典型的热固性树脂有脲醛树脂、三聚氰胺甲醛树脂、环氧树脂等。

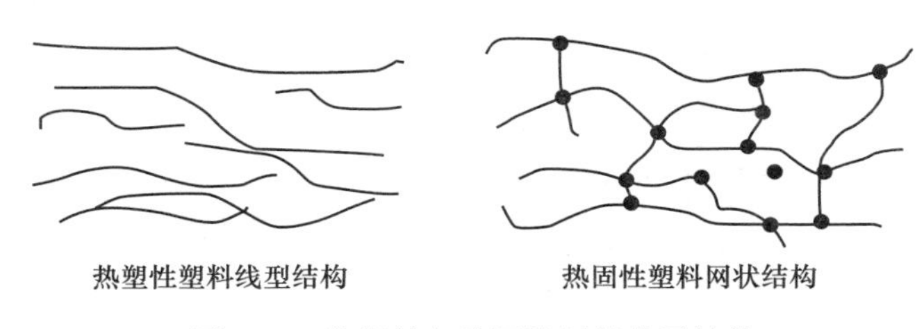

图 8-15　热塑性与热固性材料分子结构

同样的单体成分按照不同的工艺路线也可以得到不同的树脂类型。以酚醛树脂为例，当过量的苯酚和甲醛在酸性条件下反应时，可以制得热塑性酚醛树脂，主要用于开关、插座、插头等电气零件，日用品及其他工业制品。当它们在碱性介质中缩聚反应时，就可制得热固性酚醛树脂，更适合用于制作高压绝缘产品。

合成树脂是世界三大合成材料之一，也是产量和消费量最高的合成材料。合成树脂最重要的应用是制造塑料，也是合成纤维、涂料、胶粘剂等的基础原料。由于其比较明显的性能和成本优势，已经广泛地应用于包装、建筑、电工电子、汽车、家具等众多方面。

8.4　改性树脂——现代塑料

上一节提到，现代塑料是在合成树脂的基础上发展的。我们对塑料制品的性能要求越来越高，例如既要质量好又要价格低，既要耐高温又要易于加工，既要刚性足又要抗摔打等。因此人们就在合成树脂的基础上添加各种各样的辅助剂，采用“改性”的做法，制造出能够满足不同场合使用的塑料制品。根据辅助剂的添加情况，可以把现代塑料分成单一组分塑料和多组分塑料。单一组分塑料就是在合成树脂中不加入或仅少量加入辅助剂，例如不粘锅的材料聚四氟乙烯就没有添加任何辅助剂；如果在合成树脂中添加较多的辅助剂，就变成了多组分塑料，例如酚醛塑料，其是以酚醛树脂为主要成分，再添加玻璃纤维，矿石粉末等辅助剂，在1940年以前，酚醛塑料广泛应用于电器、仪表、机械和汽车行业，约占当时塑料产量的三分之二。

辅助剂的种类较多，其中比较重要的有改进材料力学性能的填料、增强剂、增塑剂；有利于加工的润滑剂和热稳定剂；改进耐燃性能的阻燃剂；提高加工、使用过程中耐老化的稳定剂等。

填料辅助剂的主要目的是降低塑料的成本，有些时候也能改善塑料某些性能，例如增加产品的硬度或模量等。填料一般要求价格低廉，容易制得，并且在树脂基体中容易分散，填充量大（图8-16）。常用的填料有石英砂、云母、石棉、碳酸钙、炭黑等。在塑料生产过程中，还有一种降低成本的做法，就是在树脂基体中加入发泡剂，制成多孔的产品，从而降低产品的密度，节省单位体积内的用料，例如碳酸氢铵可以在60摄氏度左右分解，发出大量气体，可获得孔隙均匀的泡沫塑料。增强剂的主要功能就是提高塑料产品的强度和刚性，一般是用纤维状的材料作为增强剂，例如玻璃纤维、石棉纤维、碳纤维、硼纤维和金属纤维等。这其实就是复合增强材料的做法，已在第6章中进行了相关介绍。例如其中的碳纤维增强剂就是一种高性能的增强材料，具备众多优异性能，可用于增强环氧树脂、

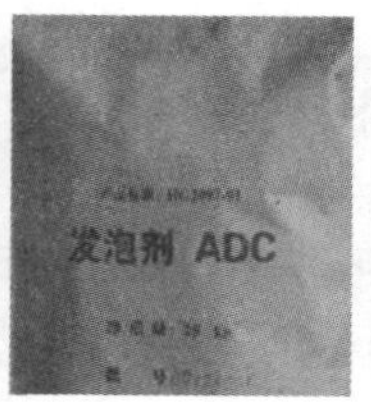

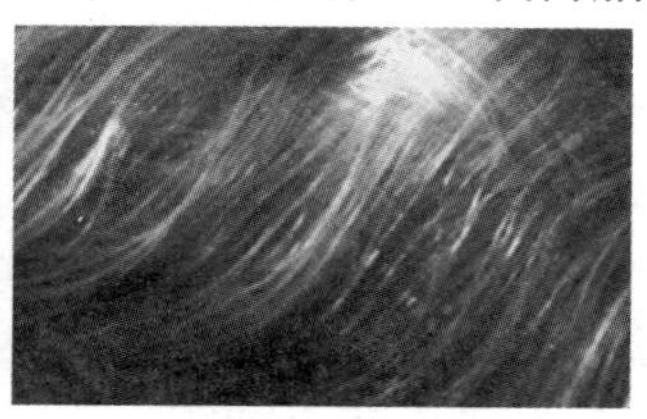

图8-16 各种辅助剂（炭黑、ADC发泡剂、玻璃纤维）

酚醛树脂、聚碳酸酯等。碳纤维增强的塑料制品性能卓越，比弹性模量可达到钢的45倍，但由于其价格较贵，只能用于航空航天等尖端科技领域。

增塑剂是用来增加材料的塑性，改善加工时熔体的流动性能，赋予产品在室温下良好的柔韧性能。在早期乒乓球的材料赛璐珞中，樟脑就是作为增塑剂来增加纤维素的塑性，以便加工成形。现代工业所使用的增塑剂一般是沸点较高、不易挥发、与基材相溶性良好的低分子酯类化合物。在目前的塑料制品中，聚氯乙烯塑料（PVC）是使用增塑剂最多的，大约有80%的增塑剂都来生产聚氯乙烯。其所使用的增塑剂主要是邻苯二甲酸二辛酯，这是一种无色无毒的透明油状液体，挥发性小，具有良好的电绝缘性。

聚氯乙烯是以氯乙烯为单体，在引发剂或光、热条件下，按自由基聚合反应机理聚合而成的热塑性塑料。聚氯乙烯在我们生活中的应用范围广泛，为世界产量第二的塑料。聚氯乙烯具有优良的耐酸碱、耐磨、耐燃及绝缘性能，并且与增塑剂的混合性很好，可以通过调整聚氯乙烯中增塑剂的含量来制造软硬度不同的产品。聚氯乙烯分子中含有大量的氯原子，分子间作用力强，分子链距离近，聚集程度高，分子运动困难，因此拉伸与压缩强度较高，硬度、刚度也大，但其韧性相对较低。当增塑剂加入聚氯乙烯后，会进入大分子之间，增加大分子间距离，使其分子间的相互作用力减小，使分子容易运动（图8-17）。

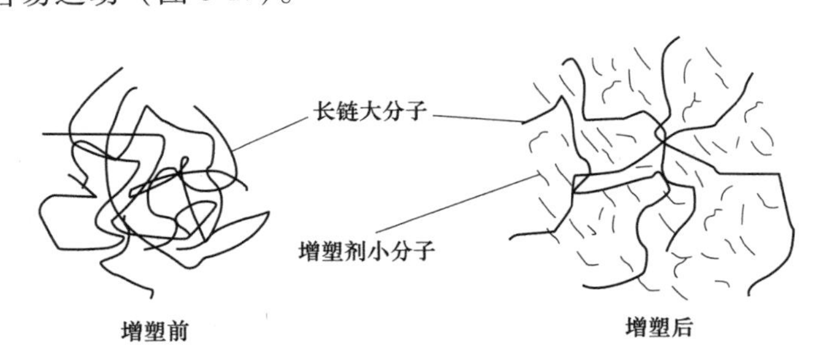

图8-17 增塑剂作用过程

增塑剂含量少的聚氯乙烯属于硬质聚氯乙烯，弹性模量高，最高可达3000兆帕，摩擦系数小。其主要用于制造硬质PVC管材，用于非饮用水管道等，例如我们生活中常见的白色排水管、雨水管就是硬质聚氯乙烯制作的。增塑剂含量多（通常大于25%）的聚氯乙烯为软质聚氯乙烯，它的弹性模量很低，但伸长率高达200%~450%。其柔韧性和加工性都比较好，因此常用作薄膜及软管材料，例如塑料包装袋、雨衣、塑料大棚等都曾使用软质聚氯乙烯制作（图8-18）。PVC曾是世界上产量最大的通用塑料，但由于其潜在的健康安全问题，限制了它的部分应用领域。聚氯乙烯树脂本身无毒，但其所添加的各种辅助剂以及聚合生产过程中残留的氯乙烯单体则对人体有害。氯乙烯单体在1987年被国际癌症研究机构认定为一类致癌物质，而辅助剂中的邻苯二甲酸二乙基乙酯等在2000年被列为三类致癌物质，因此在食品行业不能使用PVC材质的塑料袋、餐盒等。

图8-18 PVC硬质水管与PVC薄膜

与赛璐珞塑料制品一样，现在大多数塑料产品的通病也是易燃，因此人们通过在树脂基体中添加阻燃剂，来减缓塑料的燃烧速度，以改进塑料易燃的特性。阻燃剂按使用方式可分为添加型和反应型。添加型阻燃剂通常是添加在树脂基体中的，以物理混合的形式共存。常见的有三氧化二锑、氢氧化铝、氢氧化镁等，其优点是使用方便、适应性强，但往往添加量较多，会影响塑料的性能。例如用氢氧化镁做阻燃剂时，其添加量要达到60%才能起到有效的阻燃效果。反应型阻燃剂实际上是含阻燃元素的聚合物单体，所以对塑料性能的影响较小。常见有用于聚酯的卤代酸酐、用于环氧树脂的四溴双酚A以及用于聚氨酯的含磷多元醇等阻燃剂（图8-19）。

图 8-19 阻燃剂（氢氧化铝、四溴双酚 A）

现代工业高速发展，对塑料制品也提出了更高的性能要求。为满足更多的用途，人们一方面积极研发新的合成树脂，另一方面就是在已有树脂的基础上，通过改性工艺，来赋予其更加优良的性能。但一般来说，树脂改性要比合成一种新树脂容易得多，且在一般的加工厂就可进行尝试，试验成本低。因此树脂改性已经成了塑料行业中发掘新材料的重要内容。面对特定的使用场合，通过合理地选用树脂基材和辅助剂，赋予基材准确合适的性能，这也是现代塑料“因地制宜”的智慧。

8.5 降解塑料——绿色环保

塑料可谓是一个时代的产物，因其重量轻、强度高、廉价等优势广泛应用于众多领域。如今的塑料工业高速发展，塑料产品琳琅满目，但若没有妥善处理用过的塑料，其就会对自然环境造成严重污染。这主要是因为一般塑料产品的自然降解周期长，有些甚至需要上百年才能降解。这就导致塑料产品一旦废弃后，就会在自然环境中长期存在。加之塑料制品的使用量越来越大，塑料废弃物（图 8-20）已经成了一个越来越突出的环境问题，也形成了所谓的“白色污染”，对生物生存环境造成了很多危害。20 世纪 80 年代，环境恶化问题日益明显，引起了全世界的广泛关注。为应对环境恶化和资源消耗的问题，人们提出了可持续发展理念，并很快成为世界共识。在这样的时代背景下，如何让塑料产品的生产和使用契合可持续发展理念成为人们新的研究课题。

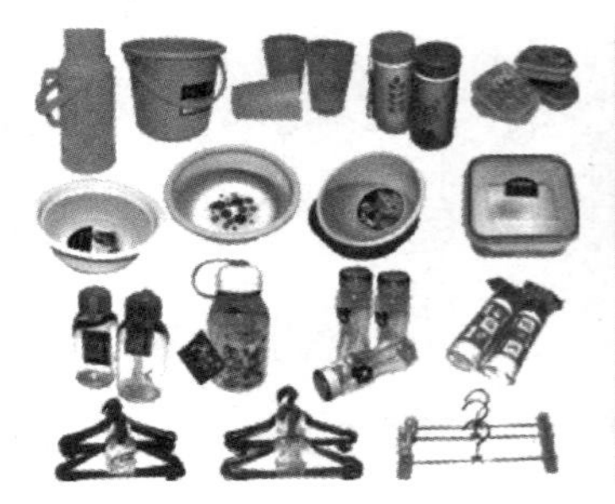

图 8-20 塑料制品及其废弃物

塑料废弃物传统的处理方式有挖坑深埋，但会大量侵占土地，污染地下水资源；或者焚烧处理，但也会放出有毒气体，污染空气（图 8-21）。这些处理方式都是治标不治本，而真正能够解决问题的就是研制可降解塑料。可降解塑料可以在太阳光辐射或土壤微生物的作用下分解为低分子产物，从而降低对环境的污染。

图 8-21 垃圾掩埋或焚烧处理

可降解塑料分为光降解塑料和生物降解塑料。光降解塑料是指在紫外线的作用下降解的材料。光降解塑料又可分为共聚型光降解塑料和添加型光降解塑料。共聚型光降解塑料可由甲基乙烯基酮、苯基乙烯基酮等与各种乙烯基单体共聚而得。其目的是增加高分子链中的羧基含量，使其可按诺里什Ⅱ型（图 8-22）裂解发生光化学反应，以增加塑料的降解性。例如聚乙烯光降解膜可以用于地膜、食品包装等，其降解周期在数百天以内。而添加型光降解塑料就是在聚合物中添加少量光引发剂，使其形成过氧化物，从而易于氧化分解。例如 1，2-聚丁二烯通过光照射生成烯丙基自由基，再经过过氧化物而分解。典型的光引发剂有芳香酮、芳香胺、硬脂酸铁等。

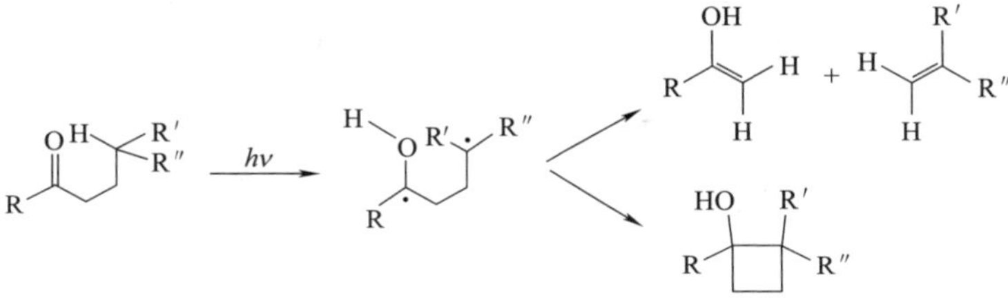

图 8-22　诺里什Ⅱ型

生物降解型塑料可分为完全生物降解型塑料和生物破坏型塑料。完全生物降解型塑料是一类以天然高分子或基于天然高分子改造而来的材料合成的塑料，不含生物无法降解的成分，可以被微生物完全分解而没有残留。例如聚羟基烷酸、聚羟基脂肪酸酯等具有脂肪族结构，以酯基为主链的聚酯。它们在微生物的酶催化作用下可自行断裂成低分子量的碎片，并进一步被微生物吸收，完全分解成二氧化碳和水。也可以利用天然高分子材料，如植物的纤维素、淀粉等，动物中的壳聚糖、聚氨基葡萄糖等制成天然高分子塑料，可直接在微生物作用下降解，其中典型的有全淀粉塑料。普通淀粉是没有塑性的，而且熔融温度远高于分解温度，这导致普通淀粉出现未熔融就分解的现象，无法制成塑料。这是由于淀粉内部存在大量的氢键，导致淀粉的熔融温度较高，但可以通过改变淀粉分子结构，减少氢键的数目，以降低熔融温度，使其形成具有热塑性的淀粉树脂。再加入少量辅助剂就可得到全淀粉塑料。淀粉含量高，辅助剂都可以分解，因此全淀粉塑料也被认为是真正的可完全降解的塑料（图 8-23）。

全淀粉塑料可降解性优越，是非常环保绿色的材料，但其使用性能还有待提升。在淀粉的基础上，通过改造可以获得性能更加优良的淀粉基合成塑料，例如聚羟基脂肪酸酯（PHA）和聚乳酸（PLA）。PHA 由有许多细菌合成的一种胞内聚酯组成（图 8-24），

图 8-23 全淀粉塑料及其制品

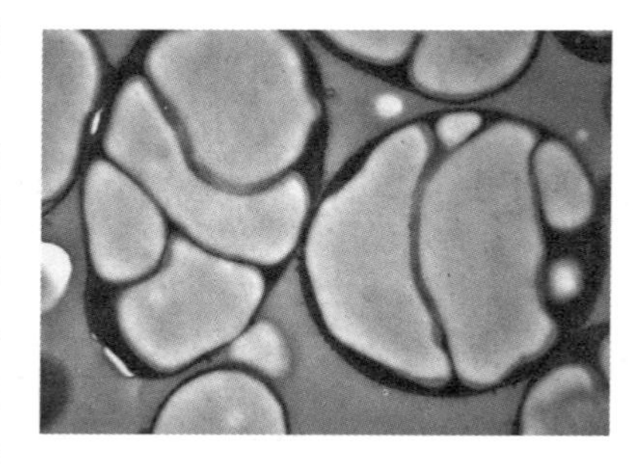

图 8-24 PHA 胞内聚酯

具有类似于合成塑料的物理性能，同时具备合成塑料没有的可降解性、生物相容性、压电性等。PLA 是以可再生的农作物（如玉米）提取出来的淀粉为原料，经过细菌无氧呼吸发酵得到乳酸，再经脱水缩合而成。聚乳酸塑料可以直接埋在土壤里进行降解，其产生的二氧化碳绝大部分可以进入土壤有机质或被植物吸收，不会大量排放在空气中，加剧温室效应（图 8-25）。值得一提的是，聚乳酸对人体有高度安全性，生物相容性好，可被组织吸收，因此在生物医药领域的应用也非常广泛，可用于制作免拆的手术缝合线、药物缓释包装剂、人造骨骼内固定材料等。例如，高分子的聚乳酸可用于替代不锈钢做骨钉、骨板等，使病人免受二次开刀拆除固定器具的痛苦。

生物破坏性塑料是不能够完全生物降解的塑料，是在烯烃类塑料中混入生物降解性物质，使材料丧失力学性能与形状，再通过堆肥处理达到与生物降解类似的效果，因这类塑料成本低，国内外已经采用这种方法处理塑料制品。

可降解塑料属于绿色高分子材料，在使用以及丢弃后可在自然环境中降解转化为其他形式的资源，不对环境造成污染。可降解塑

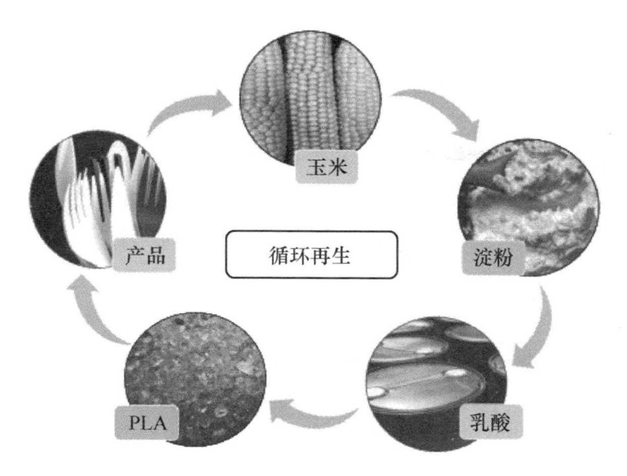

图 8-25 PLA 循环再生

料的发展正好适应了我国的可持续发展战略，顺应可持续观念的时代潮流，这是人类利用高分子材料合成技术为人类与自然和谐发展做出的努力。在此，我们也提倡作为世界个体的人类积极行动，从身边的小事做起，例如循环使用塑料袋，少用一次性餐具，养成垃圾分类习惯等。“合抱之木，生于毫末；九层之台，起于累土”，我们每个人的环保行动汇聚在一起，将为全人类的长久发展贡献巨大力量。

8.6 时髦的长丝袜——合成纤维

在第 6 章提到，纺织业一直都是人类重要的社会经济活动，并且介绍了天然纤维材料对纺织业的贡献以及纤维材料在复合材料中的增强作用。本小节将介绍化学合成纤维材料，这是现代纺织业的新材料，可以替代天然纤维进行广泛的应用。与天然纤维不同，合成纤维本身不含纤维素或蛋白质，其来源主要是石油、煤、天然气等。以这些石化产品为原材，通过提炼或化学合成得到单体，再聚合成具有适宜相对分子质量并且可溶（熔）的线型聚合物（合成树脂），再经纺丝成形、牵引、拉伸、定型等处理后就可制得细而柔软的合成纤维。合成纤维的优势在于其原料是由人工合成方法制得的，生产不受自然条件的限制，因此其价值地位已经逐渐超过天然纤维。

世界上第一种大规模工业生产应用的合成纤维是聚酰胺 66 纤维，也就是俗称的尼龙。1928 年，美国哈佛大学教授卡罗瑟斯从事聚合物缩聚反应方面的研究，并发表了关于缩聚成链状分子和环状分子的研究成果，为合成纤维时代的到来做出了开拓性的贡献（图 8-26）。卡罗瑟斯的助手在 1930 年发现二元醇和二元羧酸缩聚制得的高聚酯熔融物可以抽出纤维状的细丝，并且具有较好的强度、弹性、透明度等性能，这启发他们可以用熔融的聚合物来仿制纤维。经过深入的研究，卡罗瑟斯团队最终选用己二胺和己二酸合成了新的线型聚酰胺树脂，其特点是大分子链节之间都是以酰胺基“—CONH—”相连。因聚酰胺树脂的两个主要成分中都含有 6 个碳原子，故又称其为聚酰胺 66。这种聚合物的熔融物质可以经由细孔挤压，在张力的作用下拉伸成纤维。聚酰胺 66 英文名为 Nylon，即我们所说的尼龙，其在英语中表示“从煤、空气、水或其他物质合成的，具有耐磨性和柔韧性、类似蛋白质化学结构的所有聚酰胺的总称”。

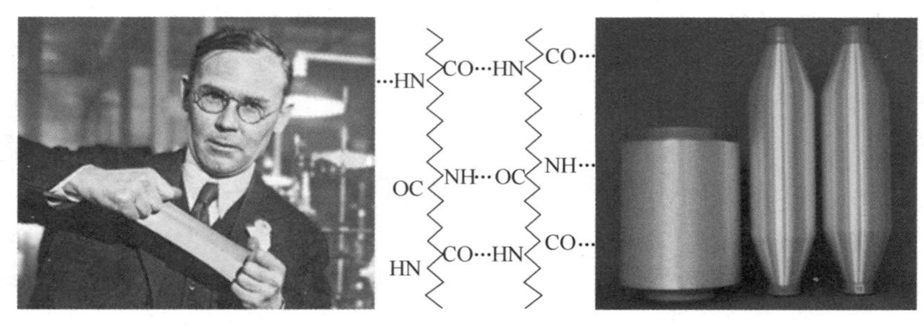

图 8-26 卡罗瑟斯、聚酰胺 66 分子链、尼龙纤维

尼龙的突出优势就是耐磨，它的耐磨性是棉花的 10 倍、羊毛的 20 倍，加之其柔软质轻、弹性好的优点，非常适合用来制作袜子。在 1939 年，美国市面上首次出现了尼龙长丝袜，这种丝袜既透明又耐穿，受到了广大女性的追捧，在一天内就卖出了数万双，成了时髦珍品（图 8-27）。尼龙纤维后续又发展出了众多品种，其使用范围

从民用的服装、地毯逐渐扩展到军用的降落伞、飞机轮胎等方面。1958 年，尼龙系列的己内酰胺在国内试制成功，因其诞生于锦州化工厂，所以这类纤维在国内被命名为“锦纶”。由于尼龙具有众多的优点和广泛用途，其在二战以后得到了迅猛的发展，直到 1970 年，尼龙的产量都位居世界合成纤维的榜首。

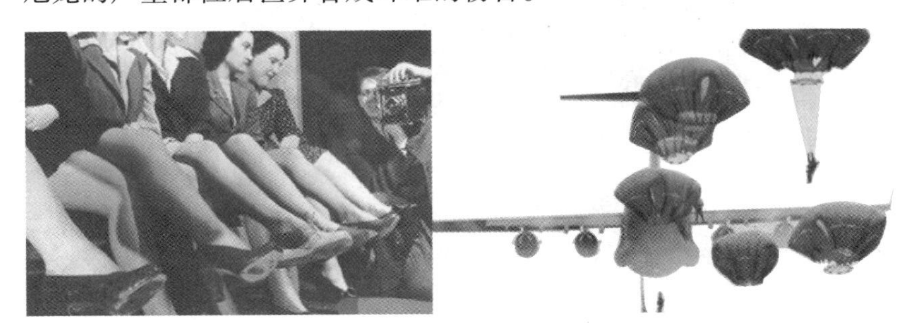

图 8-27　尼龙丝袜、尼龙制降落伞

在 1941 年，英国的温菲尔德和迪克森发明了聚酯纤维。他们用对苯二甲酸和乙二醇合成了聚对苯二甲酸乙二酯，并通过熔体纺丝制得了聚酯纤维，命名为特丽纶，国内称其为涤纶。聚酯纤维由于原料易得、价格低廉、性能优异，在纺织方面的用途十分广泛。它可以直接用于纺织，也可以与棉、毛、丝等天然纤维混纺交织。聚酯纤维制造的面料最大特点是坚牢挺括、保形性好、质量稳定，常用作衬衫、外衣等。这种优势是因为聚酯纤维大分子中含有苯环，可以阻碍大分子的内旋转，增加分子链的刚性；同时，大分子链中也含有部分亚甲基，可以赋予其一定的柔性。正是其刚柔并济的大分子结构使聚酯纤维具有挺括、尺寸稳定的性质。但由于其大分子链中不含亲水基团，所以吸湿性差，其穿在身上时不透气。聚酯纤维在 20 世纪 50 年代开始高速发展，如今已成为第一大合成纤维（图 8-28）。

继聚酰胺纤维、聚酯纤维的成功工业化后，陆续又有其他几类合成纤维成功研制并实现工业化。杜邦公司在 1950 年，利用干法纺丝实现了聚丙烯腈的工业化。聚丙烯腈又称为“腈纶”，其外观呈白色、卷曲蓬松、手感柔软，保暖性好，与羊毛类似，所以又有“合

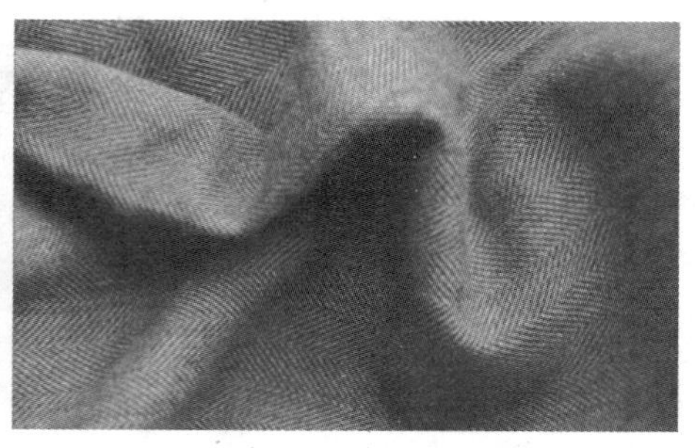

图 8-28 温菲尔德、挺括的涤纶面料

成羊毛”之称。与此同时，日本仓敷人造丝公司实现了聚乙烯醇纤维的工业化生产。一般的聚乙烯醇纤维是水溶性的，不具备必要的耐热水性，实际应用价值不大。但聚乙烯醇缩甲醛纤维具有柔软、保暖的特性，吸湿率可达5%，与棉花相近，故又有“合成棉花”之称，可与棉混纺，织成各种棉纺织物（图 8-29）。

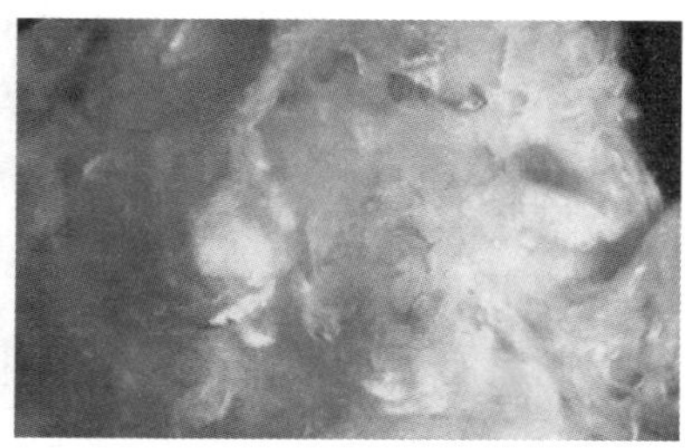

图 8-29 腈纶（合成羊毛）、聚乙烯醇（合成棉花）

1959 年，杜邦公司又通过干法纺丝实现了聚氨基甲酸酯弹性纤维“莱卡”的工业化。这种聚氨酯纤维的特点就是极具弹性，其伸长率可达 500%~800%，在外力释放后，可迅速恢复至原长。但是莱卡不能单独纺织成面料，只能与其他纤维混纺使用。虽然尼龙丝袜诞生时，引起了极大的轰动和追捧，但仍存在弹性不足的缺陷。此时，杜邦公司又充分发挥了莱卡的优势，在丝袜生产中加入莱卡，制造出了极具弹性的尼龙长丝袜，再次使丝袜风靡市场。尤其是在紧身服装方面，莱卡几乎是必用的纤维材料。添加了莱卡的紧身衣、健美裤等衣物，既能做到贴身舒适，又极具弹性，穿在身上伸展自如又感觉不到丝毫压迫感。即使是在一般的衣物中，如外套、长裤、西服等，添加一点点莱卡，也能增加它们的柔顺性，抗褶皱（图 8-30）。

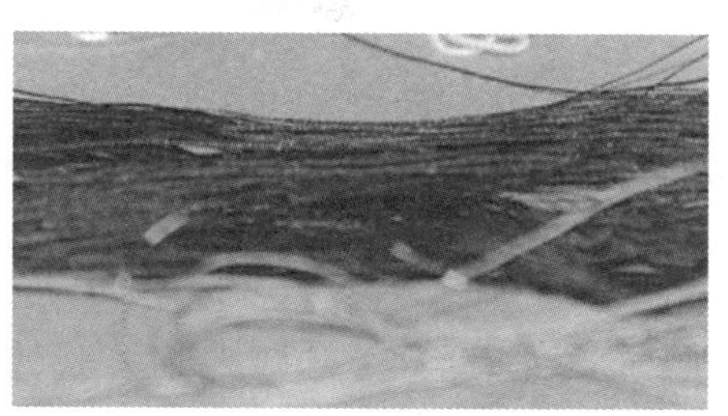

图 8-30 添加了莱卡的面料、聚乳酸缝合线

与塑料产品类似，大部分合成纤维对环境污染是有一定影响的，因此开发生态环保的合成纤维也是值得人们去尝试的。聚乳酸可用于制作全淀粉塑料，是一种完全生物降解性塑料，同样，聚乳酸也可用来制作合成纤维。在聚乳酸中添加一定耦合剂得到相对分子质量较高的聚乳酸后，再经化学改性提升强度、保湿性等性能，最后经过抽丝，就能得到聚乳酸纤维。这种纤维经微生物作用可分解成二氧化碳和水，其原料也可循环再生，是一种可持续发展的生态环保型纤维。早在 1962 年，美国氰胺公司就制成了人体可吸收的聚乳酸缝合线；在 1997 年，美国嘉吉和陶氏化学公司联合开发出了聚乳酸纤维，完善了工业化的生产。

合成纤维的出现，使人类在织布穿衣方面摆脱了对天然纤维的依赖，各种款式、功能的面料织物供人们尽情挑选。合成纤维主要的用处是作为纺织材料，但随着科技的发展，合成纤维逐渐发展出特种化、功能化的品类，在国防工业、航空航天、医疗卫生、通信联络等行业发挥了重要作用。比如耐腐蚀纤维、阻燃纤维、高强度高模量纤维、光导纤维等，由于篇幅所限，此处不做详细介绍。

8.7 运动鞋——高分子的大集结

合成橡胶、塑料以及合成纤维称为现代社会的三大合成材料。

当今社会的发展建设都离不开高分子合成材料的重大贡献。它们的性能优良，品种数繁多，在生活、科研、国防等领域都被广泛应用。例如，高分子薄膜做成的温室大棚让人们在冬天也能吃上新鲜的蔬菜；高分子材料制成的家居装饰品，不仅美观大方，经久耐用，还经济实惠；特种高分子材料在飞机、高铁、火箭、导弹等高精尖领域也发挥了至关重要的角色，助力我国综合实力迅猛发展。总的来说，无论是在日常生活，还是在尖端产业，高分子材料都发挥着重要的作用，助力人类更好地生存发展。此处，我们以专业的运动鞋为例，来分析高分子材料是如何在我们的生活应用中各显神通的。

专业的运动鞋是为运动员设计和生产，供运动健儿参加体育比赛和日常训练使用的鞋类。这类运动鞋不仅要求具有普通鞋类的舒适性、保护性、美观性，还特别要求在具体的场景中能够增强运动功能，避免特殊伤害，保证甚至提高运动成绩等。比如在跑步类项目中，运动员主要的运动形式是向前直线运动，并带有加速、急停等动作，因此跑鞋就要求具有较好的避振和能量回归功能。选择合适的外层材料，可以让运动员在跑步的过程中，及时缓冲脚接触地面瞬间受到的冲击力，并且在脚离地时又将能量释放回运动员，助力他们跑得更快。又例如在篮球比赛中，篮球运动员的跳跃和加速频率很高，因而篮球鞋的材料需要具有高频率高强度着地的减振功能。乒乓球运动中，球员往往有很多快速的横向运动，因此乒乓球运动鞋在缓冲横向运动，急刹急停方面有优异的性能。不同的运动项目，对专业运动鞋的性能要求不同，其选择的材料也需因地制宜的调整（图 8-31）。

图 8-31　各种赛事中的运动鞋（跑步、篮球、乒乓球）

运动鞋的结构通常包括鞋面和鞋底两部分。鞋面一般还包括前帮、后帮、鞋舌、装饰件等部件；鞋底一般由外底、中底和内底等部件组合起来。

鞋面一般需要选择具有良好透气性和有效保护性的材料。在运动过程中，帮面要能给脚部提供支撑保护，确保脚放在正确的位置，提高在奔跑或跳跃动作中脚部着地的稳定性，同时还得具有良好的透气性、吸湿性，以保证运动过程中的舒适性。鞋面的主要材质是以皮革、布面为主。皮革类的鞋面最开始是用动物皮，例如最常见的牛皮，还有猪皮、羊皮等。这些动物皮被人们普遍认可，它们既透气柔软，也经久耐用，但缺点是成本高、对动物不友好。后来，人们又发明了人造皮革，它是以纤维织物为基底，在其上涂覆或填充合成树脂，再经加热滚压等工序后制成的。比如用超细纤维和聚氨酯制成的高级人造皮，就能做到同真皮一样的透气、耐磨经用（图 8-32）。

图 8-32　牛皮鞋、羊皮鞋、人造皮革鞋

布质鞋面的特点是柔软、轻量、透气、舒适性好。可用于做鞋面的布料有植绒面料、帆布、麻布等（图 8-33）。现代运动鞋常采用的布面一般是指网眼布，这是一种将纤维织物通过机器编织而成，具有一定形状、大小和深度的网眼布料。因为人造网眼的存在，这种布料的最大优势就是透气性好，但同时网眼也使这种布料容易被外物划破或勾扯。要避免网眼布的这个问题，就需要使用强度高、抗撕裂的纤维织物，显然，一般的纤维织物（棉麻等）肯定不足以应付。因此化学纤维就派上用场了，例如，将尼龙或涤纶等合成纤维织成网眼布，就能具备高强度（防划伤）、高伸缩性（防勾扯）等性能。但网眼布还有一个问题，相信读者朋友们也一定亲身感受过，那就是防水性不好。要说防水性，肯定是皮革面料更好，而网

图 8-33 棉布鞋、帆布鞋

眼布不防水的主要原因还是网孔的存在，但网孔又不能取消。即使人们可以通过编织尽量缩小网孔的尺寸，但仍防不住小水珠的渗入，毕竟水是无孔不入的。既然我们无法从网孔结构上改进网眼布的防水性能，那就想办法从编织网眼布的纤维材料上下手。世界上比较有名的运动鞋公司就在这方面取得了一些突破性成果。他们创造了一种抗水性科技纤维，这是一种含高斥水性的超细聚酯纤维。聚酯纤维的分子结构是高度对称芳环的线型聚合物，其仅在两端含有羟基，在大分子上不含有亲水性的基团，属于疏水性纤维。用这种纤维制成的网眼布，即使沾上水，水也很难渗进鞋里，从而达到了抗水与透气兼顾的功能（图 8-34）。

图 8-34 网眼布鞋、防水网眼布鞋

此外，还有另一种防水性更好的鞋面材料，堪称具备雨衣的性能。这是一种专为在极端天气中运动而设计的材料，包含聚氨酯防水层和 GORE-TEX 涂层，不但能防止雨水的渗透，也能保证良好的透气性。这其中的关键材料就是 GORE-TEX（戈尔特斯），这是由美国戈尔公司发明生产的一种新型防水防风透气的面料，被誉为“世界之布”，广泛应用于宇航、军事、医疗以及尖端名牌服装产品中（图 8-35）。

图 8-35　GORE-TEX 系列运动鞋

这种面料主要依赖于膨体聚四氟乙烯的发明。膨体聚四氟乙烯是由聚四氟乙烯经过特殊工艺制成的，其内部具有大量的细小纤维连接而成的网状结构，形成了无数细孔。这些细孔赋予了戈尔特斯面料绝对防水、透气、防风的综合性能。每平方英寸的戈尔特斯面料含有无数的约为小水珠 2 万分之一大小的微孔，让水无孔不入的特性在这里失效了，实现了防水的性能。同时，由于这些微孔极小，也能起到极好的防风的效果，能够抵抗寒气的入侵，达到一定的保温效果。这些微孔虽小，但又比水蒸气分子大数百倍，人体产生的汗气还能够轻易透过这些微孔挥发出来，保证了良好的透气性能（图 8-36）。

图 8-36　膨体聚四氟乙烯

鞋面一般是覆盖脚体的最外层，它在运动员活动时，主要是抵抗硬物，承受撞击，因此有些场景的运动鞋还要求鞋面具有坚硬的部件。比如前帮和后帮部件，一般是采用强度较高的材料，这样可以更好地保护脚趾和脚后跟，尤其是在足球运动中，更需要对脚趾的保护。比如热塑性聚氨酯，其本身是一种坚硬又易弯曲的材料，能够给脚部提供良好的支撑和保护，同时其重量也轻，不会过多地增加脚部的负担。

鞋底的结构则更加复杂，其中外底是直接与地面接触的部位，运动鞋的止滑抓地效果都依靠它的性能，因此外底必须具备止滑和耐磨损的性能；中底是运动鞋中最为重要的部分，主要为脚体提供减振性和稳定性，此外，也可在中底上实现能量回归的功能；内底与脚底直接接触，主要是以舒适性为主，应具备良好的透气性、吸湿性、抗菌防臭、耐压缩等性能。

外底首要的目标是止滑和耐磨损。外底一般都设计成一定的花纹，它在与地面接触时，可以提供摩擦力，因此花纹是外底中最易磨耗的部位。如果花纹的磨耗比较快，则运动鞋的止滑性就差。如何降低花纹的磨耗，提高运动鞋的耐磨性呢？可以从材料选用、花纹设计等方面下手。首先就是外底的材质必须耐磨。材料的耐磨性能与它分子间的结合力有关，比如分子组合为层状结构的最易磨耗，线型结构不易磨耗，而网状结构则很难磨耗。因此如果用硫化橡胶、热塑性弹性体等网状结构的材料做外底，则运动鞋的耐磨耗性能就好。耐磨材料的研发一直是鞋类产业的重要内容，目前也有一些耐磨性较高的功能材料、复合材料用于制作运动鞋外底。例如，在橡胶中加入碳纤维制成的碳素橡胶，就是一种耐磨性极佳的材料；而黏性橡胶具备极好的防滑性和很强的抓地力，可以用于健美鞋和攀岩鞋的外底（图 8-37）。

除了材料外，还可以针对具体的运动形式，分析外底的具体受力情况，设计相应的花纹形状和方向，以尽量适应运动的特征，提高外底的耐磨性。例如，在跑步运动中，磨损主要是来自前掌和脚跟外侧部位，因此这两个部分的花纹就应适当增强，并且纹路方向也应与前进的方向呈一定角度，以增加花纹接触地面时的摩擦

图 8-37　碳素橡胶鞋底、攀岩鞋

力（图 8-38）。花纹的设计对于运动鞋性能有一定程度的影响，但此处主要聚焦于材料的因素，就不再对其展开说明了。

中底一般具有较多的功能作用，如稳定性、缓振、能量回归等。在体育运动中，我们的脚部在运动过程中有很多姿态，例如内转、外转、翻转以及扭转等。运动鞋的稳定性就是要控制这些姿态在合适程度。其方法和形式很多，以中底的材料选择为例，我们在中底的后跟两侧选用较硬的材料，中间选用较软的材料，比如 EVA（乙烯-醋酸乙烯树脂）材料，这样可以使脚在运动时的翻转力得到释放，保证后跟部位的稳定性（图 8-39）。

图 8-38　各种鞋底花纹

中底的缓振主要是依靠发泡材料，常见的有海绵、EVA、PU（聚氨酯）等。例如用两层不同密度的 PU 发泡材料组成中底，当其受力下压时，PU 发泡材料会收缩变形，以达到缓振的目的。在中底结构中，也可以用一整块 EVA 板贴在后跟部位，形成中插设计，也能起到较好的缓振作用。除此之外，也有用气垫、弹簧等形式来做中插部件。例如在篮球鞋的底部嵌入一块弹簧板，就如同跳水台上的跳板一样，极具弹性，不仅能达到缓振的作用，还有能量

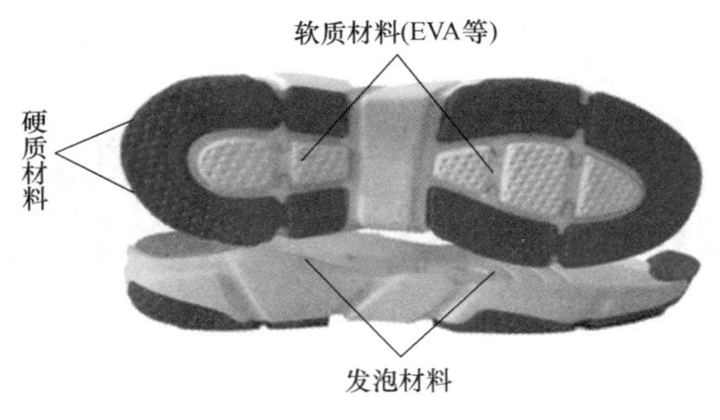

图 8-39 组合鞋底

回归的效果（图 8-40）。这种弹簧板可以用热塑性材料、碳纤维和玻璃纤维组合而成，这样组合能够兼顾最高的强度和较小的重量。

图 8-40 中底气垫与弹簧篮球鞋

一般而言，EVA 比 PU 更柔软轻便，但性能不如 PU 稳定，使用不持久，因此 EVA 材料多用于追求轻量、灵活的跑鞋。PU 稳定性高、持久性强、重量大，适合坚固的跑鞋。关于缓振、能量回归这些中底功能，很大一部分是在中底的结构设计方面下功夫的，此处也不再过多介绍。

运动鞋的内底主要是增加脚部的舒适感，增加运动的弹力，吸收脚部产生的汗液等。在内底材料中 POLIYOU 材料表现突出，它是由聚氨酯材料改进而来的。目前世界上的大多数著名品牌都使用这种材料作为鞋内底（图 8-41）。这种材料以改性聚氨酯树脂为主，同时有 90%以上部位充满了排气小孔，具备良好的透气性，可以将脚部的汗液迅速吸收排出；在 POLIYOU 制造过程中，还加入了有除臭效果的活性炭成分，可以保证鞋子长久不臭；聚氨酯的高弹性特点可以使 POLIYOU 具备长久的弹性，让双脚在运动过程中得到更为妥善的保护。

图 8-41 POLIYOU 鞋垫

现代运动鞋可谓是高分子材料的一大杰作，里面的各个部件都可用高分子材料制成。高端运动鞋的中底、鞋面等重要部件更是用上了最前沿的高分子合成材料。球鞋虽小，但科技含量可不低，高分子材料家族在运动鞋上实现了一次团聚，各司其职，充分发挥着各自的优势性能。从运动鞋小小的体型上，我们仿佛可以窥见人们不断创新，努力奋斗，追求更好生活的身影。高分子材料种类繁多，性能各异，相信在今后社会的发展中仍会继续扮演着重要的角色。

第 9 章

工业裁缝

在我们身边存在着许多材料，包括金属材料、非金属材料、纳米材料、仿生材料、陶瓷材料等。材料只有经过加工，才能被我们使用。古代青铜器的制作包括冶炼、铸造、焊接、切割等复杂的材料加工工艺。现代社会从制作芯片使用的一粒沙到雕琢成为手镯的玉石，无不是通过加工变成我们需要的零件和器物。

材料加工的类型多种多样，比如切割、焊接、铸造、弯曲、喷漆、拉拔、包装、电镀、冲压、检测、冶炼、挤压、轧制、粘接、提纯等。对于不同的加工方法，其对象和起到的作用是有所区别的。有的针对金属，有的针对非金属，有的是为了让材料性能得到改善，有的是为了让材料尺寸发生改变。在上述的方法中，材料的切割和焊接是最为重要的材料加工手段。切割过程是一个将材料由大变小，由粗变细，由长变短的过程。焊接则正好相反，是将材料由小变大，由细变粗，由短变长的过程。在生活和生产中，切割和焊接应用得十分广泛，两者相辅相成，将各种材料转变为易于使用的成品。

9.1 切割与焊接——裁与缝

9.1.1 切割

材料的切割加工有着悠久的历史，它对人类的生产和物质文明起着极大的推动作用。材料的切割加工好比制衣中的裁衣，通过对材料进行切割来制成后续易于使用的半成品或成品。有很多成语都描述了切割的过程，比如一刀两断、势如破竹、削铁如泥等。在切割过程中将材料一分为二所使用的剪刀（图 9-1）、手锯（图 9-2）

等都是材料切割加工的基本工具。

图 9-1　剪刀　　　　图 9-2　手锯

在日常生活中可以见到各种各样的切割方法，在剪发的时候就使用了剪切的切割手段，它是最常见的切割方法，通过剪刀造成机械撕裂，从而对材料实现切割。制造剪刀所使用的材料一般为钢，在剪发的时候所进行的是一个比较简单的剪切动作。除此以外，修剪树枝、剪切相对较软的铁皮也是生活和生产中常见的剪切加工。

在切割加工中，锯切大概是最古老的一种材料切割技术了。春秋战国时期，鲁班在野外因为被带齿的草叶划破手指，获得了灵感，从而发明了锯。锯切是使用带齿的工具对材料进行往复的机械运动来达到切割的目的，最常见的如锯木头、切割金属棒、混凝土等。现代锯切基本使用电锯（图 9-3）。

图 9-3　电锯

工业生产中常用的机械切削方法包括车、铣、刨、磨等。车削加工是在车床上（图 9-4），利用工件的旋转运动和刀具的直线运动或曲线运动来改变毛坯的形状和尺寸的。铣削是将毛坯固定，用高速旋转的铣刀在毛坯上走刀，切出需要的形状和特征。刨削是使刀具和工件之间产生相对的直线往复运动来达到刨削工件表面的目的。磨削是指用磨料、磨具切除工件上多余的材料。

随着计算机、微电子和自动化技术的发展，各种数控机床和加工中心（图 9-4）也在工业生产中得到了广泛的应用。二者共同点是在普通的车床、铣床等机床上安装了数控系统，从而可以按照事先编制好的程序，自动地对物体进行加工，具有精度高、生产率高等优点。二者的不同点在于加工中心带有刀库，刀的数目为 14~24 把，可在一次装夹中通过自动换刀装置改变加工刀具从而实现不同加工功能。因此数控机床的主运动是主轴带动工件的旋转运动，一般多用来加工回转体，如圆柱、圆锥等；加工中心的主运动是主轴带动刀具的旋转运动，加工范围较为广泛，如箱体零件、异形件、板类零件等。

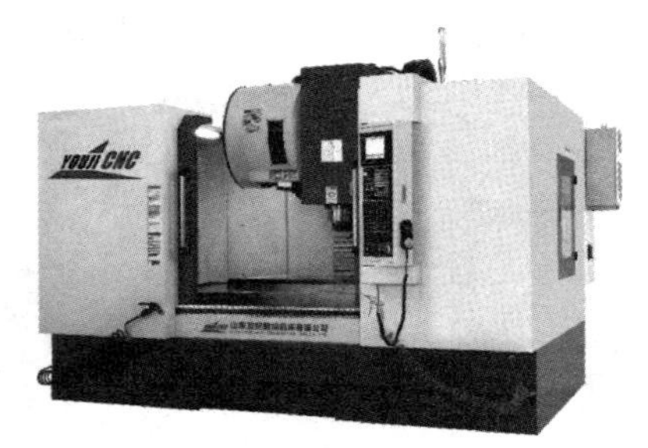

图 9-4　加工中心

上面提到的几种加工方法有着共同的特点。第一，需要用相对较硬的材料制成刀具来切割较软的材料。如使用硬的金刚石刀具来切割钢，用钢制刀具来切割铜和铝，用铜制刀具和铝制刀具来切割木材等，这个过程不可以颠倒，不可能使用铝制刀具来切割钢。第二，刀具和工件之间必须接触。在剪指甲的时候，剪刀和指甲必须要先接触，然后才可以进行剪切动作。第三，切割需要能量。大多数的切割方法是依靠机械能实现切割的。例如剪刀的机械力，锯的机械力，车床加工中车刀和工件接触的机械力都是依靠机械能。

9.1.2　焊接

材料切割的目的是将材料由大变小、由长变短、由粗变细。焊接的目的则与此相反，是将材料由细焊粗、由短焊长、由小焊大。焊接与切割正好是完全相反的两种加工手段。提到焊接可能会让人联想到有人在路边焊广告牌，在修理铺里焊铁壶或修补其他物品。因此有人会认为焊接就是一些简单的手工艺，好像没有什么科技含量。实际上不是这样的，经过长期的发展，焊接已经从一种手工艺逐渐发展成为现代的自动化连接技术。

焊接加工有着悠久的历史，对人类的生产和物质文明起到了极大的作用。考古发现，在5500年前人们就已经在使用锡焊银摆设（古埃及）；公元前5世纪用锡铅焊焊接皇冠上的珠宝首饰等（中国）。尤其是商周青铜礼器的铸造过程，除了常规合范技术之外，一些凸出于器壁的器耳、鋬等附件，有时不是一次性合范浑铸，而是进行多次铸造，通过铸接或钎接的方式与器体连接。随州羊子山M4出土了4件装饰豪华的神面纹青铜器（图9-5），这些器物的颈部或肩部各伸出长颈的兽首，据分析兽首是与器壁上凸起的榫头套接后浇注焊料连接。唐代颜师古为《汉书·西域传》做注："胡桐亦似桐，不类桑也。虫食其树而沫出下流者，俗名为胡桐泪，言似眼泪也。可以汗金银也，今工匠皆用之 。"这里的"汗"字意思同今天的"焊"字。宋朝宋应星撰《天工开物》中有"中华小钎用白铜末，大钎则竭力挥锤而强合之，历岁弥久，终不可坚。"的句子。这里的"小钎"即钎焊，"大钎"为锻焊。

图9-5　随州羊子山M4出土神面纹青铜尊

到了近代，随着电力工业的发展，焊接进入了一个新的阶段。1885年俄国科学家H. H. 别纳尔多斯发现了碳极电弧。1887年美国E. 汤姆森发明了用于薄板焊接的电阻焊。20世纪初，焊条电弧焊已进入实用阶段。1930年美国发明了埋弧焊。20世纪四五十年代，钨极和熔化极惰性气体保护焊以及二氧化碳气体保护焊相继在美国和苏联问世，促进了气体保护电弧焊的应用和发展。随后出现的等离子弧焊、电子束焊和激光焊，标志着高功率密度熔焊的发展，使得许多难以用其他方法焊接的材料和结构得以焊接。随着技术的发展，焊接不但应用于金属材料，而且可应用于陶瓷、塑料、玻璃等非金属材料，甚至可用于生物体组织。1996年，以乌克兰巴顿焊接研究所B. K. Lebegev院士为首的30多人的研制小组，研究开发了人体组织的焊接技术，为人类的医学做出了巨大贡献（图 9-6）。

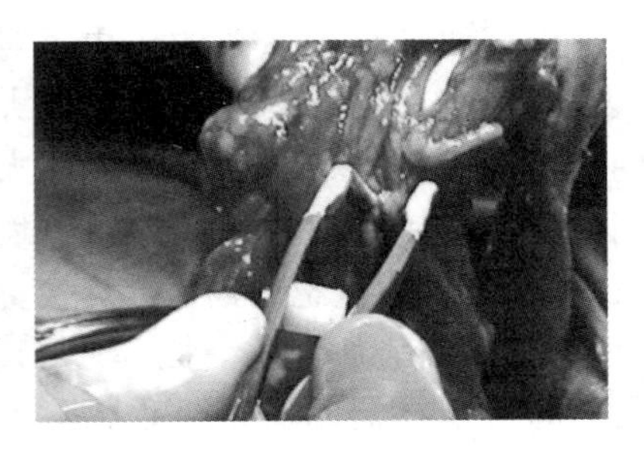

图 9-6 人体组织焊接

日常生活中，我们身边的首饰、手机、计算机、电视、冰箱、空调的制造都离不开焊接技术。我们知道钻戒是由两部分组成，是金或者铂金上镶嵌一颗石头，这颗石头可以是红宝石、蓝宝石或者钻石，它和金属之间可以通过钎焊进行连接，也可以通过激光焊连接，也就是依靠激光强大的热量同时熔化宝石和金属，将金属和宝石焊接起来。手机和计算机的一个电路板上会有成千上万个焊接点，其上有电感、电容、电阻。先在板上镀铜，再用钎焊的方法将电感、电容、电阻焊到这层铜上（图 9-7）。

图 9-7 电路板

焊接是工业制造的基础，机械制造、航天航空、汽车、高铁、造船、通信、家用电器、大型电站、冶金、微电子、武器装备产业等都离不开焊接。每年钢产量的 40%～60%都需要进行焊接加工，铝和铝合金的焊接结构的比例也在不断增加。航母的建造也离不开焊接。航母所使用的钢材强度非常高，而强度越高的钢材焊接难度就越大，目前我国已攻克航母焊接技术，为后续更多艘航母的建造打

下了坚实的基础（图 9-8）。北京的鸟巢采用了钢结构（图 9-9），有

图 9-8　航空母舰

图 9-9　鸟巢

几万个钢结构接点进行了焊接。2021 年 6 月 17 日，搭载神舟十二号载人飞船的长征二号 F 遥十二运载火箭（图 9-10），在酒泉卫星发射中心点火发射成功，顺利将聂海胜、刘伯明、汤洪波 3 名航天员送入太空，执行一系列航天任务。飞船为推进舱、返回舱、轨道舱三舱结构，总长度约 9 米，总质量约 8 吨。返回舱和轨道舱都是铝合金的焊接结构，焊接接头的气密性和变形控制是焊接制造的关键。飞船远离地球时它将受到高温高压粒子的撞击，要求焊缝里不能有气孔、夹杂这样的缺陷，所以飞船的制作对焊接的要求非常高。如今我们已经彻底解决了飞船的焊接难题，因此上天已不再是梦想。

图 9-10 神舟十二号载人飞船与长征二号 F 遥十二运载火箭组合体

切割如裁布，焊接似缝衣，两者一起在工业中担起了“制衣匠”的角色，为各种设备和器件的制成贡献了自己的力量。

9.2 水刀——水滴石穿以柔克刚

由于制造业对产品的要求越来越高，因此制造业对切割加工也提出了一系列新的挑战。如何切割高硬度材料？这需要做到以柔克刚。如何切割复杂的表面？比如有的表面是椭圆，有的表面是三角，有的表面是组合表面，这个时候需要以形定形。刀具是什么形状，切割出来的就是什么形状。如何做到非接触切割？这需要切割工具有隔山打牛的功能。

新型的切割加工用水、气、电、声、光来做切割介质；工具的硬度可以低于被切割材料的硬度；工具与工件之间不存在明显的切割力，甚至可以不发生接触。

水切割就是新型切割的一种。水大概是世界上最软的材料，我们在日常生活中，天天与水打交道，人体的67%是水。水用途广泛，我们可用水来洗车、降温等。水也有巨大的威力，洪水可以将几吨重的货车冲走，水可以通过特殊的装置向上喷出，将人托起来飞到半空中。

自然界中可以体现出水的力量的较常见的现象就是水滴石穿（图9-11）。水滴经过长年累月的滴落运动，可以把石头切出一个洞。

将水滴石穿现象工业化，将它制造成一台设备，就得到了水刀，也就是水切割设备。它将水滴石穿的效果放大，利用高压水泵给水施加巨大的压力，再通过端部小孔来使水变得更加集中，速度也变得更加快速，可以达到300m/s，此时的水具有巨大的威力，可以对高硬度材料进行切割，这种刀具就称作水刀（图9-12）。水刀在工业和生活中都有很多应用。比如用水刀对废弃炮弹进行切割（图9-13）。用常规的切割方法切割废弃的炮弹有可能会发生爆炸现象，使用水刀进行切割则不会有爆炸的隐患。水切割是对废弃炮弹进行切割的最为有效和安全的一种方法。

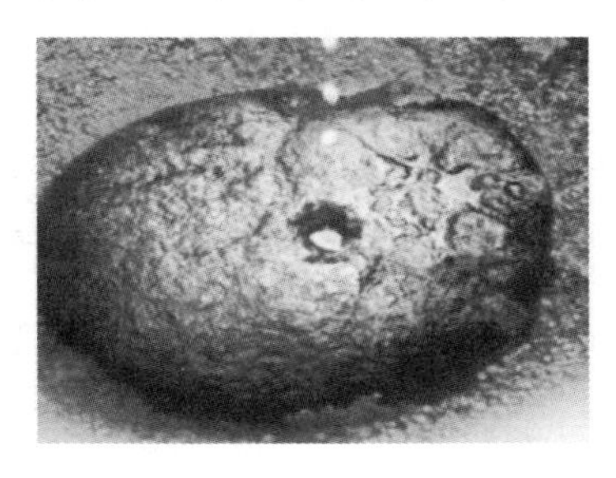

图9-11　滴水石

图9-12　水切割

图9-13　水切割炮弹

采用水刀对混凝土墙进行切割时，水可以把扬起的灰尘掩盖住。

水刀的切割范围非常广泛，从金属材料到非金属材料，从天然材料到人工材料，从食品到生活用品都能使用水刀进行切割。水刀被称为万能切割机，它的主要切割对象为钢铁，其中有薄钢板、厚钢板和磁铁等；此外水刀还可以切割铜材、清理管道里的污物、切割玻璃、切割宝石和化石等。

水刀除了应用十分广泛之外，还具有很多优点。水刀的切割质量特别好，切口非常光滑，没有飞边；其次，十分环保。切割时没有污染物出现；第三，无须更换刀具。剪刀断了之后需要更换刀具，而水刀只需要一个喷嘴，一个喷嘴就可以加工不同类型的材料和形状，节约了成本和时间。水是世界上最柔软的材料，但是这么柔软的材料，如果给予足够的速度，足够小的直径，那么水就变成了刀，可以去切割蓝宝石，这就是以柔克刚的一个典型例子。

9.3 火焰刀——火焰切割、光束军刀、激光切割

可以利用各种高温源切割和焊接金属，其中火焰切割、光束军刀、激光切割是几种常见的特种切割工艺。

9.3.1 火焰切割

火是世界上最常用的生产生活手段。火焰切割是利用火焰产生的热量进行切割。火焰的热量有大小之分，大火是靠气体燃烧，小火则是靠电阻发热，不管是哪种火焰都可以用来进行切割。

1. 气体火焰切割

将可燃气体（氢气、乙炔、混合气体）与氧气混合进行燃烧，放出大量热量，从而对材料进行切割（图 9-14）。对于十分厚的钢板，很难采用常规的切割方法，使用气体切割是现在常用的方法，也是工厂里运用最广泛的一种切割方法。使用气体燃烧进行切割的时候既可以采用手工切割，也可以采用自动化切割。使用计算机进行编程，使用程序来控制割嘴的运动，增加切口的平整度。气体切割的优点在于成本特别低，操作非常简单。它也有比较明显的缺点：第一，只能切割金属，因为金属的导热性好；第二，因为输入热量

太高，热变形比较大；第三，因为气体切割的火焰比较大，所以切口有飞边。

图 9-14 火焰切割

2. 电阻切割

将电阻丝或者刀具两端通电，用其产生的热量来对材料进行切割。它可以切割纸、海绵和塑料。它和气体火焰切割的主要区别在于两者的切割对象有所不同。

9.3.2 光束军刀

通过材料内部的化学反应放热也可以对材料进行切割。我们将药粉放入药筒中，在反应过程中会放出大量光和热，以此做成的切割器称为光束军刀。在消防官兵使用电锯破拆钢化玻璃，使用液压锤破拆房门时都可以用光束军刀来代替。例如需要救援在高楼上被困的群众，而高楼上面都装有防盗窗，但没有电，无法使用电锯切开防盗网，这时候就可以采用光束军刀。抗震救灾期间，也会使用光束军刀对钢筋进行破拆。在极端环境下，比如高空、深井、野外等，需要完成切割作业时，都面临设备运送难、能源无供给、操作环境复杂等问题，这时候就可以使用光束军刀进行切割。

9.3.3 激光切割

激光切割的原理是将激光通过凸透镜汇聚到一个光斑处，在光斑处会产生高温高热，从而对材料进行切割。激光温度可达 10000 摄氏度，达到这个温度可以将材料在瞬间熔化和蒸发，随着材料表面不断吸收激光能量，凹坑处的金属蒸气迅速膨胀，压力猛然增大，熔融物被产生的强烈冲击波喷溅出去。金属由固态变成液态，最后变成了蒸气，而蒸气会膨胀，膨胀的时候会产生一个强烈的冲击力。所以激光的切割不是单纯地靠激光的热量，而是激光诱导固态的金属变为蒸气产生的压力来进行切割的。

激光加工属非接触加工，无明显机械力，也无工具损耗，工件不变形，加工速度快，热影响区小，可达高精度加工，易实现自动化。其功率密度是所有加工方法中最高的，所以不受材料限制，几乎可加工任何金属与非金属材料。激光加工可通过惰性气体、空气等透明介质对工件进行加工，比如通过玻璃对隔离室内的工件进行加工或对真空管内的工件进行加工。而且能源消耗少，无加工污染，在节能、环保等方面有较大优势。激光基本上可以切割任何物体，例如切割火腿肠、苹果、鸡蛋和玻璃，还可以切割薄钢板、厚钢板、刻艺术字等（图 9-15）。

图 9-15 激光切割

9.4 冶金结合——焊接

9.4.1 焊接的原理与应用

焊接采用施加外部能量的办法，促使材料的原子接近，实现原子键的结合，以形成一个优质的焊接接头。焊接主要分为固相焊和液相焊两大类。其中固相焊的原理是：无论再平整、再光滑的表面，用足够的放大倍数将它放大，其表面也是凹凸不平的，所以焊接的时候需通过加热或者加压的方法让这个凹凸不平的界面达到无限的接近，就可以吸附在一起了，这个过程中最重要的就是外加能量，使两个接触的表面达到原子键的结合。而液相焊是将构件的待焊部位加热，使之熔化，重新凝固成一个整体。

焊接接头的组成分为三个部分：母材、焊缝、热影响区。母材指原始的材料；焊缝是指利用焊接热源的高温，将焊条和接缝处的金属熔化连接而成的缝；焊缝两侧处于固态的母材发生明显的组织和性能变化的区域，称为焊接热影响区。母材区具有原始的性能，在焊接的时候最重要的是要保证焊缝和热影响区的性能，这两个区域是接头的薄弱区。因为在焊接的时候，由于保护不好，焊缝会被氧化，焊缝里面会有气孔、夹渣等。在接头中，焊缝和热影响区这两个地方最容易先破坏失效，所以最关键的就是保护焊缝和热影响区不受氧化、不被破坏。

焊接相对于铆接、粘接、捆绑等连接技术而言，其特点在于：它是真正的原子间的结合，真正的你中有我，我中有你，密不可分；它是一种高性能、高可靠性、高适应性、高效率的连接方法。焊接可以用于金属的连接、金属和陶瓷连接、塑料的连接、塑料和金属的连接，可以用于同种材料、异种材料，其应用范围非常广。焊接可以依靠机器人来完成，实现生产的高效率和自动化。但是相对于铆接、粘接、捆绑，焊接有个显著的缺点，就是它的不可恢复性。如果是把两块钢板粘接或者使用螺栓连接起来，它还可以恢复到原来的状态，但是将两块钢板焊接之后，如果再强行打开就破坏了材料。但是在很多场合，比如芯片、航天器、轮船，我们的日常生活中的很多工具器具，并不要求它恢复原来的状态，只是需要一个整体的装置，此时，焊接就是最好的连接技术。

9.4.2 焊接方法

焊接和切割一样需要能量，根据能量、热量来源的不同，焊接可以分为很多种。比如以气体燃烧的热量为能量的称为气焊，以电弧的热量为能量的称为电弧焊，以摩擦的热量为能量的称为摩擦焊，以化学反应产生的热为能量的称为化学焊，以激光的热量为能量的称为激光焊，以烙铁的热量为能量的称为锡焊，以压力为能量的则称为压焊。

1. 电弧焊

电弧的能量非常高，打雷的时候可以看到闪电，闪电就是电弧。夜晚脱衣服睡觉的时候，我们会发现毛衣和皮肤之间会有火花，这也是一种电弧。电弧就是电容的一种充放电现象。电弧焊时，电焊枪和工件之间形成电容，当焊枪和工件的距离近到一定程度时，电容就会放电，就会产生电弧击穿中间的空气。电弧是一种气体放电现象，温度十分高，可以达到6000摄氏度。电弧焊由于温度太高，必须对熔化的金属、熔化的焊条进行保护。如果不进行保护，熔化的金属就会被氧气所氧化，就会产生缺陷。根据保护方法的不同，电弧焊可分为焊条电弧焊、气体保护焊、埋弧焊等。

第一种方法是焊条电弧焊。焊条的中间是一根金属丝（图9-16），在焊接过程中不断熔化变成钢液，实现焊接。金属丝的外面包着药皮，药皮中包括氧化钙和氧化硅，两者在高温下反应生成硅酸钙。硅酸钙的密度比较小，它可以覆盖在液态金属表面进行保护。冷却后凝固为表面的焊渣。敲掉焊渣就可以看到焊缝金属了。焊条电弧焊的最大特点是非常方便，上手快，适应性强，适用于狭小空间、内部焊接、仰焊、带水焊接等，但也有一个明显的缺点就是效率低。

图9-16 焊条

第二种方法是气体保护焊（图 9-17）。气体保护焊主要是用二氧化碳或氩气进行保护。其最大特点是焊接质量好，焊缝外形十分美观。可以使用它焊薄板，容易实现精密焊接。焊接时通过焊枪摆动可以使坡口全部被覆盖。气体保护焊是可以实现自动化生产的，所以效率非常高，焊接质量也非常好。在一些大型的结构中，比如输油输气管道、轮船以及航空母舰的制造中，通常使用气体保护焊。

第三种方法是埋弧焊。这是一种电弧在焊剂层下燃烧进行焊接的方法。焊剂变成熔渣进行冶金保护。其焊接质量稳定、焊接生产率高、无弧光、烟尘很少的特点，使其成为压力容器、管段制造、箱形梁柱等重要钢结构制作中的主要焊接方法。

2. 化学焊接

化学焊接和化学切割一样依靠化学反应放出的热量来实现材料之间的焊接（图 9-18）。化学焊接又称为放热焊接、铝热焊接，它是采用化学置换反应，反应式是

$$2Al + 3CuO = 3Cu + Al_2O_3$$

化学焊接的特点是无电、无气、绿色、低碳焊接；不需要电焊机，操作简单方便。化学焊接可以应用于钢轨焊接、铝母线焊接等。

图 9-17 气体保护焊

图 9-18 化学焊接

3. 感应焊接

感应焊接是依靠感应加热来进行的焊接（图 9-19）。将工件放入

纯铜管制作的线圈内，线圈通入一定频率的交流电，周围即产生交变磁场。由于交变磁场的电磁感应现象，在被加热物体内部产生反向涡流，焦耳热使物体温度迅速上升，实现焊接。感应焊接操作十分简单，尤其适合于管的焊接。

图 9-19　高频感应焊

4. 摩擦焊

摩擦焊是指利用工件接触面摩擦产生的热量为热源，使工件在压力作用下产生塑性变形而进行焊接的方法。在恒定或递增的压力以及扭矩的作用下，利用焊接接触端面之间的相对运动在摩擦面及其附近区域产生摩擦热和塑性变形热，使其附近区域温度上升到接近但一般低于熔点的温度区间，材料的变形抗力降低、塑性提高、界面的氧化膜破碎，在顶锻压力的作用下，伴随材料产生塑性变形及流动，通过界面的分子扩散和再结晶而实现焊接，常应用于水下焊接。

9.5　堆焊的涅槃——3D 打印

堆焊是将具有一定性能的材料熔覆在工件表面的一种焊接方法。堆焊的目的不是为了连接工件，而是为了获得具有耐磨性、耐热性、耐蚀性等特殊性能的熔覆层，或恢复工件因磨损或加工失误造成的尺寸不足。图 9-20 所示为堆焊后的零部件表面。

图 9-20　堆焊

堆焊的优点众多：堆焊层与基体金属的结合强度高，抗冲击性能好；堆焊层金属的成分和性能调整方便，可以灵活适应不同的工况要求；堆焊层厚度大，更加适

合磨损的工况；节省成本，经济性好；对受损工件的表面进行堆焊修补时合理选用堆焊合金可以延长工件使用寿命；堆焊技术实际上是通过焊接的方法增加或恢复尺寸或使表面获得特定的合金层，难度不高，可操作性强。

堆焊作为焊接的一个分支，应用十分广泛。矿山机械、输送机械、冶金机械、动力机械、农业机械、汽车、石油设备、化工设备、建筑以及工具、模具及金属结构件的制造与维修中都可以看到堆焊的身影。采用堆焊修复尺寸，添加各种性能的金属层对改善工件的性能具有重大意义。除此之外，堆焊也可以制造新零件。通过在金属基体上堆焊一种合金可以制成具有综合性能的双金属机器零件。这种零件的基体和堆焊合金层具有不同的性能，能够满足两者不同的性能要求。

为了获得具有特定功能的合金层，除了采用常规堆焊技术在材料表面进行熔覆外，还可以用激光作为热源在材料表面熔覆合金层。激光熔覆技术是指在激光束作用下将合金粉末或陶瓷粉末与基体表面迅速加热并熔化，光束移开后冷却形成稀释率极低，与基体材料呈冶金结合的表面涂层，从而显著改善基体表面耐磨、耐蚀、耐热、抗氧化及电气特性等的一种表面强化方法（图 9-21）。常见的激光器类型（例如 CO_2 激光器、半导体激光器、光纤激光器等）均支持激光熔覆工艺。其中，光纤激光器性能可靠，结构紧凑、寿命长、免维护、电光转换效率最高，易于系统集成，适应高温、高压、高振动、高冲击等各种恶劣环境，具有广阔的应用前景。激光熔覆技术有着自己独特的优点，即冷却速度快，涂层稀释率低，热输入和畸变较小，粉末选择几乎没有任何限制，熔覆层的厚度范围大，能进行选区熔覆，材料消耗少，光束瞄准可以使其他工具难以接近的区域熔覆得以实现，工艺过程易于实现自动化等。激光熔覆技术也存在着自己的劣势：首先，在工艺方面由于激光设备限制条件较多，在实际生产中操作者往往需要很高的操作技能，给用户造成诸多困难；其次，激光加热快，冷却也快，致使熔覆层熔融时间过短，容易造成光斑外缘和内缘差别大，组织形成不均匀，应力分配不均匀，排气、浮渣不充分，从而产生熔覆层硬度不均匀，形成气孔、夹渣等问题，难以获得大面积完美的熔覆层。所以激光熔覆从选材到操作都应格外细致。

图 9-21 激光熔覆

随着科技的不断进步，堆焊和熔覆技术也迈上了新的台阶，发展为 3D 打印技术。若你有一台喷墨打印机，你先在纸上打印一行字，然后把该纸张又放进去接着打，假设你能做到放的时候与刚才的方位完全一致，那么这行字就变厚了一些，反复操作 100 次，假设打印机高度较高，那么这一行字是不是变得较高了，变成了立体字了？如果打印的是一幅图案，这个图案就是上下同样形状的立体的图案。再进一步，在每一次打印时，通过输出不同的平面图案，那么最后得到的图案就是一幅在高度上可以任意扭转螺旋的图案了。所以从理论上说，3D 打印可以制造任意形状的零件，这在机械制造上是一次革命性的跨越。以往的传统加工手段有的形状做不出来，如镂空形状的精加工，由于工具没法进去加工，这个形状的零件就做不了。现在我们转变一下堆焊和激光熔覆的观念，在二维数控平台的移动下，将金属粉末或金属丝按设定的路径一层层地堆焊叠加，就可以堆砌任何形状啦。

3D 打印技术应用十分广泛（图 9-22），从汽车的零部件到火箭发动机组件都有着 3D 打印的身影。使用 3D 打印技术可以有效降低制造上的复杂程度，提高工作效率。除此之外，在医学领域 3D 打印技术也在发光发热。通过 3D 打印技术打印身体器官模型，例如脊柱、假肢，甚至是心脏、胸腔、血管等都有着良好的成效。随着技术的不断成熟，相比于以往的堆焊，3D 打印的效率更高、精度更高可以得到更加优良的成品。在3D打印技术中，将堆焊技术与铣削技术巧妙地结合起来，可以实现最佳的表面质量和工件精度，这是以往的堆焊技术无法达到的。

在交通运输领域，因为需要同时关注3D打印的优势与成本，使用3D打印进行探索和开发多于实际的批量应用。金属件由于成本高昂和生产效率较低，无法大规模地用于批量生产，因此更多用于高端车型的性能改进零件（图9-23）。

图9-22 3D打印

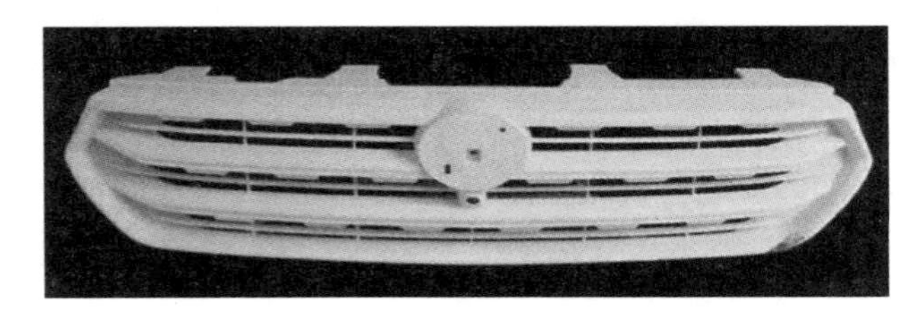

图9-23 3D打印零件

在航空航天领域，出于减重与强度的考虑，航空航天设备中复杂结构件或大型异构件的比例越来越高，而这正是3D打印的优势。同时在航天领域，对于零件的性能要求的敏感度较高，对价格相对不敏感，也有利于3D打印技术的采用（图9-24）。

图9-24 3D打印航空发动机

在消费品领域，更多的是利用了3D打印的定制化优势（图9-25），赋予产品个性化的特点，以对不同的人群形成吸引力。

3D打印技术在医疗领域的应用十分普遍，例如3D打印牙齿、肋骨等（图 9-26）。随着技术不断成熟，3D 打印技术在生物医疗领域的发展及成果转化实现了更精准和定制化的医疗服务及治疗。

图 9-25　3D 打印手镯

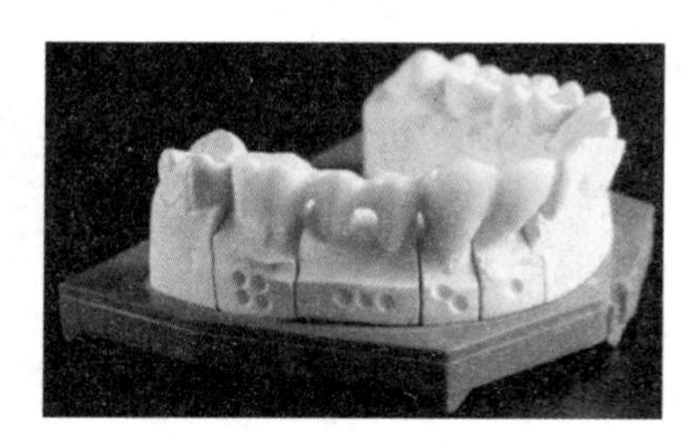

图 9-26　3D 打印牙模

3D 打印结合各种应用已渐渐惠及我们的生活。未来，3D 打印还将在更多的领域大显身手。

后记　材料的哲学

正当铁器在2000多年前的西汉如火如荼地普及起来的时候，中国人又一个伟大的发明产生了，淮南王刘安心疼生病的母亲发明了豆腐，从此风靡华夏，成为国人最常见的美食之一。

豆腐的品种很多，常见的是豆腐脑，也叫豆腐花，还有嫩豆腐、老豆腐、以及冻豆腐。我们不难看出，人们通过对豆腐中含水量的调节，依次做出了豆腐花、嫩豆腐和老豆腐，其口感的嫩度阶梯下降，可以当饮料喝，也可以掺汤和烧煮，口感层次逐渐丰富，这是对食材成分的调控手段（图1）。而冻豆腐呢，则是对它的结构进行了调控，它不同于前面的几个系列，在结构上发生了根本的变化。

图1　各种豆腐

我们知道，水有个奇特的性质，水结成冰后，它的体积不是缩小而是胀大了，比常温时水的体积要大10%左右，因此密度比水轻，可浮在水面上。为什么说这是个奇特的性质呢？因为绝大多数材料的固相的密度是比液相高的。水太重要了，那是生命之源，试想如果水遵从一般的相变规律，冰比水重，冬天来临，江河湖泊海洋都结了冰，冰在下而不是在上，生命就没了呀，幸好冰浮在水面上，鱼儿还可以在冰下遨游，生命可以安然度过冬季。

当豆腐的温度降到 0 摄氏度以下时，里面的水分结成冰，原来的小孔便被冰撑大了，整块豆腐就被挤压成网络形状。解冻，等冰融化成水从豆腐里跑掉以后，就留下了数不清的孔洞，使豆腐变得像海绵一样。这样的豆腐吃上去，口感很有层次。冻豆腐放在火锅里煮是非常好吃的，因为冻豆腐里的蜂窝组织吸收了汤汁。人们通过这一波神操作，将豆腐做成了多孔材料，使其结构发生了本质变化。多孔材料，这可是当今材料领域的一大热点。

常言道，艺术来源于生活，对材料工作者来说，材料的发明与制造又何尝不是从生活中受到启发而受益的呢？人们改变豆腐的成分和结构是为了追求其不同的口感，这个口感实际上就是豆腐这种食材的性能，因此改变了成分和组织结构就改变了性能，也可以说，材料的成分及其组织结构决定了其性能，这便是材料的哲学。

先辈们通过改变青铜中锡的含量使青铜逐渐变得强硬，从做釜鼎到做刀剑，乃至镜子；通过改变铁中碳的含量，发明了钢，从钉马掌到做犁铧，乃至刀剑；现代人也很争气，孜孜探求，更进一步加入了更多元素到钢中，精心配比调控成分，发明了合金钢，解决了耐高温、耐严寒、耐腐蚀、抗疲劳、耐冲击等多种场合的应用问题；通过精准调控半导体元素的浓度实现了电子信息技术的飞跃。于是北极南极破冰，万米深海寻宝，到月亮上会嫦娥，到火星上去做客，在太空建了驿站，拜伟大的材料所赐，这些都一一实现了。

通过千锤百炼多次淬火，古人成功细化了晶粒，有效解决了应力集中的难题，极大提升了钢的强韧性；通过折叠锻造复合夹钢的工艺达到了刚柔相济的境界，这实际上利用了多相组织的性能。古代世界上排名第一的兵器是大马士革刀（图 2）。它没有采用我国工匠们传自欧冶子的夹钢的方式，而是直接将两种不同成分的钢种夹在一起然后折叠锻打，实现两种不同成分的钢在纳米层面上的均匀混合，其锻打成形抛光后，因为成分不同抗氧化性也不相同，颜色深浅也不同，形成明暗相间的条纹，由于其独特的劈开锻打方式，羽毛般的花纹比欧冶子的宝剑花纹更具鲜明性，当然由于两相混合得更为细致均匀，其性能更是占据魁首位置。

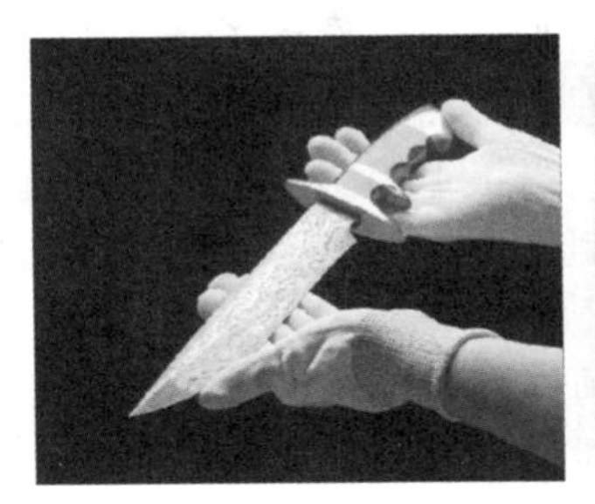

图 2　大马士革刀

通过将熔融的合金液体瞬间冷却，人们获得了金属玻璃，这种非晶态的结构规避了晶态结构的各向异性，使得金属材料的耐蚀性和耐磨性大为提高。

还有一个更为极端的现象，那就是金刚石与石墨，它们都是由纯碳元素组成，仅仅因为原子排列方式不同，组成结构不同，一个成了宏观上最硬的材料，一个软得掉渣（图 3）。但把组成石墨片层的那一片片材料单片揭下来，就成了一种划时代的新材料——石墨

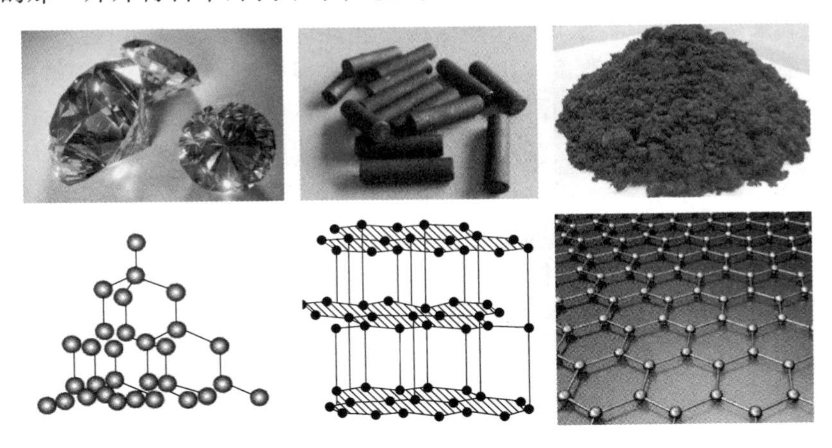

图 3　金刚石与石墨

烯，它才是世上最硬的导电性最好的材料，它的红利我们要吃上几十年甚至上百年，它的问世是纳米材料时代的伟大标志！

从细化晶粒到微米材料再到纳米材料，我们都做到了。我们在先进的电子显微镜、原子显微镜的加持下，看到了古人们没有看到的微观世界，洞悉了原子、分子间的奥秘，格物致知，我们有了先进装备，我们比圣贤们幸运多了，当年王阳明先生坐在窗前端详竹子，格竹子，七天无果，最后病倒作罢，后来转而创建了心即理的阳明心学，要是当时有个显微镜，这世界恐怕是另一番模样！

当今世界，在各个自然学科领域都已经进入分子尺度的研究范畴，生物领域的人们在探知蛋白质的构造及其生长机制，光合作用怎么产生蛋白质和碳水化合物，怎样利用工业化手段生产肉食，怎样再造生物器官；在材料领域人们可以设计特殊结构的组成，并利用分子动力学模拟其性能，再在实验室中通过种种特殊的装置和方法将材料分子和原子或纳米粒子一一按照所设计的结构堆积起来，量子传感器、分子马达、纳米机器人……我们已经知道什么样的结构具有什么样的性能。我们可以把不同的结构嫁接起来，完美过渡。每天有无数材料人通宵达旦地想方设法去实现这些理想的结构，它们一旦实现，就具有所需的性能，的确厉害。世界上神奇的物种很多，我们的显微镜可以将它们的结构完整呈现，这只是时间问题。接下来是我们如何去实现这些结构，让环保、廉价、大规模应用的制备工艺造福于人类，于是多种途径的实现方法便百舸争流千帆竞渡，好一个欣欣向荣的昌盛的景象。我们正处在科技飞速发展的时代，新科技、新材料、新能源的突破呼之欲出，当然气候变化也在加速，希望新科技、新材料带给我们更为持续的发展方式，以科技与自觉遏制生态变化的加剧，让人与自然和谐相处，让地球好，我们也好。相信未来的新材料一定会带给我们更多的惊喜！

参 考 文 献

[1] 卢晓禹，王少炳，黄利，等．取向硅钢热轧钢带 BTQ001 研制与开发［J］．特殊钢，2020，41（5）：38-41.

[2] 陈建立．青铜器为什么是绿色的？［N/OL］．中华遗产，2010-06［2021-06-20］. http：//www. dili360. com/ch/article/p5350c3da686eb63. htm.

[3] 周国治，彭宝利．水泥生产工艺概论［M］．武汉：武汉理工大学出版社，2005.

[4] 贾洪波．中国古代建筑［M］．天津：南开大学出版社，2010.

[5] 艾伦·麦克法兰，格里·马丁．玻璃的世界［M］．管可秾，译．北京：商务印书馆，2003.

[6] 李启甲．功能玻璃［M］．北京：化学工业出版社，2004.

[7] 苏同，王明召．会变色的玻璃——卤化银光致变色玻璃［J］．中国教育技术装备，2010（33）：32-33.

[8] 黄成．髹饰录图说［M］．张燕，译注．济南：山东画报出版社，2007.

[9] 严灏景．纤维材料学导论［M］．北京：纺织工业出版社，1990.

[10] 董卫国．新型纤维材料及其应用［M］．北京：中国纺织出版社，2018.

[11] 仪德刚．北京“聚元号”弓箭制作方法的调查［J］．中国科技史料，2003（4）：53-71，102.

[12] 尹洪峰，魏剑．复合材料［M］．北京：冶金工业出版社，2010.

[13] 罗红林，万怡灶，黄远．复合材料精品教程［M］．天津：天津大学出版社，2018.

[14] 李荆林．女书与史前陶文研究［M］．珠海：珠海出版社，1995.

[15] 朱新选．会宁牛门洞遗址出土马家窑文化彩陶颜料分析［J］．秦始皇帝陵博物院，2018：201-212.

[16] 吕晓昱．马家窑类型彩陶制作工艺初探［J］．文物鉴定与鉴赏，2017（2）：92-93.

[17] 陈梦家．殷墟卜辞综述［M］．北京：科学出版社，1956.

[18] 刘玉建．传统文化溯源：中国古代龟卜文化［M］．桂林：广西师范大学出版社，1992.

[19] 王静芳，吴存浩．甲骨种类及其选择依据试论——基于潍坊国宝艺术馆所藏甲骨的研究［J］．潍坊学院学报，2014，14（1）：35-40.

[20] KOYAMA M, ZHANG Z, WANG M, et al. Bone-like crack resistance in hierarchical metastable nanolaminate steels [J]. Science, 2017, 355 (6329): 1055-1057.
[21] 刘煜，岳占伟，何毓灵，等. 殷墟出土青铜礼器铸型的制作工艺 [J]. 考古，2008 (12): 80-90.
[22] 杨勇伟. 晋国青铜器的灵魂——侯马陶范 [J]. 收藏界，2014 (4): 58-66.
[23] 白荣金，殷玮璋. 湖北铜绿山古铜矿再次发掘——东周炼铜炉的发掘和炼钢模拟实验 [J]. 考古，1982 (1): 18-22.
[24] 吴静霞. 商周青铜器铭文的制作工艺和西周颂鼎复制 [J]. 文物保护与考古科学，2008 (4): 57-60，79.
[25] 马克·科尔兰斯基. 一阅千年：纸的历史 [M]. 吴奕俊，何梓健，朱顺辉，译. 北京：中信出版社. 2019.
[26] KOVARIK B. Revolutions in Communication: Media History from Gutenberg to the Digital Age [M]. London: Continuum International Publishing Group, 2015.
[27] 柴春鹏，李国平. 高分子合成材料学 [M]. 北京：北京理工大学出版社，2019.
[28] 杨柳涛，关蒙恩. 高分子材料 [M]. 成都：电子科技大学出版社，2016.
[29] 蔡呈滕. 伟大的走钢丝者 [M]. 天津：天津科学技术出版社，2018.
[30] 杜少勋. 运动鞋设计 [M]. 北京：中国轻工业出版社，2007.
[31] 孟宪杰，王文利. 金属焊接与切割技术 [M]. 北京：中国质检出版社，2010.
[32] 王运赣，王宣. 三维打印技术 [M]. 武汉：华中科技大学出版社，2014.